Let's change mit innovativen Tools

Susanne Nickel, Christian Berndt

Let's change
mit innovativen Tools

Zehn Co-Creation-Storys für eine gelungene Transformation

1. Auflage

Haufe Group
Freiburg · München · Stuttgart

Bibliografische Information der Deutschen Nationalbibliothek

Die Deutsche Nationalbibliothek verzeichnet diese Publikation in der Deutschen Nationalbibliografie; detaillierte bibliografische Daten sind im Internet über http://dnb.dnb.de abrufbar.

Print: ISBN 978-3-648-12101-6   Bestell-Nr. 10290-0001
ePub: ISBN 978-3-648-12102-3   Bestell-Nr. 10290-0100
ePDF: ISBN 978-3-648-12103-0   Bestell-Nr. 10290-0150

Susanne Nickel, Christian Berndt
Let's change mit innovativen Tools
1. Auflage 2018

© 2018 Haufe-Lexware GmbH & Co. KG, Freiburg
www.haufe.de
info@haufe.de
Produktmanagement: Anne Rathgeber

Lektorat: Cornelia Rüping
Illustrationen: Claudia Bingel
Satz: kühn & weyh Software GmbH, Satz und Medien, Freiburg
Umschlag: RED GmbH, Krailling

Inhaltsverzeichnis

»Wenn man alle Fehler einer Kutsche beseitigt,
erhält man möglicherweise eine perfekte Kutsche,
aber wahrscheinlich nicht das erste Automobil.«
Edward de Bono, Kognitionswissenschaftler und Autor

»Ich glaube an das Pferd.
Das Automobil ist nur eine vorübergehende Erscheinung.«
Kaiser Wilhelm II.

Fiktives Interview mit Autorin und Autor

Nachdem klar war, dass wir dieses Buchprojekt realisieren, haben wir mit vielen Menschen darüber gesprochen. Dabei stellten wir beide fest, dass uns oft ähnliche Fragen zum Buchprojekt und zu den Methoden gestellt wurden. Wir sind überzeugt, dass Sie sich als Leserinnen und Leser wahrscheinlich auch mit diesen Fragen beschäftigen. Wir haben einige ausgewählt und beantworten sie in Form eines Interviews.

1. Warum habt Ihr das Buch geschrieben?
Susanne Nickel (SN): Ganz früh in meinem Leben, vor meinem ernüchternden Jurastudium (lacht) habe ich bei Pina Bausch getanzt. Viele Menschen haben mich gefragt: Warum Ballett und dann Jura? Das geht doch gar nicht zusammen. Doch! Weil es beides braucht: Struktur und Kreativität. Genau das ist mein Anliegen – mit diesem Buch will ich beides liefern. Beides ist wichtig für Transformationsprozesse.

Ich liebe es, mich mit kreativen und innovativen Methoden zu befassen und diese an Menschen weiterzugeben, Mitarbeiter und Führungskräfte emotional zu berühren, sie zu fordern und zu begeistern. Freiraum in einer Struktur, in einem System zu ermöglichen, in dem sich Kreativität und Innovationen entfalten können. Und ich schätze es sehr, das zusammen mit einem Sparringspartner und Experten auf Augenhöhe zu tun. Daher war klar: Das wird ein Projekt mit Christian. Und ich bin so froh, dass wir das gemeinsam realisieren und unsere gute Zusammenarbeit dadurch fortgesetzt wird. Dafür möchte ich Dir, lieber Christian, danken.

Christian Berndt (CB): Sehr gerne beschäftige ich mich mit neuen kreativen Ansätzen, mein Job als Berater, Trainer und Coach erfordert dies auch. Seit vielen Jahren verfasse ich regelmäßig Bücher mit Co-Autoren. Ein Buch zu schreiben bedeutet für mich Erfahrungen und Wissen zu reflektieren. Ein Buch zu zweit zu schreiben bedeutet, einen wertvollen Austauschpartner zu haben, gemeinsam zu lachen, sich auch über den anderen zu ärgern, sich zu versöhnen und viel vom anderen zu lernen. Insofern ist das Buch für mich ein Lern- und Spaßprojekt auf vielen Ebenen. Danke Susanne, dass Du bereit warst, Dich mit mir darauf einzulassen.

SN: Unsere Haltung: Wirklich auf Augenhöhe miteinander arbeiten, egal auf welchem Level – Co-Creation eben. Manchmal spielerisch, manchmal ernster, oft mit viel Leichtigkeit und dennoch häufig sehr anstrengend (bei Lego sagen wir sogar: Let's have hard fun) und immer lösungsorientiert.

2. Wieso gibt es in jedem Kapitel erst eine Geschichte und dann folgt die Theorie?
SN: Storytelling ist in Change-Prozessen wichtig. Menschen lieben Geschichten.

CB: Es geht darum, eine Beziehung zu den Protagonisten aufzubauen. Klassische Painpoints in Unternehmen aus unserer langjährigen Erfahrung zu verdeutlichen und das in eine Geschichte zu packen.

SN: Ja, genau. Und es geht auch darum, das Problem darzustellen und schon mit dem Protagonisten in der Geschichte zu lernen. Den Kontext mit einzubeziehen, so wie im wirklichen Leben. Unsere Geschichten sind fiktiv.

CB: Wobei wir äquivalente Projekte bei unseren Kunden durchgeführt haben, nur bleiben diese anonym.

SN: Theorie ist leichter verdaulich, wenn sie in eine emotionale Geschichte gepackt wird. Und der Dreiklang endet damit, dass wir die Methodik im Unternehmen des Protagonisten anwenden, um die Techniken noch besser nachvollziehbar zu machen.

3. Welche Erfahrungen habt Ihr mit den im Buch beschriebenen Methoden und Co-Creation gemacht?
SN: Alle Methoden sind lean, innovativ und kreativ. Unternehmen haben einen One-Million-Dollar-Wert durch ihre Mitarbeiter, dieser Schatz muss nur gehoben werden. Den Mitarbeitern Spielraum geben. Stressfrei Ideen sammeln und kreativ sein. Spielplätze sind Startbahnen für Innovationen!

Alle Methoden haben eine Basis, sie gehen weg vom Mainstream hin zu Co-Creation und Kundenorientierung. Das ist die Zukunft!

CB: Die Methoden sind ja dennoch sehr unterschiedlich. Lego® Serious Play® als Gamification-Ansatz nutzt Erkenntnisse aus der Psychologie, dass spielerische Methoden mit haptischer Herangehensweise dazu beitragen, Verborgenes an die Oberfläche zu bringen und so den Kern von Problemen und Lösungen besser wahrzunehmen.

Appreciative Inquiry zum Beispiel bringt Menschen miteinander in Kontakt auf eine Art und Wiese, wie diese es vorher nicht erlebt haben. Es führt ins Storytelling und zu wertschätzender Begegnung auf Augenhöhe.

Co-Creation zu erleben ist etwas sehr Faszinierendes. In anderen Projekten stoßen wir auf viel Elan und Bereitschaft, neben dem Tagesgeschäft beispielsweise handwerklich gut gemachte HR-Instrumente wie Mitarbeitergespräch und Feedback zu überarbeiten, weil sie bisher von den Mitarbeitern nicht akzeptiert werden.

4. Welche Unternehmen profitieren von der Vorgehensweise? Welchen besonderen Nutzen bieten diese Methoden?
CB: Alle haben etwas davon, ob Mittelstand oder Konzern. Wir haben sie auch branchenübergreifend angewendet.

SN: Ein Kundenfeedback zu Lego® Serious Play®: Thema war, die Aufgaben in einer Abteilung zu verändern. Ein großer Change und die Neuausrichtung der Abteilung standen an. Mit LSP haben wir die Bombe platzen lassen, aber es trotzdem geschafft, gemeinsam in eine Richtung zu schauen. Großartig!

Zum Nutzen: sehr starke Methoden, die die Teilnehmer an ihre Emotionen bringen. Sie sind nicht nur kognitiv, sondern auch mit Herz und Hand dabei, ganzheitlich. Damit geht es viel schneller als mit klassischen Workshops. Lean eben. Menschen sind stärker involviert. Prozesse und Organisationsentwicklung gehen viel schneller voran, das spart auch Kosten! Es gibt weniger Widerstand, dafür mehr Begeisterung und mehr Commitment.

5. Welche Herausforderungen gab es beim Schreiben?
SN: Wir haben digital, virtuell und getrennt gearbeitet. Vorher waren wir gemeinsam im HR-Management bei Haufe tätig. Jetzt arbeiten wir in zwei verschiedenen Unternehmen: Haufe und Kienbaum. Wichtig sind der Res-

pekt und der Wille, es gemeinsam zu schaffen, und zwar auf Augenhöhe! Das ist die neue Welt – Silos abbauen und sogar über Unternehmensgrenzen hinaus zusammenarbeiten.

CB: Genau, ein Übungsfeld für virtuelle Zusammenarbeit. Früher in einem Unternehmen tätig, jetzt über zwei hinweg Zusammenarbeit gestaltet. Und es gibt noch ein Leben neben dem Buch, das ja ein Freizeitprojekt war. Eine Herausforderung war für mich Arbeit, Familie, noch mehr Arbeit und Freizeit und Schreiben unter einen Hut zu bringen.

6. Wer hat Euch bei Eurem Buch unterstützt?
SN: Co-Creation geht nicht alleine. Daher sind viele Helfer wichtig. Edmund Komar, ein geschätzter Berater bei vielen agilen Kundenprojekten. Tiziana Bruno, geschätzte befreundete Kollegin sowie absolute Expertin für Business und Improvisationstheater, zusammen haben wir für Projekte schon Preise gewonnen. Manuel Grassler bei den LSP-Anfängen, er war ein guter Sparringspartner und hat mir Support gegeben – ein Bier bin ich ihm noch schuldig (lacht). Robert Rasmussen prägte die Formulierung »Let's have hard fun« bei Lego® Serious Play® und hat uns in dieser Methode zertifiziert. Bis hin zum privaten Kontext waren Menschen involviert. Mein Ehemann hat sich die Geschichten geduldig angehört und als Psychiater begutachtet, ob sie »tauglich« und interessant sind.

CB: Klar, Robert und Manuel – danke Euch beiden für die vielen Gespräche und Eure Begleitung bei den LSP-Anfängen. Dr. Christiane Gerigk, befreundete Beraterin, die viel Erfahrung in Lean-Startup- und Design-Thinking-Projekten mitbringt; ihr verdanke ich viel Inspiration und wertvolles Feedback.

Elsa Wormeck, geschätzte Design-Thinkerin, die sich viel Zeit für offene Fragen genommen hat. Ich freue mich, dass Claudia Bingel, eine langjährige Kollegin und gute Freundin, mit der ich auch mehrere Buchprojekte realisiert habe, unser Buch mit ihren tollen Visualisierungen bereichert hat. Danke, Claudi.

Herzlichen Dank auch an meine Familie, vor allem an meine Frau, die mir den Freiraum ermöglicht und mich unterstützt hat.

7. Wie haben diese Methoden Euer Leben verändert?

CB: Ich traue mich eher, etwas Neues zu wagen. Ins kalte Wasser zu springen und darauf zu vertrauen, es wird klappen, Spaß machen und mich fordern. Wir haben beide sehr viel Erfahrung als Berater und auch als Trainer, der ja einen Wissensvorsprung nicht nur bezüglich der Methoden, sondern auch der jeweiligen Themen hat. Es macht aber unglaublich Spaß, ein Projekt zu begleiten, ohne zu wissen, was am Ende herauskommt. Als Moderatoren oder Facilitatoren schaffen wir Freiräume für Wachstum. Als Vater habe ich ebenfalls in vielen Bereichen einen vermeintlichen Wissensvorsprung, meine beruflichen Projekte und meine Rollen darin erinnern mich immer wieder daran, dass es auch als Vater darum geht, Freiräume zu geben, um Wachstum zu ermöglichen, und dass mein Mehr an Wissen den anderen nicht unbedingt hilft.

SN: Leben ist Lernen, Weiterentwicklung und Selbstfindung. Wieder ein kleines Stück weiter auf dem Weg, dank der Methoden und diesem Buch. Durch sie habe ich mich wieder getraut, mehr in die Kreativität zu gehen. Dankbar. Ich finde es wichtig und schön, Stärken zu leben und Ressourcen zu heben. Das klappt mit meinem systemischen Ansatz und den wunderbaren Methoden. Die Menschen in die Emotionen zu bringen. Kreativ sein. Menschen einbinden. Menschen wollen verbunden sein und wachsen. Mit geht es darum, auf Augenhöhe zu arbeiten, Spaß bei der Arbeit zu haben und den Teilnehmmern Verantwortung zu geben.

Story 1: Human Resources 4.0 – Let's have hard fun

Das Unternehmen

Vista AG, gegründet 1898, 129.000 Mitarbeiter, Automobilzulieferer mit verschiedenen Divisionen und etwa 200 Standorten weltweit; Director Human-Resource-Programme: Louise Roxin, 44 Jahre, Head of Human Resource: Chris Schneider, CEO: Carsten Meyer.

!

1. Das Thema: Von der grauen Maus zum Business-Partner auf Augenhöhe

»Es gibt einfach kein HR für HR bei uns«, sagte Louise Roxin, Director HR Programme bei der Vista AG. »Seit vier Jahren haben wir das HR-Business-Partner-Modell nach Dave Ulrich implementiert und noch immer laufen wir gegen Wände bei den Managern. Und unser Status hat sich auch kaum geändert.«

»Genau, das stimmt«, erwiderte Chris Schneider. »Das ist aber bei ganz vielen Unternehmen so.«

»Damit kann man es nicht entschuldigen. Das Problem fängt doch ganz oben an. Wir bräuchten dringend einen Chief Human Resources Officer«, erklärt Louise.

Die beiden boten sich ein Pingpong, wie es oft in Meetings vorkommt. Im Raum Sachsenhausen saßen außer Louise sieben Kollegen: vier HR-Direktoren und drei HR-Manager. Chris war via Flatscreen aus Barcelona zugeschaltet und neben ihm saß seine Assistentin Camilla Preger. Aus Wien waren Franz Krull und Betty Sommer mit von der Partie. Die Londoner fehlten, weil in England Schulferien waren.

In der Vista AG als international aufgestelltes und ausgerichtetes Unternehmen wurden Meetings häufig via Web oder Flatscreen abgehalten. Mittlerweile hatten sich alle daran gewöhnt. Es war oft unruhig in den Meetings und normal, dass man auf sein Smartphone oder Laptop schaute und auch ein paar Mails nebenbei erledigte. Alle waren sehr beschäftigt, das Getippe störte niemanden.

Einmal im Monat war Chris in Frankfurt bei seinem Team vor Ort. Das HR-Service-Center saß komplett in Barcelona. Die Business-Partner und auch die meisten Direktoren waren in Deutschland an verschiedenen Standorten verteilt, der Hauptsitz lag in der Nähe von Frankfurt. Nur in Wien und London gab es wegen der Größe der Werke weitere HR-Manager.

Louise war seit zwei Jahren im Unternehmen beschäftigt und hatte viel vor. Sie verdrehte leicht die Augen, als Diana Krafft, HR-Business-Partner um die 50, erzählte, dass es einfach keine Chance gäbe, so recht auf Augenhöhe mit den Managern zu arbeiten. »Die nehmen uns einfach nicht ernst«, sagte sie. Stimmt, dachte Louise, und wenn sie sich Diana genauer ansah, blickte ihr schon eine ziemlich graue Maus entgegen. Sie war engagiert, aber eher introvertiert und zurückhaltend. Als fleißige Abarbeiterin war sie jahrelang in der Administration sehr gefragt gewesen. Doch jetzt galt es, Initiative zu übernehmen und Dinge voranzubringen. Insgeheim fragte sich Louise, ob Diana tatsächlich die richtige dafür war. Und sie ergriff das Wort: »Okay. Wie schaffen wir es, im Business ernst genommen zu werden? Das ist doch die große Frage. Wir haben Entwicklungsprogramme für Talente und auch für unsere Manager, aber wir in HR kreisen nur um uns selbst und strampeln uns ab.«

Kein HR für HR
Seit das HR-Business-Partner-Modell vor fast vier Jahren eingeführt worden war, gab es außer den Workshops und der Prozessbegleitung nur ein paar wenige Trainings. Sonst wurde nichts für die HR-Direktoren und -Manager angeboten. Louise war gerade in Fahrt gekommen und fuhr fort: »Auf Augenhöhe werden wir im Business nur dann wahrgenommen, wenn wir als beratender Partner akzeptiert werden. Dazu ist es erforderlich, dass wir einen wirklichen Nutzen liefern. Dieser Change ist ein langer Weg. Wir müssen gewohnte Pfade verlassen und uns wirklich mit dem Business beschäftigen.«

Chris stimmte zu und sagte: »Genau, wie sehen denn unser Geschäftsmodell und unsere Strategie im Konzern aus?«

Adele Baier, HR-Managerin in Frankfurt, lächelte und sagte: »Wir haben nicht einmal eine richtige Geschäftsstrategie. Oder kann mir jemand die erklären?«

»Damit sind wir wieder in der Warteschleife. Weil wir keine Strategie haben, können wir uns nicht positionieren«, konterte Louise schon fast etwas zynisch. »Wir haben Business-Ziele und an denen müssen wir uns orientieren. Wenn wir unsere Komfortzone nicht verlassen, passiert nichts. Was genau macht denn unseren Nutzen und unseren Wertschöpfungsbeitrag im Unternehmen aus? Wer kann das von euch hier exakt definieren?«

»Wenn wir von oben kein Go bekommen, legen wir mit Cultural Hacking los und bewegen uns von unten«, rief Dominik Rendel, ein junger aufstrebender HR-Manager.

»Was ist denn Cultural Hacking?«, fragte Peter Minx, einer der HR-Direktoren.

»Na, wenn man von unten etwas bewegt. Also nicht top-down sondern bottom-up«, entgegnete Louise. »HR wird doch immer noch als Verwalter belächelt und das müssen wir jetzt dringend ändern. Der Weg führt weg von dem operationalisierenden Experten hin zum überzeugenden strategischen Partner. Wir brauchen eine echte Transformation.«

Nicken und Zustimmung im Meeting. Chris beendete das Meeting und erklärte: »Wenn ich in zwei Wochen in Frankfurt bin, spreche ich mit CM.« Dann kann ja doch was in Bewegung kommen, dachte Louise, je nachdem was CM davon hält. Carsten Meyer, kurz CM, war der CEO und Chris berichtete direkt an ihn.

Die graue Maus?
Zurück an ihrem Arbeitsplatz erledigte Louise noch ein paar Telefonate und E-Mails, dann fuhr sie nach Köln, heim zu ihrem Mann Albrecht und ihrer Tochter Paula. Sie pendelte von Montag bis Mittwoch nach Frankfurt, an den restlichen Tagen arbeitete sie entweder im Home-Office oder in der Produktionsstätte in Köln. Der Begriff »Cultural Hacking« gefiel ihr. Sie war schon gespannt, was Chris aus seinem Meeting mit CM berichten würde. In Köln erledigte sie noch ein paar Einkäufe und kam gegen 18:30 Uhr zuhause in Deutz an. Dort wurde sie freudig von Dackel Funny empfangen, schon seit Jahren treuer Familienbegleiter auf vier Pfoten. Weniger erfreut schaute Paula, ihre

14-jährige Tochter. »Mama, wieso bist du denn schon da?«, fragte sie. »Ich dachte, ich hätte noch länger sturmfrei. Und Tine und Lena wollten auch noch vorbeikommen nachher.«

»Papa und ich haben doch Karten für die Oper heute Abend.«

»Ach, cool, dann seid ihr ja weg. Super«, sagte Paula.

»Und wie war's in der Schule heute?«, fragte Louise noch kurz.

»Ach, alles ganz okay. Du, der Augenarzt hat gesagt, dass ich eine Brille brauche. Oma wollte auch gleich eine mit mir aussuchen. Bloß nicht so eine wie du hast, Mama, habe ich zu ihr gesagt. Ich will doch keine graue Maus sein. Die Brille muss was für meinen Look und mein Image tun«, ereiferte sich Paula.

Louise blickte ihre Tochter verwundert an. Das sind wohl schon weitere Auswüchse der Pubertät, dachte sie. »Was meinst du denn damit genau?«, fragte Louise nach.

»Wir haben in der Schule heute diskutiert, was das Image einer Person ausmacht«, erklärte Paula.

»Okay, und was genau ist das?«, wollte Louise wissen.

»Na ja, wenn ich eine graue Maus sein wollte, würde zum Beispiel deine Brille diesen Eindruck optisch unterstützen. Ich kann mit Kleidung Einfluss nehmen, mit Accessoires, mit meiner Haltung und meinem Auftreten. Dann kommt es darauf an, wie ich mich positioniere. Wenn wir unsere Vorträge zur Jahresarbeit halten, sollen wir auch darauf achten, wie wir uns vor der Klasse verhalten. Wir sollen ja glaubwürdig wirken«, erläuterte Paula.

Was die Kinder schon alles lernen, dachte Louise. Und ob meine Brille wirklich so langweilig ist? Vielleicht hatte Paula nicht ganz unrecht.

Louise erlebte einen inspirierenden und entspannenden Abend in der Oper mit ihrem Mann, der als Strafrechtsprofessor immer gerne etwas zur Kausalität der Ereignisse im Stück anmerkte. Gespielt wurde »La Cenerentola«, zu Deutsch Aschenbrödel, von Gioachino Rossini. »Die Conditio sine qua non in diesem Fall ist doch ganz klar! Erst als sie aufgehört hat, es allen recht zu machen, ist sie ihrem Prinzen begegnet«, erklärte Albrecht aufgeregt. Er schaute immer gern mit dem Blick des Rechtswissenschaftlers auf die Dinge. »Im Prinzip war Cenerentola ein absichtsloses und argloses Opfer, das sich selbst befreit hat«, fachsimpelte er weiter. Louise und Albrecht diskutierten während der ganzen Heimfahrt über Opfer und Gestalter und wie das Opfer zum Gestalter werden könnte.

HR als Marke

Fast eine Woche später saß Louise mit Chris zusammen und wartete gespannt, was der vom Meeting mit CM berichten würde. »CM findet es gut, wenn wir strategischer werden. Und auch, wenn wir eine Strategie finden. Leider gibt's nicht viel Budget«, berichtete Chris.

Wie so oft bei wichtigen Dingen, dachte Louise, schwieg aber erst. Dann brach es auch ihr heraus: »Wir sind hier echt die Opfer. Jetzt reicht's. Chris, wir brauchen eine Strategie für HR und wir müssen uns besser positionieren. Unser Image aufzubessern und eine Marke mit positivem Effekt zu werden, das wäre mein Traum.« Sie wunderte sich schon fast selbst, wie vehement das herauskam.

»Das ist jetzt aber ein bisschen heftig, meinst du nicht?«, fragte Chris überrascht. »Wir sind doch nicht Apple oder BMW, sondern HR bei Vista.«

»Wenn wir unser Geschäftsmodell formulieren und eine Strategie entwickeln, dann können wir das aber werden und als HR-Marke leuchten«, konterte Louise. Und insgeheim beschloss sie, sich wegen einer neuen Brille beraten zu lassen.

Ein interessanter Ansatz

Am Abend war es wieder soweit. Louise traf sich jeden zweiten Dienstag im Monat mit ihrem HR-Netzwerk in Frankfurt. In der Gruppe wurden immer wieder Herausforderungen und Trends in der HR-Arbeit diskutiert. Jeder konnte dabei seine eigenen Praxisfälle einbringen. An diesem Tag geschah etwas sehr Interessantes. Eine Beraterin, Miriam Ernst, stellte eine neue innovative Methodik zur Entwicklungen von Strategien, Zielbildern und Visionen vor, und zwar Lego® Serious Play®, kurz LSP.

Anfangs war Louise durchaus skeptisch und fragte sich, wie man mit Lego-Steinen zu guten Ergebnissen kommen sollte. Eine Intervention von Miriam Ernst überzeugte sie jedoch. Nach einem kurzen ersten Check zum Warmwerden mit Lego erstellten alle Anwesenden ihr Modell von einem misslungenen HR-Projekt und stellten es später vor. Während gebaut wurde, herrschte absolute Konzentration und Stille. Nur ab und an wurde gelacht. Anschließend erläuterte jeder seinen Fall – es gab so einige misslungene HR-Projekte. Das Modell, die Visualisierung und die Erläuterungen dazu hinterließen starke Eindrücke bei den Teilnehmern.

Der Schlüssel, wie Projekte gelingen konnten, wurde auch deutlich anhand der Umkehrung, über die anschließend diskutiert wurde. Ein Kollege, Thilo Jung, sagte: »Super, jetzt wissen wir, wie es gar nicht geht. Das ist schon mal sehr wichtig. So klar war mir das bisher nicht.«

Miriam Ernst ergänzte: »Solche Prozesse mit LSP laufen sehr schnell ab, da alle zu 100 Prozent mitgehen und kognitiv wie emotional involviert sind – anders als sonstig in Meetings oder Workshops, wenn einer spricht und die anderen ganz andere Dinge denken oder tun.«

Stimmt, dachte Louise, bei uns schreiben die meisten E-Mails nebenbei in Meetings oder rennen raus zum Telefonieren. Sie fand LSP hervorragend geeignet, um sich als HR strategischer auszurichten und eine entsprechende Positionierung zu erarbeiten. Für den anstehenden Workshop bei Vista plante sie einen Tag HR Next Level mit LSP als innovativer und für alle Beteiligten neuer Methodik.

Im Anschluss wollte sie das Business-Model-Canvas nutzen, damit sollte jeder von HR seinen eigenen Umsetzungsplan anfertigen. Canvas hatte sie schon einmal erlebt und es inspirierend gefunden, mit den großen Plakaten zu arbeiten. Ganz besonders war bei ihr hängen geblieben, dass das Modell auf Kunden fokussierte. Und mehr Kundenorientierung können wir bei HR gut gebrauchen, da wir meist um uns selbst kreisen, sinnierte Louise weiter. Nutzen können wir nur dann schaffen, wenn wir unsere Kunden, die Führungskräfte und Mitarbeiter im Fokus haben. Jetzt galt es, das Ganze noch Chris schmackhaft zu machen, denn er musste es absegnen.

Das Spiel kann beginnen

Gesagt, getan. Am nächsten Morgen, als Louise mit Chris und Dominik wegen einer anderen Sache zusammensaß, versuchte sie, ihre Erfahrungen mit LSP vom Vorabend zu vermitteln. Chris verzog das Gesicht und sagte: »Erst das ganze Markengetue und jetzt willst du auch noch Lego spielen? So ein Quatsch!«

»Es geht doch genau darum, etwas anders zu machen, und das wäre mal eine innovative Methode, die uns dabei helfen könnte«, argumentierte Louise. Oje, das wird nicht einfach, dachte sie, das ist so, als wolle man jemandem erklären, wie Honig schmeckt, ohne dass er ihn probiert hat. Unterstützung kam dann plötzlich aus einer ganz anderen Ecke. Dominik legte los: »LSP ist definitiv eine Lean-Methode.« Als das Wort »Lean« fiel, war zu sehen, wie Chris die Ohren spitzte. »Wir haben LSP im vorigen Unternehmen auch mal eingesetzt, um Produktionsabläufe zu verbessern und zu beschleunigen – es war genial. Und eine ehemalige Studienkollegin hat mir erzählt, dass sie mit LSP bei Whitenet in Bamberg eine neue Recruiting-Strategie erarbeitet haben. Sie hatten Probleme damit, passende Mitarbeiter zu finden. Und außerdem heißt Transformation ja auch, sich für etwas Neues zu öffnen. Das könnte doch der erste Schritt sein«, fuhr Dominik fort.

»Genau«, sagte Louise, dankbar für den Support. »Und: LSP braucht wenig Zeit und hat eine starke Hebelwirkung für die Beteiligten. Damit können wir unser Budget sinnvoll ausschöpfen. Komm, gib dir einen Ruck. Wir benötigen zwei Tage Workshop. Am ersten arbeiten wir mit LSP und am zweiten gehen wir mit dem Business-Model-Canvas in die Details zu unserem HR-Geschäftsmodell. Dann brauchen wir noch ein paar wenige Tage Begleitung bei der Umsetzung und in sechs Monaten machen wir ein internes Review!«

»Okay, gekauft«, sagte Chris nur noch.

2. Let's change: Theorie, Methodik und Didaktik

Sie erfahren nun, was LSP genau ist und wie Sie es in einem Strategie-Workshop mit HR einsetzen können.

2.1 Was ist Lego® Serious Play®?

LSP ist eine vielfach getestete Methode, die das kreative Spielen und Bauen mit Lego-Steinen in die Arbeitswelt bringt. Es handelt sich um eine 1996 von Lego® entwickelte Methode, die dazu dient, schneller zu besseren Ergebnissen zu kommen, um kollaborative Innovationen zu schaffen – nicht nur im HR-Bereich. Bei LSP bauen die Teilnehmer Antworten auf Fragestellungen mit Lego-Steinen. Dabei werden sie von einem zertifizierten Lego® Serious Play® Moderator unterstützt und angeleitet, der den LSP-Prozess so steuert, dass die Ziele des Workshops von den Teilnehmern selbst erreicht werden. Im Spiel mit den Steinen wird die Kreativität der Anwesenden angeregt und es fällt ihnen leichter, ihre Ideen und Sichtweisen zu kommunizieren.

> **! Wichtig**
>
> Mit der Methode laufen die klassischen 80-20-Meetings, bei denen 20 Prozent der Teilnehmer 80 Prozent der Zeit beanspruchen und die restlichen 80 Prozent der Teilnehmer nicht am Prozess teilnehmen, anders ab. Es geht darum, das Miteinander so zu verändern, dass 100 Prozent Begeisterung und Beteiligung erreicht werden.

Das Prozedere ist simpel: Ein zertifizierter Lego® Serious Play® Facilitator konzipiert den Workshop, ausgerichtet auf das Ziel des Kunden, und leitet die Teilnehmer durch den Prozess. Die Teilnehmer lernen, wie sie ihre Ideen, Sichtweisen und Gedanken mit ihren Lego-Modellen zum Ausdruck bringen können. Der Moderator stellt Aufgaben und Fragen, zu denen die Teilnehmer ihre Antworten bauen. Im Anschluss erklärt jeder der Beteiligten sein Modell und klärt eventuell aufkommende Verständnisfragen. Dieser Prozess beginnt immer wieder aufs Neue. So ist es möglich, in kurzer Zeit viele unterschiedliche Perspektiven aufs Tapet zu bringen und diese Sichtweisen im weiteren Prozess einzubeziehen.

Am Ende stehen dreidimensionale Modelle im Raum und alles, was besprochen und diskutiert wurde, wird im weiteren Verlauf berücksichtigt. Die Teilnehmer bauen auf den Ideen der anderen auf und verbinden ihre Ergebnisse anschließend zu einem gemeinsamen Modell oder Zielbild. Das erhöht die Motivation und stärkt die Partizipation der Teilnehmer. Durch LSP werden Innovationen greifbar visualisiert und erlebbar gemacht. Mit Lego® Serious Play® lassen sich gemeinsame Zielbilder, Visionen, Organisationssysteme, Innovationen, Teamwerte, Feedbackkulturen und vieles mehr in wenigen Stunden erarbeiten.

Ideal sind acht bis zwölf Teilnehmer je Facilitator. Die Methodik lässt sich auch für Großgruppenveranstaltungen einsetzen und bietet viele Chancen, kollaborative Ergebnisse zu erarbeiten. Grenzen gibt es fast nur in logistischer Hinsicht: Schon für einen Workshop mit zwölf Personen benötigt man 10.000 Lego-Steine.

2.2 Leitfaden: Durchführung eines Workshops mit Lego® Serious Play® für HR

Set-up
Für LSP mit zwölf Teilnehmern wird ein Raum mit einem großen Bautisch und Stühlen außen herum sowie einem Präsentationstisch ohne Bestuhlung, um den sich alle gut herumstellen können, gebraucht. Am Bautisch geht's los. Hier sitzen die Teilnehmer, während ihnen die Methodik vermittelt wird, und hier bauen sie anschließend ihre Modelle. Es sollten genügend Steine in der Mitte des Bautisches liegen, sodass sich jeder gut bedienen kann. Die Modelle werden später am Präsentationstisch vorgestellt, dabei erzählt jeder seine Geschichte zum Modell. Die tatsächliche Darstellung sorgt dafür, dass die Geschichten bei den Teilnehmern sehr gut haften bleiben. Der Ortswechsel vom Bau- zum Präsentationstisch hilft, das kreative Bauen und das Präsentieren zu trennen. Das gemeinsame Modell aller Teilnehmer, also die Vision oder das Zielbild, entsteht dann am Präsentationstisch aus den einzelnen Modellen. Ferner wird ein Beamer mit Leinwand benötigt, sodass die Teilnehmer die Anweisungen und Fragestellungen auf Power-Point-Folien die ganze Zeit über gut sehen können. Unterstützend beim Bauen wirkt auch Hintergrundmusik. Das Lego-Buffet sollte auf einem ausreichend gro-

ßen Tisch an der Seite des Raums stehen. Für zwölf Teilnehmer sollten vier Lego-Sets und ein Lego® Serious Play® Facilitator zur Verfügung stehen, ab 13 Teilnehmer zwei Begleiter.

Set-up für einen Workshop mit Lego® Serious Play®

Step 1: Jump-in – Enten bauen

Als Erstes erhalten die Teilnehmer ein Set mit sechs Lego-Steinen und die Aufforderung, innerhalb einer Minute daraus eine Ente zu bauen. Wir geben folgende wichtige Anweisung dazu: »Es ist egal, wie die Ente am Ende aussieht, Hauptsache sie stellt eine Ente für denjenigen dar, der sie gebaut hat. Es gibt kein offizielles Entenmodell.«

Musik begleitet die Teilnehmer. Nach einer Minute werden alle aufgefordert, ihre Enten in die Mitte zu halten und allen zu zeigen. Jeder hält sie vor sich hoch, sodass alle alle Enten sehen können. Wir fragen interessiert nach: »Was sehen Sie jetzt?« Dann geben wir den Teilnehmern Raum, ihre Wahrnehmungen zu schildern. Jeder hat eine ganz individuelle Ente vor sich. Obwohl es nur sechs Steine gibt, ähnelt keine Ente der anderen. Das ist oft eine Schlüsselerkenntnis schon zu Beginn des LSP-Workshops.

Jeder hat seine einzigartige Perspektive auf die Dinge. Wir weisen darauf hin, dass LSP die Sichtweise einer jeden Person an den Tag bringt, und das innerhalb kürzester Zeit. Eine Frage, sechs Steine und viele verschiedene Antworten darauf in nur einer Minute – die Teilnehmer erkennen, dass LSP sehr schnell funktioniert.

Step 2: Kurze Erläuterung zu LSP
Wir erläutern die Systematik von LSP, damit die Teilnehmer diese Methodik gut verstehen. Hier greifen wir auf den Vergleich mit normalen Meetings oder Workshops zurück, wo eher 80 zu 20 Prozent Aufmerksamkeit herrscht. Die Teilnehmer sind zu 80 Prozent nicht bei der Sache, zwar körperlich anwesend, aber nicht geistig dabei. Nur 20 Prozent der Gruppe bringen sich ein, meist sind es die üblichen Verdächtigen, die reden und mitgestalten.

Gefragt sind aber 100 Prozent Beteiligung, und zwar von jedem in der Gruppe. Und hier kommt LSP ins Spiel. Wenn jeder mitmacht, ergeben sich drei Vorteile: Die Beteiligten teilen ihre Einsichten, entwickeln Vertrauen zueinander und ineinander und am Ende steht das Commitment der ganzen Gruppe. Dabei erschließen sie sich implizites Wissen, das jeder in sich trägt und das sehr wichtig für den Prozess ist. Alle Ideen und kreativen Hinweise werden geteilt. Das Ziel des LSP-Workshops in unserem Fallbeispiel besteht darin, zu reflektieren und die Rolle von HR zu analysieren. HR soll ein wirklicher Business-Partner auf Augenhöhe werden. Und HR soll einer strategischen Vorgehensweise folgen. Die Teilnehmer finden heraus, was wirklich wichtig und notwendig ist, um als HR zukünftig sehr erfolgreich zu sein. Und nebenbei erleben alle eine Lean-Methode für Innovationen, Strategie und Visionen und was sonst noch alles zur Sprache kommt.

Wir ergänzen unsere Erläuterungen noch durch ein paar Fakten zu LSP. Es handelt sich um eine geführte Methode, die auf wissenschaftlichen Erkenntnissen, Führungsstilen, Organisationsentwicklung und Psychologie basiert. Sie ermöglicht es, die eigene strategische Vorstellungskraft zu nutzen und die Teilnehmer zu begeistern. Jedes Spiel braucht aber auch ein paar Regeln. Das bedeutet: Jeder ist permanent dabei; gebaut wird in Metaphern und die Teilnehmer geben ihrem Modell eine Bedeutung. Es geht immer um dieses Modell. Jedes einzelne gibt eine Antwort auf die gestellte Frage. Dabei weisen wir auch darauf hin, dass es wichtig ist, auf sein Modell zu vertrauen:

»Wir denken mit unseren Händen und hören mit unseren Augen. Und wenn uns gar nichts mehr einfällt, dann bauen wir einfach.« Dieser Satz ist besonders wichtig, weil die Teilnehmer manchmal einfach nicht wissen, was sie bauen sollen. Wir laden sie ein, intuitiv zu handeln und sich auf den Prozess zu verlassen.

Der Kernprozess ist immer der gleiche: Wir als Facilitator stellen den Teilnehmern eine Frage oder eine Aufgabe. Dann baut jeder sein Modell und gibt damit eine Antwort; diese wiederum teilt er mit allen anderen und erläutert sie. Es ist ein absolutes Muss, dass jeder dies tut und 100-prozentige Partizipation entsteht. Eines der Prinzipien für solche Workshops besagt, dass niemand ein »Meeting mit sich selbst« hat, sondern es geht immer um das Modell. Jeder spricht darüber und die anderen können Fragen stellen. Wir reflektieren die Modelle alle gemeinsam und so tritt Wissen zutage, das sonst in uns verborgen bliebe.

Step 3: Skillbuilding und Metaphern – das kann jeder
Im dritten Schritt bauen die Teilnehmer ihre ersten Modelle, um mit der neuen Methodik warm zu werden. Hierzu bitten wir die Teilnehmer, ihr Window Exploration Kit zu nutzen und aus den darin enthaltenen Steinen in vier Minuten einen Turm zu bauen. Wir weisen sie an, mit der grauen Platte zu starten und am Schluss eine Minifigur auf die Spitze des Turms zu setzen. Lediglich die graue Platte zu Beginn und die Minifigur als Dach sind fest vorgegeben. Hintergrundmusik kann den Bauprozess begleiten. Der nächste Aha-Effekt stellt sich ein, wenn die Teilnehmer wahrnehmen, dass wieder zwölf unterschiedliche Türme aus der gleichen Auswahl an Steinen entstanden sind.

Wir lassen jeden Teilnehmer anschließend sein Modell erklären, und zwar unter dem Aspekt, was der Turm über die Persönlichkeit des Erbauers sagt. Dabei erleben die Teilnehmer zum einen, dass jeder in der Lage ist, etwas zu bauen, und zum anderen, dass jeder sein Werk als Metapher für eine Geschichte nutzen kann. Und: Der Bauprozess, die verschiedenen Ausführungen der Modelle und die Reflexion über die Türme haben dazu geführt, dass alle Teilnehmer zu 100 Prozent dabei waren.

Step 4: Storytelling – jeder kann Geschichten erzählen
Bei diesem Schritt führen wir die Teilnehmer noch ein wenig tiefer in die Materie von LSP: zum Storytelling. Wir erklären ihnen, dass wir mit Geschichten die Zukunft ergründen, die Sinnhaftigkeit von gegenwärtigen Themen diskutieren oder Vergangenes teilen können. Wir nutzen die Technik, um mit unserer Phantasie und Kreativität zu spielen und um das zu teilen, was wir wissen. Ab diesem Zeitpunkt dürfen die Teilnehmer alle Steine benutzen, auch die auf dem Lego-Buffet. Wir fordern sie auf, innerhalb von sieben Minuten ein Modell ihres Albtraumarbeitstags zu bauen. Der Bauprozess wird wieder durch Hintergrundmusik unterstützt.

Anschließend erzählen die Teilnehmer reihum ihre Albtraumgeschichten, was oft zu entspannten Lachern führt. Geschichten und Modelle erlauben es, gefährliche Themen genauer zu betrachten. Storytelling hat eine große Kraft und hilft uns, komplexe Sachverhalte zu verstehen. Da alles erlaubt ist, kann niemand falsch liegen. Jeder kann mit völligem Vertrauen und großem Selbstvertrauen ans Bauen gehen. Diese Sequenz führt zu der Erkenntnis, dass jeder bauen und Geschichten erzählen kann. Im nächsten Schritt gehen wir wieder etwas weiter.

Step 5: Der individuelle Status quo
Nur folgt die erste Bausession zum eigentlichen Thema, in unserem Fallbeispiel HR. In der Sequenz HR heute wollen wir als Facilitator sehen, was aktuell gut läuft und was die Teilnehmer in ihrer Funktion und Rolle als HRler können und leisten. Es ist wichtig, dass Vorhandenes gesehen und gewertschätzt wird, bevor strategische Veränderungen angegangen werden. Daher werfen wir mit den Teilnehmern einen Blick auf ihren ganz individuellen Status quo als HR-Manager. Hierzu nutzen wir die Vorstellung, dass jeder von ihnen einem neunjährigen Kind seine Tätigkeit erklärt. Wir nehmen an, dass jeder der Teilnehmer entweder ein Kind in diesem Alter hat oder hatte oder zumindest eines kennt.

Nützliche Fragen:
- Wie würden Sie einem neunjährigen Kind erklären, was Sie bei Ihrer Arbeit machen?
- Warum ist das, was Sie tun, wichtig für Ihr Unternehmen?

Die Teilnehmer werden aufgefordert, in sieben Minuten ein Modell dazu zu bauen. Die Hintergrundmusik läuft. Anschließend erläutert wieder jeder sein Modell mit einer Geschichte.

Step 6: Warm-up mit Ente nach der Mittagspause
Als Warm-up nach der Mittagspause nutzen wir oft die Bausteine aus dem Step-in und fordern die Teilnehmer auf, eine Ente zu bauen, die ihre Emotionen nach der Mittagspause zeigt. Nach dieser Minisession bitten wir sie, ihre Emotionen anhand ihrer gebauten Ente kurz darzulegen.

Step 7: Impulsvortrag – What? How? Why?
Im nächsten Schritt weisen wir auf das kunden- und nutzenfokussierte HR-Business-Partner-Modell von Dave Ulrich hin (siehe hierzu auch das Kurzvideo auf Youtube: https://www.youtube.com/watch?v=57PmDk73u7I&t=407s), das die meisten HRler kennen.

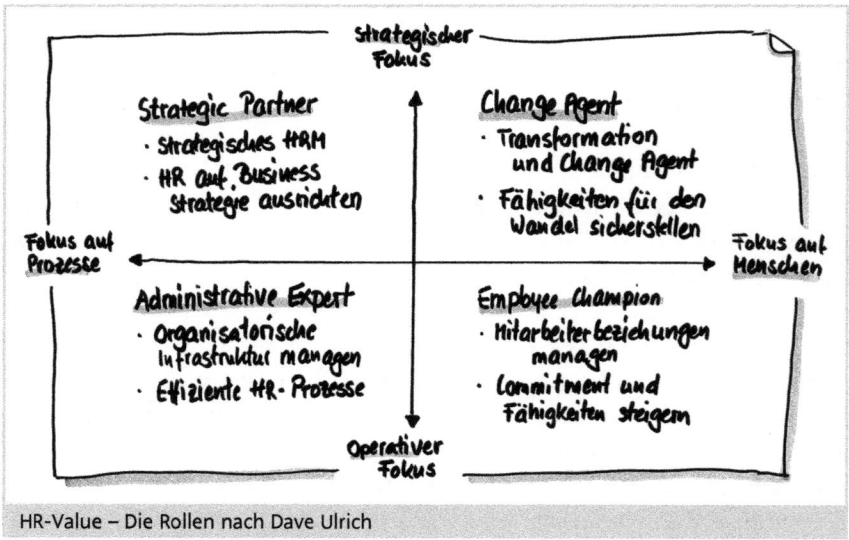

HR-Value – Die Rollen nach Dave Ulrich

Step 8: Auf zum nächsten Level
Nachdem wir das, was ist, abgebildet und Impulse aus strategischen HR-Business-Partner-Modellen gegeben haben, wollen wir nun mit den Teilnehmern einen Blick in die Zukunft werfen. Wir bitten sie, in ihrem Einflussbereich

zu bleiben, und lassen sie innerhalb von zehn Minuten das Modell ihrer HR-Zukunft bauen. Dazu stellen wir folgende Fragen:

- Welche Identität und welches Image wollen Sie als HR in zwei Jahren erreichen?
- Was machen Sie und woran arbeiten Sie, um einen Nutzen für Ihr Unternehmen zu stiften?

Wir erklären den Teilnehmern, dass es darum geht, ein Artefakt zu bauen, das hilft, die eigene Geschichte in der Gruppe zu erzählen und zu teilen. Und dass es nicht darum geht, einen Schönheitspreis zu gewinnen, sondern ein Modell mit einer eigenen Geschichte zu bauen. Wir ergänzen nahezu in jeder Bausession, die stattfindet, folgenden Satz: »Wenn Sie nicht wissen, was Sie bauen sollen, bauen Sie einfach. Haben Sie kein kognitives Meeting mit sich selbst zum Thema, was Sie bauen sollen, sondern vertrauen Sie Ihren Händen und dem Prozess.«

Haben die Teilnehmer ihre Modelle erläutert, bitten wir sie in einer zweiten Runde, sich nochmals vier Minuten lang auf ihr Modell zu fokussieren und es im Hinblick auf einen strategischen Ansatz zum »nächsten HR-Level« zu verbessern oder zu ergänzen. Die Teilnehmer können beispielsweise zu ihrem Modell etwas hinzufügen, es vergrößern oder es komplett verändern – ganz wie sie wollen. Zudem bitten wir sie, dass sie bei ihrem Modell mit einbeziehen, wie sie sicherstellen können, dass ihre HR-Prioritäten die Business-Ziele der Company unterstützen.

Step 9: Fokus setzen – Roter-Stein-Technik

Um den Blick auf ein bestimmtes Detail zu lenken, nutzen wir gerne die Roter-Stein-Technik. Die Teilnehmer werden aufgefordert, sich zu fragen, was an ihrem Modell der wichtigste Aspekt ist, der die Essenz oder den Kern darstellt. Er wird dann mit dem roten Stein gekennzeichnet. Dieser Schritt hilft dabei, sich zu entscheiden und auf den wichtigsten Punkt zu konzentrieren. Wir bitten die Teilnehmer, den roten Stein entsprechend auf ihrem Modell zu platzieren, und fragen auch danach, sodass jeder Teilnehmer kurz seinen Fokus erläutert.

Step 10: Gemeinsames Modell der Zukunft

Nachdem die Teilnehmer ihre Modelle zu ihrer strategischen HR-Zukunft gebaut haben, ist es jetzt an der Zeit, zum gemeinsamen Modell zu wechseln.

Damit werden das Commitment und das Verständnis füreinander gestärkt. Ziel ist es, dass sich alle am Ende mit dem gemeinsamen Bild und Modell identifizieren und dazu verpflichten, es umzusetzen. Für diesen Schritt fordern wir die Teilnehmer auf, den sogenannten Bautisch mit ihrem Modell zu verlassen und sich um den zweiten großen Tisch herum zu stellen. Wir erklären, dass jetzt der Schritt folgt, bei dem jeder sein individuelles Modell in ein gemeinsames Zielmodell für die gemeinsame HR-Abteilung im Unternehmen hineingibt. Das angestrebte Zukunftsmodell HR Future soll die unterschiedlichen Perspektiven, den Status, die Rollen und die Abteilung im Unternehmen abbilden. Es geht darum, aus zwölf Einzelmodellen ein gemeinsames, aber kein einheitliches Modell zu machen.

Das gemeinsame Modell (kein einheitliches)

Wir erläutern den Teilnehmern, dass sie zusammen dafür zuständig sind, Teile der individuellen Modelle in das gemeinsame Modell einzubinden. Darüber wird in der Gruppe verhandelt. Wichtig ist, dass jeder den wichtigsten Aspekt, den er mit dem roten Stein markiert hat, erkennen kann. Wir weisen darauf hin, dass es der Prozess der Gruppe ist und dass es keinen perfekten Weg gibt, ein gemeinsames Modell zu erstellen. Wir erklären lediglich ein paar Grundsätze, die wichtig sind:

- Das Resultat sollte mehr sein als die Summe der unterschiedlichen Teile.
- Von jeder Person soll entweder das Modell oder ein Teil dessen integriert sein.
- Die Teilnehmer dürfen das Modell verändern, vergrößern oder anders zusammensetzen.

Gibt es Dopplungen, finden die Teilnehmer gemeinsam heraus, wer bereit ist, auf etwas zu verzichten. Alle sollen sich auf ihre HR-Abteilung und deren strategische Ausrichtung konzentrieren. Wir lassen den Teilnehmern die Zeit, die sie benötigen, in der Regel 20 bis 30 Minuten. Während das Gesamtmodell entsteht, weisen wir darauf hin, dass eine gemeinsame Version nicht bedeutet, dass alle Beteiligten mit allem einverstanden sind, vielmehr müssen alle mit dem Ergebnis leben können. Wir laden die Teilnehmer ein, sich um den Tisch herum zu bewegen und das Modell aus verschiedenen Perspektiven zu betrachten. Dabei sind folgende Fragen nützlich:

- Was fühlen und denken Sie, wenn Sie Ihr gemeinsames Modell anschauen?
- Sind von jedem die wichtigsten Elemente enthalten?
- Sind Sie zufrieden mit dem gemeinsamen Modell?

Wenn die Verhandlungen beendet sind und das gemeinsame Modell fertig gestellt ist, bitten wir vier bis fünf Teilnehmer, die Geschichte zu erzählen, die im gemeinsamen Modell steckt. Wir als Facilitator achten darauf, dass die Teilnehmer bei ihren Erläuterungen auf die einzelnen Aspekte des Modells deuten, sodass alle gut nachvollziehen und verstehen können, worum es im Einzelnen geht. Diesen Teil nennen wir »hard fun«, da LSP Spaß macht und dennoch anstrengend ist. Wir weisen die Teilnehmer darauf hin, dass sie sich gegenseitig zur Unterstützung befragen dürfen.

Step 11: Individuelle Tools, Kompetenzen und Skills für die Zukunft

Im nächsten Schritt geht es darum, die notwendigen Kompetenzen, Tools und Skills der HR-Mitarbeiter festzulegen, die sie brauchen, um das entstandene Zielmodell zu realisieren. Wir bitten die Teilnehmer, wieder am großen Bautisch Platz zu nehmen, und fordern sie auf, ihr individuelles Modell in Bezug auf die Erfolgsfaktoren für das nächste HR-Level zu bauen. Dabei ist folgende Frage nützlich: Worin müssen wir wirklich gut sein, um einen Nutzen für unser Unternehmen zu schaffen? Und wieder erläutert jeder sein Modell mit der Geschichte der Kompetenzen und Skills.

In der zweiten Runde bohren wir noch ein wenig tiefer: Welche weiteren Kompetenzen sind auf dem Weg zum Ziel erforderlich? Wir bitten die Teilnehmer zudem, ihre einzelnen Modelle je nach Einfluss mit dem gemeinsamen Modell zu verbinden. So entsteht eine Art Landschaft, die sich aus dem gemeinsamen Modell und den Einflussfaktoren in Form von Tools und Kompetenzen zusammenfügt. Die Gruppe diskutiert anschließend über die Positionen der individuellen Modelle rund um das gemeinsame Modell. Am Ende geht es wieder darum, dass alle mit dem Bild leben können und zufrieden sind. Und wieder erzählen vier bis fünf Personen die gemeinsame Geschichte, die anderen Beteiligten helfen gegebenenfalls.

Wir filmen diese Schilderungen für das Protokoll und als Erinnerungshilfe für die Teilnehmer.

Step 12: Erster Transfer
Um einen ersten Transfer zu initiieren, lassen wir die Teilnehmer ein letztes Modell bauen, und zwar mit der Fragestellung: Was machen Sie ab morgen anders, um Ihr Ziel und Ihre Vision von HR Future zu erreichen? Die Teilnehmer bauen ihre Modelle hierzu und stellen sie – nun zum letzten Mal in diesem Prozess – vor.

3. Unsere Erfahrungen

Wir setzen diese Methode bei Beratungsprojekten mit Kunden ein, um ein Zielbild, eine Strategie oder komplexe Lösungen zu erarbeiten. Wir haben damit mehrfach HR-Strategie-Workshops durchgeführt, sei es, um eine neue HR-Strategie zu entwickeln oder um im Bereich Recruiting eine Neuausrichtung zu gestalten, wenn sich beispielsweise keine passenden Mitarbeiter mehr finden. Im Managementbereich kann LSP dabei helfen, Teammeetings zu optimieren, Zielbilder für neue Prozesse zu erstellen oder Organisationsentwicklungen anzustoßen. Das Ergebnis ist ein gemeinsames Verständnis für das Lösungsbild und volles Commitment aller Beteiligten, das Modell auch in der Realität einzuführen und umzusetzen.

Je nach Fragestellung kann im Anschluss mit vielen innovativen Methoden weitergearbeitet werden. Im Bereich der Strategie- oder Geschäftsentwicklung beispielsweise wenden wir gerne das Business-Model-Canvas an. Letzteres ist insbesondere gut dazu geeignet, die eigene Strategie klarer zu fassen und umzusetzen. Der Fokus wird auf den Kunden und den Mehrwert, den beispielsweise HR dem Unternehmen bringt, oder beim Business-Model We auf die Abteilung gelegt – die Wirkung soll so sein wie die eines richtigen Geschäftsmodells. Diese Methode verhilft zu einem Perspektivwechsel und umfasst alle Schlüsselfaktoren wie Mehrwert, Kunden und Geschäftspartner. Da uns Nachhaltigkeit wichtig ist, bieten wir bei solchen Prozessen Coaching und die weitere Beratung der HR-Abteilung an. Auch Webex- oder andere Videokonferenzen sind gut geeignet, um die strategische Umsetzung zu begleiten und zu monitoren. Es macht Sinn, innerhalb von vier bis sechs

Monaten das Ganze nachzuhalten und zu evaluieren und gegebenenfalls nachzujustieren, damit die Business-Modelle auch wirklich zielführend umgesetzt werden.

4. Praxistransfer: Lego® Serious Play® bei der Vista AG

Bei der Vista AG sitzen zwölf gespannte Teilnehmer in einem Raum, der – bestückt mit den Lego-Steinen – wie ein kreatives Chaos erscheint. Von der Vista AG sind dabei: der Director HR-Programme, sechs HR-Manager, drei HR-Director, ein Head of HR sowie eine Masterstudentin. Die beiden Berater von der Glücks-Akademie, Franzi Engel und Paul Grün, leiten den Workshop und begrüßen alle. Louise Roxin spricht ein paar einleitende Worte und nimmt die Teilnehmer mit auf eine Reise in einen kreativen Tag.

Step 1: Jump-in – Enten bauen
Die Teilnehmer sind ein wenig amüsiert angesichts der Methodik mit Lego-Steinen, die die meisten aus der Kindheit kennen. Wir starten mit der Ente, sofort wird konzentriert gebaut. Die erste Erfahrung mit LSP ist gemacht und vor uns sitzen zwölf neugierige Teilnehmer, die nur darauf warten richtig loszulegen.

Step 2: Kurze Erläuterung zu LSP
Franzi Engel erklärt den Anwesenden, was an diesem Tag wichtig ist: »Bei den meisten Meetings sind die wenigsten wirklich zu 100 Prozent dabei. Das heißt, ein Teilnehmer schaut auf sein Smartphone, der nächste hört zwar zu, aber nicht genau hin. Ein anderer geht Tagträumen nach oder überlegt, wie viele Mails er noch erledigen muss, und so weiter. Bei uns heute wird das anders sein.« Stimmt, denkt Louise, alle haben die Ente gebaut, keiner hatte Zeit für sein Smartphone oder Laptop.

Kurz erläutern die Berater, was sie vorhaben. »Das Ziel des heutigen Tages ist es, zu reflektieren und die Rolle von HR zu analysieren. Wie kann HR sich zu einem wirklichen Business-Partner auf Augenhöhe entwickeln? Wir finden heute heraus, was wichtig und notwendig ist, um zukünftig sehr erfolgreich zu sein«, erklärt Paul Grün. Er ergänzt noch weitere Informationen zur LSP-

Technik und dazu, wie die Bausessions und das Geschichtenerzählen formal ablaufen.

Step 3: Skillbuilding und Metaphern – das kann jeder
Und dann gibt Franzi Engel das Startzeichen:»Lassen Sie uns das Spiel beginnen. Nehmen Sie sich das Window Exploration Kit und los geht's. Bauen Sie einen Turm aus den darin enthaltenen Lego-Steinen. Beginnen Sie mit der grauen Platte und setzen Sie eine Minifigur auf die Spitze. Sie haben vier Minuten Zeit.« Hintergrundmusik läuft. Die Teilnehmer bauen geschäftig ihre Türme.

Paul Grün schaltet sich ein:»Bitte kommen Sie nun zum Ende. Schauen Sie sich um: Wir haben jetzt zwölf ganz unterschiedliche Türme, obwohl alle die gleichen Steine hatten. Interessant, oder?« Es geht ein Raunen durch den Raum.

»Jetzt erklären Sie bitte Ihre Modelle, und zwar unter dem Aspekt, was der Turm über Ihre Persönlichkeit aussagt«, fordert Paul Grün die Teilnehmer auf. Jeder kommt an die Reihe, dabei fallen Sätze wie:»Mein Turm ist ganz stabil auf einem stabilen Fundament. Er ist sehr strukturiert«,»Ich muss oben den Blick über allem haben«,»Mein Turm ist niedrig und mittendrin, aber kunterbunt«,»Mein Männchen will ganz nach oben, der Turm ist gerade und sehr hoch«,»Meiner ist farbenfroh und etwas durcheinander«.

Step 4: Storytelling – jeder kann Geschichten erzählen
Und schon leitet Franzi Engel zur nächsten Session über:»Nun ist es Zeit, ein wenig tiefer in LSP einzutauchen, und zwar widmen wir uns nun dem Storytelling. Wir können Geschichten nutzen, um die Zukunft zu ergründen, die Sinnhaftigkeit gegenwärtiger Themen zu diskutieren oder Vergangenes zu teilen. Wir nutzen die Technik, um mit unserer Phantasie und Kreativität zu spielen und um das zu teilen, was wir wissen. Sie dürfen jetzt alle Steine nutzen, also auch die vom Buffet dort. Bitte bauen Sie ein Modell von einem Albtraumarbeitstag. Sie haben sieben Minuten Zeit.« Musik begleitet den Bauprozess.

Erst sind die Teilnehmer noch etwas zögerlich, doch dann gehen einige zum Buffet und wühlen in den Steinen, suchen sich diejenigen heraus, die sie verbauen wollen. Sehr unterschiedliche Modelle in unterschiedlichen Größen entstehen. Nach sieben Minuten fragt Franzi Engel: »Wer will sein Modell zuerst vorstellen?« Reihum erzählt jeder Teilnehmer seine Albtraumgeschichte, darunter lustige und ernste Begebenheiten, die Pannen im Unternehmen wiedergeben oder zwischenmenschliche Probleme beleuchten.

Paul Grün fährt fort: »Geschichten und Modelle ermöglichen es, sich gefährliche Themen genauer anzuschauen. Storytelling hat eine große Kraft und hilft uns, komplexe Sachverhalte zu verstehen. Da alles erlaubt ist, können Sie nicht falsch liegen, jeder darf mit absolutem Vertrauen und Selbstvertrauen ans Bauen gehen.«

Step 5: Der individuelle Status quo

Die nächste Session folgt, Paul Grün führt zum eigentlichen Thema hin und bittet die Teilnehmer, ihre Modelle von HR, wie es heute im Unternehmen ist, zu bauen. Das löst Gemurmel aus, doch die vorherigen Übungen haben den Teilnehmern gezeigt, wie sie bauen und sich mit ihrem Modell ausdrücken können. Nach kurzer Zeit gehen die ersten zum Lego-Buffet und bedienen sich, die übrigen Teilnehmer folgen. Wieder wird konzentriert gebaut, bis Franzi Engel fragt: »Wer möchte beginnen, sein Modell zu erklären?«

»Ich schau, dass alles seine Ordnung hat im Unternehmen, und sorge dafür, dass die Mitarbeiter zufrieden sind«, erläutert ein Teilnehmer und deutet auf sein Modell, das Figuren auf einer Blumenwiese zeigt. »Die Geldscheine zeigen, dass jeder am Ende des Monats sein Gehalt bekommt. Und dass ich die wilde Herde aus Mitarbeitern und Führungskräften je nach Entwicklungsstand abhole und Entwicklungsmöglichkeiten biete«, sagt eine andere Teilnehmerin und zeigt auf eine Leiter, auf der Figuren hinaufsteigen. Ein weiterer Teilnehmer deutet auf zwei Figuren, die sich gegenüberstehen: »Ich liefere Nutzen für den HR-Leiter, da ich gut vernetzt bin und dafür sorge, dass alle HRler in einem Boot sitzen.« Er zeigt auf ein mit Figuren gefülltes Boot und auf ein Netz, aus Menschen gemacht. »Ich sorge dafür, dass unsere Führungskräfte gut führen und gute Anführer sind.« Dieser Teilnehmer zeigt auf ein Boot, in dem eine Figur der Kapitän ist und die anderen in seine Richtung blicken, als hörten sie die ganze Zeit sehr interessiert zu.

Nun ist es Zeit, sich ein wenig zu stärken, es gibt einen Imbiss für alle. Einige der Teilnehmer stehen ganz still für sich und lassen das Erlebte sacken, andere grinsen vor sich hin oder tauschen sich aus. Die Atmosphäre ist gelöst und gleichzeitig steigt die Spannung, wie es wohl weitergeht.

Step 6: Warm-up mit Ente nach der Mittagspause
»Meine Ente lässt den Kopf hängen, sie ist etwas erschöpft.« »Meine blickt neugierig in den Nachmittag.« Diese und andere Aussagen kommen von den Teilnehmern, als sie zur Einstimmung in den Nachmittag noch einmal Enten bauen.

Step 7: Impulsvortrag – What? How? Why?
Weiter geht es mit Informationen dazu, wie eine strategisch ausgerichtete HR-Abteilung laut Dave Ulrich aussehen kann. Und dann leitet Franzi Engel zum zentralen Anliegen über: zur Zukunftsplanung.

Step 8: Auf zum nächsten Level
Nachdem sie erklärt hat, worum es geht, werden die Teilnehmer aufgefordert, ihr »Next Level HR« zu bauen. Dieses Mal zögert keiner, die Vista-Mitarbeiter legen los. Nach zehn Minuten bittet Paul Grün alle, ihre Modelle vorzustellen.

»Ich buckle nicht mehr vor den Topmanagern, sondern begegne ihnen auf Augenhöhe«, sagt der erste und zeigt auf sein Modell, in dem sich eine Figur vor der anderen verbeugt. »Wir arbeiten mehr und besser im Team«, so stellt ein anderer sein Modell vor. »Das Miteinander wird total ausgebaut. Wir knüpfen erfolgreiche Beziehungen und weiten unsere Netzwerke aus«, erklärt der nächste und zeigt auf Figuren, die durch ein Netz verbunden sind. »Wir haben die Anerkennung vom Business und stiften Nutzen«, sagt einer und deutet auf zwei Figuren, die sich die Hand geben. »Ich nehme eine wichtigere Position ein und treibe die digitale Transformation mit meinem Know-how über Agilität und Change-Management«, erklärt der nächste und weist auf sein Modell. »Wir schaffen Weiterbildungsarchitekturen, um auch weiterhin zukunftsfähig zu sein«, erläutert ein Teilnehmer und zeigt auf sein Modell, in dem viele Figuren zu sehen sind, die unterschiedliche Dinge an unterschiedlichen Orten tun. Ein anderer zeigt auf einen Korb mit Lego-Geldscheinen und sagt: »Wir sorgen dafür, dass wir die KPI einhalten und die Kommunikation verbessern, um weiterhin zu wachsen.« Ein weiterer Teilnehmer deutet auf sein Speedboot: »Wir müssen Geschwindigkeit aufnehmen und dürfen den

Anschluss nicht verpassen. Hier im Boot sitzen Designer des neuen People-Managements, das sind wir!« »Dieser Thron stellt dar, dass wir eine richtige Marke sind und auch als Marke von Mitarbeitern und Führungskräften wahrgenommen werden«, so beschreibt eine Teilnehmerin ihr Modell.

Step 9: Fokus setzen – Roter-Stein-Technik
Nun ist es Zeit für die Roter-Stein-Technik. Franzi Engel und Paul Grün fordern die Teilnehmer nochmals auf zu reflektieren und zu fokussieren, um den einen wesentlichen Aspekt in ihren Modellen zu identifizieren, der auch große Relevanz für das gemeinsame Modell hat. Am Ende werden zwölf rote Steine platziert: einer zum Beispiel auf dem Netz, das fürs Networking steht, einer auf den Lego-Geldscheinen, die Benefit und Nutzen sowie das Einhalten der KPIs repräsentieren, und einer auf kooperierende Lego-Figuren, die das People-Business darstellen.

Step 10: Gemeinsames Modell der Zukunft
Nach einem tiefen Luftholen moderiert Franzi Engel die nächste Runde an: »Jetzt folgt ein sehr wichtiger Schritt. Sie haben Einzelmodelle Ihrer HR-Zukunft gebaut, nun geht es darum, diese in ein gemeinsames Modell hineinwachsen zu lassen. Dabei geht es nicht darum, dass Sie im Team allem begeistert zustimmen. Sondern darum, dass Sie mit dem gemeinsamen Modell gut leben können, die wichtigsten Aspekte aus Ihrem Modell enthalten sind und sich die einzelnen Teile optimalerweise gut ergänzen.« »Sie haben alle Zeit, die Sie brauchen, um ein gutes Resultat zu bauen«, ergänzt Paul Grün.

»Unbedingt rein muss meiner Meinung nach unser Dreigestirn, das heißt die drei großen Unternehmensbereiche. Das möchte ich gern in der Mitte platzieren«, legt ein Teilnehmer los und ergänzt: »Das steht für den Kern unseres Unternehmens.« »Dann sind hier IT und Admin und ich hätte gerne alles mit diesem Seil verknüpft und verbunden«, sagt ein anderer Teilnehmer. »Hier an die Seite lege ich unsere echte und weiter gewachsene Teamarbeit. Wir halten zusammen und entwickeln uns. Wir brauchen also auch weiterhin Trainings, Coachings und Schulungen für HR selbst.« »Ich hätte gerne mein Speedboot dabei, denn das steht als Zeichen dafür, dass wir nicht den Anschluss verlieren.« Peu à peu wächst das gemeinsame Modell, die Vista-Mitarbeiter diskutieren aufgeregt miteinander und überlegen zusammen, wo welche Teile hingehören.

Am Ende fassen vier Teilnehmer die Geschichte aus dem gemeinsamen Modell zusammen. »Irgendwie geht das viel leichter, wenn man das Modell vor sich stehen sieht. Man erinnert sich viel besser an die Teile und Bausteine des Modells«, sagt eine Teilnehmerin.

Am Ende rundet Franzi Engel diese Session ab: »Das ist jetzt Ihr Bild, Ihre Vision von der HR-Zukunft in Ihrem Unternehmen. Dieses Bild haben Sie gemeinsam kreiert und es ist die Basis für Ihre Ausrichtung, für Ihr Ziel. Nun wollen wir noch beleuchten, welche Kompetenzen Sie benötigen, um dieses Ziel tatsächlich zu erreichen. Was brauchen Sie? Wie gehen Sie vor, um am Ziel anzukommen? Das sind die nächsten Fragen.«

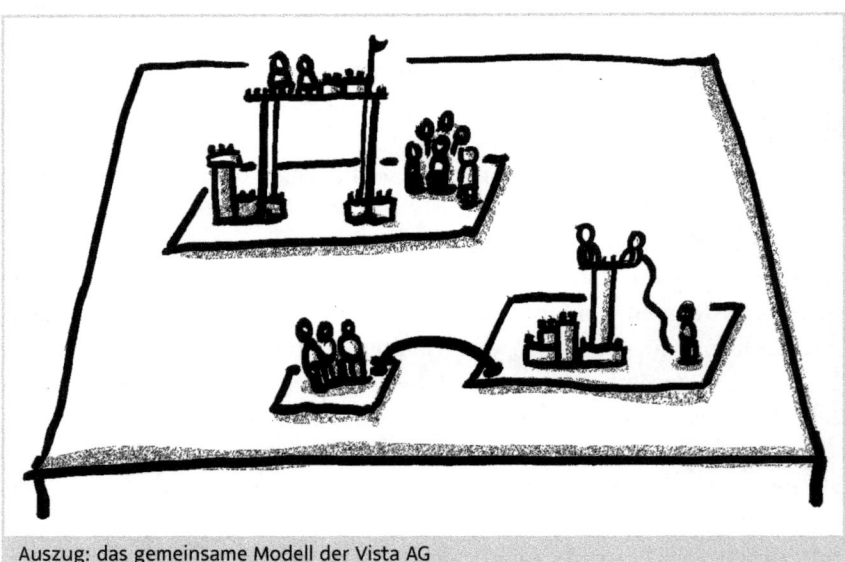

Auszug: das gemeinsame Modell der Vista AG

Step 11: Individuelle Tools, Kompetenzen und Skills für die Zukunft
Sie lässt das Gesagte kurz wirken und sagt dann: »Wir lassen das Zukunftsbild hier am Tisch stehen und gehen zum Bautisch, um noch mal genau auf Ihre Kompetenzen zu schauen. Nehmen Sie sich vier Minuten Zeit, um das Modell als Zielbild zu reflektieren. Bauen Sie dann bitte die Kompetenzen, Skills und Eigenschaften, die erforderlich sind, damit Sie dieses Zielbild auch erreichen können.« Die Teilnehmer bauen unter anderem Modelle für strategisches Handeln, Verhandlungsgeschick, Change-Management, Vernetzungs-

kompetenz, Kommunikationsstärke und Selbstmarketing. Es wird gut erkennbar, was in der Vista AG noch fehlt, um das Vorhaben HR Future umzusetzen.

Step 12: Erster Transfer
»Im letzten Schritt bitten wir Sie, noch ein Modell zu bauen. Die Fragestellung ist: Was machen Sie ab morgen anders? Sie haben vier Minuten Zeit. Nehmen Sie sich eine Sache vor, das reicht«, sagt Paul Grün. Die Teilnehmer lassen sich nicht lang bitten, sie gehen zügig zum Lego-Buffet und lassen sich von den vielen Steinen inspirieren. Die kleinen Modelle werden vorgestellt, dabei To-dos und Erkenntnisse geteilt: »Ich will wissen, was in unserem Business tatsächlich ansteht, und werde ab morgen zweimal die Woche mit einem der anderen Manager lunchen«, erklärt ein Teilnehmer. »Und ich werde mehr in die Fachabteilungen gehen. Denn wir werden nur ernst genommen, wenn wir wissen, welche Probleme und Herausforderungen unsere Manager und Mitarbeiter haben«, erläutert ein anderer.

Franzi Engel und Paul Grün bedanken sich bei den Teilnehmern für die Offenheit und die konstruktive Zusammenarbeit. Am Ende weist Louise noch darauf hin, dass das HR-Future-Modell im nächsten Workshop in zwei Wochen mit dem Business-Model-Canvas noch weiter ausgefüllt und bearbeitet wird. Und dass die Teilnehmer weitere Unterstützung bei der Umsetzung des Modells bekommen. Ein guter und vielversprechender Start!

5.   Neugierig? Unsere Literaturtipps

David Robertson: The Power of Little Ideas. A Low-Risk, High-Reward Approach to Innovation, Boston 2017

Jacqueline Lloyd Smith, Denise Meyerson, Stephen Walling: Strategic Play: The Creative Facilitator's Guide #2: What the Duck!, Tonbridge 2017

Dave Ulrich et al.: HR From the Outside In: Six Competencies for the Future of Human Resources, New York 2012

Informationen zur Zertifizierung als Lego® Serious Play® Facilitator bei Rasmussen Consulting unter www.rasmussenconsulting.dk

Story 2: Stärken stärken in der Kunden-orientierung

Das Unternehmen   !
Pfefferminzia Versicherung AG, gegründet 1894, deutsche Versicherung, 1.100 Mit-arbeiter, ein Standort in Deutschland; Bereichsleiter betriebliche Altersvorsorge: Dr. Martin Kraft, 54 Jahre.

1.   Das Thema: Schatzsuche im Unternehmen – die Erfolge zählen

Dr. Martin Kraft war sehr zufrieden, hatte er doch seinen Bereich betrieb-liche Altersvorsorge bei der Pfefferminzia AG in den letzten Jahren mit ei-nem großen Kraftaufwand hinsichtlich der internen Prozesse und Systeme deutlich vorangebracht. Bei seiner Feier zum 54. Geburtstag im Kreis seiner Ressortkollegen am Freitag hatte auch sein Vorstand Dr. Erhard Maurer dies lobend erwähnt. Und darüber gesprochen, wie hoch Martin Krafts persön-licher und zeitlicher Einsatz gewesen sei und dass er jetzt die wenigen Mo-mente im Job, bei denen er nicht gleich wieder von Produkteinführungen, neuen BaFin-Vorschriften, Ausschreibungen oder Pitches zur Kundengewin-nung gefordert war, auch für seine private Work-Life-Balance nutzen solle.

Den Kopf frei kriegen
Und dann war Wochenende. Als Martin und seine Frau Monika sich beim Frühstücken am Samstag unterhielten, stellten sie fest, dass es schön wäre, wieder etwas mehr Zeit miteinander zu verbringen. Schließlich studierten ihre beiden Söhne nun und lebten nicht mehr zuhause. Das Ehepaar un-ternahm kaum etwas gemeinsam. Der wöchentliche Tangokurs fiel wegen Martins Terminen sowieso häufig aus und die Milonga am Sonntagabend war beiden oft zu viel, weil sie am Montag früh aufstehen mussten.

Als dann am Dienstag wieder der Tango-Argentino-Kurs anstand, freute Mar-tin sich schon darauf, früher nach Hause zu gehen und sich in aller Ruhe umziehen zu können. Er musste jetzt nur noch die letzte Besprechung des

Tages mit seinem unterstellten Abteilungsleiter Carsten Stein verkürzen. Da nichts Vertrauliches zu besprechen war, rief Martin ihn kurz an und sie vereinbarten ein kürzeres Gespräch bei einem Kaffee an einem abgeschiedenen Tisch in der Cafeteria.

Er schnappte sich Mantel und Tasche und holte Carsten Stein auf dem Weg zum Aufzug ab. Er schätzte den Abteilungsleiter für seine humorvoll-schnoddrige Art, die ihn auch bei seinen Mitarbeitern sehr beliebt machte, und für seine offenen Worte und das Benennen von Missständen. Als sie in der Schlange vor dem Kaffeeautomaten standen, sprachen gerade zwei Mitarbeiter aus einer Schadenabteilung über Kunden: »Ja, genau, das kenne ich. Gerade vorhin hatte ich wieder einen Kunden am Telefon, der vor allem Ansprüche anmeldete und sofort ins Meckern verfiel, als ich ihm erklärte, dass der Schaden so nicht versichert ist.«

»Wirklich nicht zu fassen. Die denken echt, dass wir nur Betrüger sind, so hat mich einer heute auch bezeichnet.«

Die beiden redeten sich so richtig den Frust von der Seele.

Während Martin und Carsten Stein in aller Ruhe ihren Cappuccino tranken, klärten sie kurz alle anstehenden Themen und gingen noch schnell die Agenda für die morgige Abteilungsleiterrunde durch. Martin sagte abschließend noch: »Und jetzt freue ich mich auf den Tango-Abend mit meiner Frau.«

Carsten Stein, Vater einer fast sechs Monate alten Tochter, antwortete: »Ich werde auch bald gehen, schließlich will ich noch Zeit mit meiner Kleinen haben, bevor sie dann wieder schläft.«

»Wie sind eure Nächte?«

»Sie schläft seit zwei Wochen durch.« Carsten Steins Erleichterung und Stolz waren zu spüren.

Eine neue Perspektive
Später auf dem Weg zum Tanzkurs fiel Martin das Gespräch der Mitarbeiter in der Cafeteria wieder ein. Da seine Frau im Veranstaltungsmanagement

arbeitete und sehr viel direkten Kundenkontakt hatte, erzählte er ihr, was er mitbekommen hatte, und fragte sie: »Wie gehst du eigentlich mit Situationen um, in denen du es mit unzufriedenen Kunden zu tun bekommst? Oder gibt es die bei euch nicht?«

Mit einem Lachen antwortete sie: »Ich vermute, bei uns hat Service- und Kundenorientierung einen höheren Stellenwert als bei euch, aber im Grunde genauso. Wir treffen uns auch am Kaffeeautomaten und lästern über anstrengende Gespräche.« Nach einem Moment des Nachdenkens fuhr sie fort: »Aber wir tauschen uns auch regelmäßig über solche Kundensituationen aus, die wir erfolgreich bewältigt haben, damit nicht nur negative Bilder in unseren Köpfen sind. Das stärkt unsere Überzeugung, dass wir mit unserer Kundenorientierung auch solche Momente gut schaffen können.« Danach drehte sich ihr Gespräch mehr um das anstehende Tanzen und wie wenig sie noch von den Stunden wussten, denn an den letzten Wochenenden hatten sie nicht an den Milongas zum Üben teilgenommen.

Der Abend begann mit dem üblichen Eintanzen. Da Martin unbedingt das Gelernte aus der letzten Stunde üben wollte, tanzten er und Monika eher weniger, stattdessen standen sie ein wenig frustriert da, bis ihre Tanzlehrerin Fabiana vorbeikam. Sie sagte einfach: »Ihr beiden, konzentriert euch auf das, was ihr könnt. Dann fühlt ihr euch gut, werdet schneller sicher und habt vor allem viel Spaß.« Martin und Monika schauten sich in die Augen, lächelten sich an und befolgten den Rat. So erlebten sie einen sehr unterhaltsamen Tanzabend, bei dem sie auch die neue Figur recht schnell lernten. Am Ende der Stunde gab Fabiana allen eine kleine Aufgabe mit auf den Heimweg: »Sprecht bitte mit eurem Partner, eurer Partnerin darüber, was aus eurer Sicht richtig gut klappt, vielleicht über die Figuren, das Mitgehen mit der Musik oder die Bewegung im Raum.« Auf der Heimfahrt unterhielten sich Monika und Martin dann auch darüber, was aus ihrer Sicht gemeinsam gut klappt. Zuhause angekommen fühlten sie sich beide sehr beschwingt und richtig gut.

Erste Gespräche mit der Personalentwicklerin

Am nächsten Tag fand Martin in seinem Online-Businessnetzwerk einen Artikel über Kundenorientierung. Zuerst wollte er ihn nicht lesen, aber nach den Erfahrungen zuletzt blieb er dran. Ein Berater erklärte, dass es unter Umständen schwierig sein kann, mit einem Kunden ein gutes Gespräch zu führen, wenn die Einstellung oder die inneren Bilder über diesen eher negativ sind. In dem Artikel stand sinngemäß: Verhalten Sie sich mal kundenorientiert oder hören Sie aktiv zu, wenn Ihr inneres Bild vom Kunden das eines »penetranten Belästigers« ist. Martin kamen der Beginn und das Ende vom Tanzkurs gestern Abend in den Sinn; er hatte sich beim Eintanzen frustriert gefühlt, sein inneres Bild von sich selbst war das eines Tölpels gewesen. Nachdem Fabiana ihnen den Tipp gegeben hatte, sich auf die Stärken zu fokussieren, war das Bild verschwunden, und sie hatten harmonischer tanzen können.

Vielleicht sollte ich über diesen Aspekt in der heutigen Runde mit den Abteilungsleitern sprechen, dachte Paul. Mich interessiert, wie sie die Sache sehen. Und natürlich, wie ihrer Meinung nach die Einstellung der Mitarbeiter gegenüber den Kunden ist und welche inneren Bilder sie haben. Zur Vorbereitung wollte Martin sich aber noch mit der Personalentwicklerin Gaby Henschel besprechen. Sie hatte im Unternehmen bereits unter anderem Teambuilding-Maßnahmen, Konflikt-Workshops und auch Kommunikationstrainings durchgeführt. Kurzerhand griff er zum Telefon und hatte Glück, er erreichte sie auch sofort. Sie verabredeten sich im Besprechungsraum seines Bereichs. Er schilderte ihr seine Wahrnehmung und auch seine persönliche Erfahrung aus dem Tanzkurs.

Gaby Henschel lachte und meinte staunend: »Herr Kraft, jetzt arbeiten wir schon so lange zusammen und ich lerne immer wieder etwas Neues. Ich wusste gar nicht, dass Sie tanzen.« Und sie berichtete von ihren Erfahrungen aus den Trainings: »Wir führen ja auch intern Kommunikationstrainings durch. Leider klappt die Umsetzung am Arbeitsplatz längst nicht so wie gewünscht. Ich vermute, dass negative Einstellungen und Bilder dabei eine wichtige Rolle spielen. Manche unserer Teilnehmer sehen Kunden, die sich beschweren, als Brüllaffen oder Diven und fühlen sich im Kontakt mit ihnen klein oder verunsichert. Das Lästern danach in der Cafeteria ist eine gesunde Reaktion auf anstrengende Telefonate. Zudem sorgt der Gang zum Kaffeeautomaten für Bewegung und die trägt auch zum Stressabbau bei.«

Am Ende des Gesprächs fragte Martin Gaby Henschel: »Haben Sie eine Idee, wie man zum Thema Kundenorientierung und Gesprächsführung mit eher positiven Aspekten weiterarbeiten kann? Mir geht es nicht um weitere Trainings.«

»Ich mache mir ein paar Gedanken und melde mich. Und ja, da stimme ich Ihnen zu, noch mehr Seminare sind sicherlich nicht die Lösung.«

Die Abteilungsleiterrunde am Nachmittag
Beim Treffen mit seinen zehn Abteilungsleitern brachte Martin das Thema Kundenorientierung und Gesprächsführung als zusätzlichen Punkt zur Sprache. Sigrid Meister, eine erfahrene Mathematikerin, die bekannt dafür war, offen ihre Meinung zu sagen, erklärte ihre Sicht: »Dieser psychologische Aspekt wird doch deutlich überbewertet. Im Gespräch mit dem Kunden kommt es auf die Tatsachen an. Die Mitarbeiter müssen lernen, die Fakten im Zweifel klar und deutlich zu benennen, natürlich in einem angemessenen Ton. Haben wir denn ein grundsätzliches Problem mit der Kundenorientierung?«

Carsten Stein, der als Abteilungsleiter auch für die Dokumentation und Auswertung des Beschwerdemanagements verantwortlich war, führte dazu aus: »Die Umstellung auf die neuen Systeme und Abläufe hat die Mitarbeiter viel Kraft und Energie gekostet Dies kann man auch an den Beschwerdestatistiken nach Telefonaten ablesen, hier gab es einen deutlichen Anstieg von 20 Prozent. Eine andere Ursache ist sicherlich die mangelnde Kenntnis der neuen Systeme.«

Martin fügte noch an: »Wir haben kein grundsätzliches Problem, schließlich haben wir im Rating Kundenorientierung auch wieder fünf Sterne erhalten.« In diesem Moment erinnerte er sich daran, was seine Frau ihm über den Austausch über positive Kundenerlebnisse im Team erzählt hatte. So fragte er in die Runde: »Gibt es eigentlich einen Austausch über gute Erfahrungen in den einzelnen Abteilungen oder habt ihr schon mal erlebt, dass Mitarbeiter darüber sprechen?«

Die Antwort auf seine Frage war irgendwie ernüchternd, weil sich niemand über Erfolgserlebnisse austauschte oder weil die Abteilungsleiter davon noch nichts mitbekommen hatten. Daher gab er seinen Abteilungsleitern den Auftrag, in den nächsten Meetings mit ihren Mitarbeitern über das Thema Gesprächsführung und Kundenorientierung zu sprechen und auch ein Gefühl für deren Einstellungen zu entwickeln, ohne das Ganze aber an die große Glocke zu hängen.

Martin beschäftigte das Thema sehr. So ging er dazu über, sich jeden Tag am Vormittag, nach dem Mittagessen und am Nachmittag einen Cappuccino zu holen, um Gesprächsfetzen aus Mitarbeitergesprächen mitzubekommen. Ihm fiel verstärkt auf, dass die meisten Mitarbeiter neben privaten Themen vor allem über nervige Kunden, blöde Führungskräfte, noch nervigere Kollegen und anstehende Veränderungen, die einem das Leben und die Arbeit erschweren, sprachen.

Manchmal kommt es anders ...
Beim nächsten Jour fixe mit Sigrid erlebte Martin eine Überraschung, als sie sagte:»Du weißt, ich bin ein eher rationaler Mensch. Deine Frage über Erfolgserlebnisse am Ende des letzten Meetings habe ich mitgenommen. Interessehalber habe ich eine kleine Statistik geführt und dabei ist mir Folgendes aufgefallen: Mit positiven Erlebnissen kommen die Mitarbeiter immer wieder mal zu mir, insbesondere wenn sie nach Rücksprache eine Aufgabe erfolgreich erledigen konnten. Manche tun das sicherlich, um bei mir einen guten Eindruck zu hinterlassen. Unabhängig davon ist mir aufgefallen, dass sie sich freuten oder stolz waren. Mein Eindruck war, dass sie mit mehr Elan und Energie weiterarbeiteten. Ich gehe einfach davon aus, dass sie in der Folge produktiver waren, was ich sehr gut finde. Auch habe ich die Mitarbeiter gefragt, ob sie schon mal Kollegen von ihren Erfolgen erzählt haben. Bis auf zwei oder drei, die eher extrovertiert sind, meinten alle, dass ein gutes Telefonat nichts Besonderes wäre oder es einfach zum Job gehöre. Und die eher Extrovertierten sprachen nicht mit Kollegen aus ihrer Abteilung, sondern mit anderen, die ihnen vertrauter sind. Soweit zu meinen Beobachtungen.«

Sie machte eine kurze Pause, bevor sie weitersprach:»Im Privaten ist ebenfalls etwas Spannendes geschehen. Du weißt ja, ich habe einen 13-jährigen Sohn und manche Schulfächer sind für ihn schwierig. Letzte Woche war er wieder frustriert, weil sein Deutschaufsatz nicht so gut ausgefallen war, obwohl er sich immerhin um eine halbe Note gesteigert hatte. Da ich mich in Deutsch auch immer schwer getan habe, hatte ich Verständnis. Aus meiner Sicht hat mein Sohn trotzdem einen guten Job gemacht. Er hatte sich viel Wissen über Gedichtinterpretationen angeeignet und auch rechtzeitig mit dem Lernen begonnen. Als ich ihm das sagte, winkte er nur ab. Manchmal erreicht Lob den anderen einfach nicht.

Am Wochenende fragte ich ihn, was rückblickend in der letzten Woche okay gewesen war, was er gut oder ordentlich hinbekommen hatte – keine Reaktion. Aber am Nachmittag kam er dann und erzählte von sich aus ein wenig stolz, dass er seine Mathehausaufgaben noch schneller erledigt hatte, dass er in der Schule zwei Freunden sogar dabei geholfen hatte, dass er im Sport beim Laufen in der Spitzengruppe hatte mithalten können und er sein Bestes in Deutsch gegeben hatte. Manchmal ist es anscheinend wichtig, dass es einem Menschen selbst bewusst wird, was er gut schafft; ein Lob von außen kommt nicht immer an. Ich werde meinen Sohn jetzt regelmäßig nach Erfolgserlebnissen fragen, ich bin gespannt, wie es weitergeht. Ob das bei unseren Mitarbeitern auch funktionieren würde? Vielleicht können wir daraus etwas machen. Was meinst du?«

»Wir können etwas bewegen. Ich weiß nur noch nicht genau, wie«, antwortete Martin. »Auf jeden Fall hat es auch bei mir und meiner Frau privat geholfen, den Fokus auf Erfolgserlebnisse zu legen. Du weißt doch, wir tanzen Tango Argentino und all diese komplexen und einander sehr ähnlichen Figuren überfordern uns manchmal. Na ja, mich beim Führen sowieso und das kann durchaus frustrierend sein. Seit unsere Tanzlehrerin Fabiana uns den Tipp gegeben hat, dass wir uns auf unsere Stärken konzentrieren und uns diese bewusst machen sollen, tauschen Monika und ich uns regelmäßig aus. Wir haben beide wieder mehr Energie und Ausdauer und gefühlt lernen wir neue Figuren leichter. Selbst wenn wir manche doch wieder vergessen.«

Der Schein trügt nicht
Nachdenklich ging Martin aus dem Treffen mit Sigrid, damit hatte er nicht gerechnet. Es wurde Zeit, mit den anderen Abteilungsleitern zu sprechen und er musste dringend Gaby Henschel treffen. Sigrids Eindrücke bestätigten sich und das Fazit war: Mitarbeiter berichten immer wieder mal dem Chef über erfolgreich gelöste Probleme, aber der Rest der Mannschaft bekommt wenig davon mit.

Gaby Henschel kam gut gelaunt zum nächsten Termin. »Ich habe eine Idee mitgebracht, und zwar aus meinem Personalentwickler-Netzwerk. Ich habe mit Paul Grün und Franzi Engel gesprochen, sie sind Berater bei der Glücks-Akademie. Wir machen eine Großgruppenveranstaltung und nutzen Appreciative Inquiry und Storytelling als Ansätze. Am besten, wir vereinbaren einen Termin mit den beiden, sie können das Konzept besser präsentieren als ich.«

2. Let's change: Theorie, Methodik und Didaktik

Im Folgenden erklären wir die Ansätze Appreciative Inquiry (AI) und Storytelling. Zudem erläutern wir, welche Elemente wir genutzt haben und worauf dabei zu achten ist.

2.1 Was ist Appreciative Inquiry?

AI ist ein werteorientierter Ansatz aus der Team- und Organisationsentwicklung, der eine wertschätzende und affirmative Grundhaltung in Teams und Organisationen fördert. Zentrales Element ist die wertschätzende Befragung (oder Erkundung) in Form eines Interviews. Die Methode wurde Mitte der 1980er Jahre von David Cooperrider und Suresh Srivastava in den USA entwickelt. In deutschsprachigen Raum hat vor allem Matthias zur Bonsen zu ihrer Verbreitung beigetragen.

»Appreciative« lässt sich am besten mit »wertschätzend« übersetzen. Bei AI geht es um die Wertschätzung des Besten, was Menschen und Organisationen zu bieten haben. Wichtig ist das Bestätigen und Bejahen von Stärken und Erfolgen. Dazu werden sogenannte belebende Faktoren, also Elemente, die Kraft und Lebendigkeit in die Organisation bringen, identifiziert.

»Inquiry« kann mit »erkunden« übersetzt werden. Es geht darum, die Juwelen, also das, was Menschen erfolgreich geschafft haben oder was in der Organisation gut läuft, durch gezielte Fragen zu entdecken. Damit wird zum einen das Potenzial für Erfolg und zum anderen die Möglichkeit, Erfolg zu wiederholen, aufgespürt.

2.1.1 Die vier Phasen im AI-Prozess

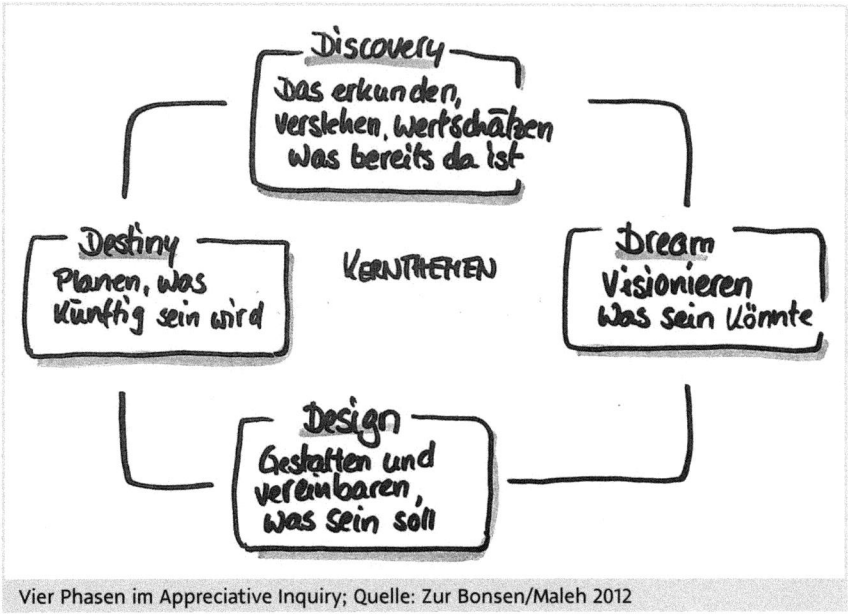

Vier Phasen im Appreciative Inquiry; Quelle: Zur Bonsen/Maleh 2012

Phase 1: Discovery – erkunden und verstehen
Die Discovery-Phase dient dazu, das Beste herauszuarbeiten. Das sind Situationen, in denen sich die Menschen in der Organisation lebendig fühlen und Erfolg erleben oder in denen in der Organisation etwas richtig gut gemacht wurde. Zentrales Element sind Interviews, die in der Regel zwei Personen miteinander führen. Hier geht es darum, vorhandene »Juwelen« zu erkennen. So wird herausgearbeitet, was an Stärken schon da ist. Nach den Interviews werden die gefundenen guten Dinge allen Beteiligten vorgestellt. Bei größeren Gruppen kann dies in einem mehrstufigen Prozess erfolgen, bei dem auch mit dem Storytelling-Ansatz gearbeitet wird. Denn hier besteht die Chance, Inhalte mit Geschichten im Gedächtnis der Beteiligten zu verankern. Ziel ist es, dass bei allen Beteiligten ein möglichst umfassendes und gemeinsames Bild davon entsteht, welche »Juwelen« es gibt.

> **!** **Hinweis**
>
> Der Ansatz AI geht von der Annahme aus, dass in der Vergangenheit viele Ressourcen brachlagen, die als eine Quelle positiver Möglichkeiten genutzt werden können, um die Zukunft zu gestalten.

Phase 2: Dream – Visionen spinnen

In der Dream-Phase wird darauf aufbauend entwickelt, was sein könnte, zum Beispiel eine Vision für die Organisation mit einem Zeitfenster von drei und mehr Jahren. Oder es wird eine neue Form der Zusammenarbeit innerhalb eines Teams entworfen, die morgen gelebt wird. Im Kern geht es darum Zukunftsaussagen zu treffen: Das könnte sein.

Dazu werden unterschiedliche Verfahren je nach Gruppengröße und Aufgabe genutzt, darunter zum Beispiel Modelle bauen, Bilder malen, Collagen gestalten, szenische Aufführungen, Briefe an Freunde oder Berichte aus der Zukunft schreiben.

Phase 3: Design – gestalten

In der dritten Phase werden die Visionen und Zukunftsaussagen zu klaren Statements umformuliert, die möglichste konkret beschreiben, wie der Zustand sein soll. So können beispielsweise Leitlinien entstehen, wie ein Bereich oder die Organisation zukünftig mit Kunden umgehen oder wie ein Team zukünftig zusammenarbeiten will. Ebenso können Beschreibungen der zukünftigen Kultur oder von strategischen Schwerpunkten das Ergebnis sein. Der Anspruch an diese Aussagen ist hoch, daher sollte ausreichend Zeit für das Formulieren aufgewendet werden.

Wir orientieren uns bei der Formulierung von Zukunftsaussagen an den Empfehlungen von Matthias zur Bonsen (Zur Bonsen/Maleh 2012, Seite 37).

»Gute Zukunftsaussagen sind
- Provokativ – herausfordernd und deutlich gehen sie über das bislang Verwirklichte hinaus.
- »Geerdet« – nachvollziehbare Beispiele aus der Vergangenheit zeigen, dass es möglich ist.
- Bejahend formuliert – sie beschreiben, was sein soll.

- Ausdrucksstark – sie haben Anziehungskraft.
- Konkret – sie beziehen sich auf eine bestimmte Thematik.
- Motivierend – sie stellen eine attraktive Zukunft dar.
- In der Gegenwartsform geschrieben, da sie so greifbarer wirken.«

Phase 4: Destiny – umsetzen
In dieser Phase geht es um die Planung, wie die formulierten Aussagen umgesetzt werden. Ein wichtiges Element ist auch die Überlegung, wie sich die positiven Ansätze, die im AI-Prozess erlebt wurden, in den Alltag mitnehmen lassen.

2.1.2 Das AI-Interview

Das Interview besteht aus drei Frageblöcken mit unterschiedlichen Schwerpunkten:
1. Wie wird die Organisation generell erlebt?
2. Welches Kernthema (im Fallbeispiel die Kundenorientierung) soll weiterentwickelt werden?
3. Wie kann die Zukunft etwa der Organisation, des Bereichs oder des Teams aussehen?

Der zweite Block mit Fragen zum Kernthema macht den größten Teil des Interviews aus. Unsere Erfahrung zeigt, dass die Interviewer kein Training benötigen, es reicht aus, wenn sie ihre Aufgabe mit wertschätzender Neugier und echtem Interesse angehen.

Um dennoch eine Hilfestellung zu geben, integrieren wir in unsere Interviewfragebögen auf der ersten Seite Tipps für die Interviewer. Folgendes können sie sagen, um mehr Informationen zu erhalten:
- Erzählen Sie bitte mehr.
- Warum war das wichtig für Sie?
- Wieso sind Sie so vorgegangen?
- Was war Ihr Beitrag?
- Wie wirkte das auf Sie?

Zudem erhalten die Interviewer Anregungen, wie sie eine hilfreiche Einstellung finden:

- Geben Sie Ihrem Gegenüber Zeit, seine Geschichte zu erzählen und zwischendurch nachzudenken.
- Seien Sie neugierig.
- Bitte bewerten Sie die Aussagen nicht.
- Machen Sie sich Notizen.
- Achten Sie auf aussagekräftige Zitate und gute Geschichten.

2.2 Was ist Storytelling?

Storytelling (auf Deutsch »Geschichten erzählen«) ist eine Methode, bei der Informationen in Form einer Geschichte weitergegeben und durch Zuhören aufgenommen werden. Wir Menschen merken uns Inhalte viel leichter, wenn wir sie als Ablauf von Ereignissen vermittelt bekommen, statt als einzelne Aussagen ohne Zusammenhang. Mit Geschichte können wir Informationen sehr gut weitergeben, sie werden leichter aufgenommen und langfristig im Gedächtnis verankert.

Geschichtenerzählen ist nicht nur eine uralte Art, Wissen zu vermitteln und andere zu unterhalten, sondern auch ein wichtiger Beitrag für den Zusammenhalt in Gruppen, Teams und Organisationen. Zudem ist Storytelling ein Alltagsphänomen, mit dem Menschen tagtäglich zu tun haben, das sie bei vielen Gelegenheiten einsetzen und bei dem unterschiedliche Themen zur Sprache kommen:

- Die Familiengeschichten, mit denen bestimmte Werte und Einstellungen (un)bewusst transportiert werden.
- Der Klatsch am Kaffeeautomat über Erlebnisse mit Kollegen und Kunden, die auch der persönlichen Psychohygiene dienen.
- Die offizielle Geschichte der Firma und ihrer Gründung, mit der ebenfalls bestimmte Werte vermittelt werden sollen.
- Der Elevator-Pitch als extrem kurze Variante des Storytelling mit dem Ziel, Neugier in Bezug auf ein Produkt oder eine Dienstleitung zu wecken oder etwas zu präsentieren oder zu verkaufen.

Geschichten sind sehr unterschiedlich, dennoch haben sie einiges gemeinsam:

- Es gibt einen oder mehrere Akteure.
- Es geht um ein Ereignis oder ein herausforderndes Problem.
- Erzählt wird, wie ein Problem gelöst oder umgangen wird oder jemand
  daran scheitert.

2.3 Was ist die Methode World-Café?

Siehe hierzu Story 7.

2.4 Leitfaden: Workshop mit Appreciative Inquiry, Storytelling und World-Café

Set-up für Appreciative Inquiry
Das Wichtigste für den AI-Workshop ist der Interviewleitfaden, der für jeden
Teilnehmer einmal ausgedruckt wird. Am besten liegen auch Stifte für die
Teilnehmer bereit.

Ausgedruckte Arbeitsaufträge für die Arbeit in den Kleingruppen (siehe Step
4, 5 und 7) sind aus unserer Sicht hilfreich, da nicht alle Teilnehmer das, was
zu Anfang vor dem gesamten Plenum erläutert wird, behalten werden. Als
Hilfsmittel für die Kleingruppenarbeit bei Step 11 empfiehlt es sich, Arbeitsblätter mit den Hinweisen zur Phase Design (gute Zukunftsaussagen) vorzubereiten.

Bei Großgruppenveranstaltungen finden wir (runde) Tische, an denen die
Teilnehmer in kleineren Gruppen sitzen können, um zu arbeiten, am besten.
Diese Anordnung eignet sich auch für die Methode World-Café gut.

Neben dem eigentlichen Veranstaltungsraum sollten Rückzugsmöglichkeiten
für die Teilnehmer und andere Räume für die Paarinterviews zur Verfügung
stehen. Das kann die Lobby sein, vielleicht gibt es einen Garten. Je mehr Ruhe
der Veranstaltungsort insgesamt ausstrahlt, umso besser ist er geeignet.

Jede Gruppe, die Interviews auswertet, um Empfehlungen, Erfolgsfaktoren und Ressourcen zu entdecken, braucht ein Flipchart, zumindest aber ein vorab beschriftetes Flipchartpapier und Flipchartstifte. Sie dokumentieren all ihre Ergebnisse.

Je nachdem, welche kreativen Methoden in der Phase Dream eingesetzt werden, müssen sehr unterschiedliche Dinge bereitgestellt werden, zum Beispiel Bastelmaterialien, Papier, Werkstoffe und Ähnliches.

Set-up für das World Cafè
Wie das Set-up für das World-Café aussieht, ist in Story 7 beschrieben.

Step 1: Einstieg
Dieser Part gehört unserem Auftraggeber. Er ist Sinnstifter für die Großgruppenveranstaltung und soll den Teilnehmern das Warum vermitteln, das wir gemeinsam in der Vorbereitung klären (siehe hierzu »Golden Circle« in Story 10). Worum es geht, sollte möglichst schon in der Einladung zur Großgruppenveranstaltung erklärt werden. Anschließend erläutern wir als Berater das Ziel, das Thema und den Zeitplan für den Workshop.

Step 2: Hinführung zur Methode AI
Wir geben eine kurze Hin- und Einführung zur Methode Appreciative Inquiry im Plenum. Beispielhaft eine Formulierung, die wir dazu verwenden: »Vielleicht kennen Sie auch das Phänomen: Womit Menschen sich auseinandersetzen, worüber sie sprechen und sich austauschen, darauf richtet sich ihre Aufmerksamkeit, dies bestimmt auch ihr Denken. Wir wollen Sie einladen, sich mit all Ihren Erfahrungen und Erfolgserlebnissen dem Thema xy zuzuwenden. Stellen Sie sich zwei Berge vor: Der eine erstrahlt in hellstem Sonnenlicht, der andere wird von Wolken und Nebel verhüllt. Auf dem Berg in der Sonne befinden sich all unsere Probleme, alle nervigen Kunden, alles, was nicht gut funktioniert, alles, worüber wir uns ärgern. All das können wir gut erkennen. Auf dem anderen Berg befindet sich all das, worauf wir stolz sind, all das, was wir gut können, all das, was wir erfolgreich geschafft haben. Doch dieser Berg ist von dichtem Nebel und Wolken umgeben. In dieser Veranstaltung wollen wir den Nebel und die Wolken wegblasen, um zu erkennen, dass da viel ist, worauf wir aufbauen können.«

Im Weiteren erläutern wir, welche zwei Schwerpunkte wir setzen. Uns ist es wichtig, die Teilnehmer auf die Interviews vorzubereiten, sowohl auf ihre Rolle als Interviewer wie auch auf die Rolle des Interviewten, der Spannendes erlebt und Wichtiges mitzuteilen hat. Der zweite Aspekt ist der Blick auf die Ergebnisse aus den Interviews.

Aus unserer Erfahrung ist es auch sinnvoll, die Teilnehmer darauf hinzuweisen, dass sie im Lauf des Workshops eine Geschichte erzählen werden. Deshalb stellen wir die Methode Storytelling schon zu Anfang vor, zudem wird sie im Interviewleitfaden beschrieben. Unser Ziel ist es, die Teilnehmer mitzunehmen, sodass ihre Bereitschaft steigt, sich auf die neuen gemeinsamen Erfahrungen einzulassen.

Step 3: Die Interviews
Anschließend werden die Interviews in Zweiergruppen durchgeführt, es finden jeweils zwei Gespräche im Rollenwechsel statt. Dabei sind wir vor allem die Wächter der Zeit. Abhängig davon, wie intensiv sich die Beteiligten einlassen, kann es sein, dass eine Zweiergruppe mehr Zeit benötigt als ursprünglich geplant.

Step 4: Von der Zweier- zur Vierergruppe
Die Zweiergruppen lösen sich im nächsten Schritt auf und es werden Vierergruppen gebildet. Haben wir es mit einer Gruppe von 20 bis 50 Teilnehmern zu tun, integrieren wir Step 5 hier und die Vierergruppen bereiten sich darauf vor, im Plenum eine Geschichte zu erzählen.

Wir geben dazu folgenden Arbeitsauftrag mit: »Bitte berichten und erzählen Sie den anderen in der Gruppe von Ihrem Gespräch anhand folgender Leitfragen:
- Was fanden Sie im Gespräch mit Ihrem Interviewpartner inspirierend?
- Welche Geschichte möchten Sie über seine Erlebnisse erzählen?
- Ist Ihnen ein Satz (oder eine Redewendung) Ihres Gegenübers besonders haftengeblieben?

Nehmen Sie sich fünf Minuten Zeit pro Teilnehmer.

Wählen Sie dann als Gruppe bis zu zwei der vier Geschichten aus. Diese sollten Begebenheiten schildern, die aus Ihrer Sicht entweder typisch sind, mit denen sich die anderen eventuell auch identifizieren können oder die für sich stehen, weil sie etwas Besonderes beinhalten. Bitte entscheiden Sie noch, wer welche Geschichte erzählt.«

Im Anschluss findet das erste Storytelling statt.

Step 5: Von der Vierer- zur Achtergruppe
Bei größeren Gruppen mit mehr als 50 Teilnehmern lösen sich die Vierergruppen nach ihrer Besprechung gleich wieder auf und kommen in Achtergruppen zusammen. Dort erzählen ausgewählte Teilnehmer die Geschichten aus den Vierergruppen. Anschließend entscheidet die Gruppe, welche Geschichte(n) – maximal zwei – im Plenum erzählt werden. Der Arbeitsauftrag entspricht dann dem zweiten bei Step 4. Das Storytelling findet hier erst nach den Absprachen in den Achtergruppen statt.

Step 6: Storytelling im Plenum
Alle Teilnehmer kommen aus ihren Gruppen zurück ins Plenum, hier werden nun in großer Runde die ausgewählten Geschichten vorgetragen. Das Erzählen und Zuhören führt häufig zu »magischen« Momenten, wenn die Teilnehmer zusammensitzen und sehr konzentriert zuhören.

Step 7: Gruppenarbeit mit dem Flipchart
Nach dem Storytelling tauchen wir noch ein wenig tiefer in die Inhalte ein. Wir gehen daher wieder zur Gruppenarbeit über (gleiche Gruppen wie zuletzt) mit folgendem Arbeitsauftrag: »Bitte identifizieren Sie die in den Geschichten enthaltenen Empfehlungen, Erfolgsfaktoren und Ressourcen.« Dafür geben wir den Gruppen vorgefertigte Flipchartplakate zum Ausfüllen mit.

Dieser Schritt lässt sich auch in Step 6 integrieren. Unsere Erfahrung hat jedoch gezeigt, dass die erneute Arbeit in Kleingruppen zu besseren Ergebnissen führt. Die Geschichten sind so wirkmächtig, dass die abstrahierten Ergebnisse leicht untergehen. Das Ziel ist aber, dass die Teilnehmer die Erfolgsgeschichten mit an den Arbeitsplatz nehmen und ihre Erkenntnisse tatsächlich umsetzen.

Flipchartvorlage für Gruppenarbeit zur Auswertung des Storytelling

Step 8: Präsentation der Ergebnisse
Die Ergebnisse, die auf den Flipcharts dokumentiert wurden, werden dann im Plenum vorgestellt. Daran schließt sich ein Austausch darüber an.

Step 9: Vision-Time
Bei diesem Schritt geht es darum, Visionen zu entwickeln. Dazu werden neue Kleingruppen mit bis zu fünf Teilnehmern gebildet. Die folgenden Fragen geben Starthilfe:

- Wer und wie wollen wir sein?
- Wohin wollen wir uns hinsichtlich des zentralen Themas entwickeln?
- Was soll man über uns in Bezug auf das Thema in ein bis zwei Jahren sagen?

Die Teilnehmer tragen ihre Wünsche und Vorstellungen zusammen. Dabei greifen sie auf ihr Wissen über die »Juwelen«, die Erfolgsgeschichten sowie die Ergebnissen aus Step 7 und 8 zurück.

! **Hinweis**

Grundsätzlich können auch hier, wie in der Design-Phase beschrieben, unterschiedliche Ansätze genutzt werden. Wir gehen bei der Auswahl der Methoden so vor, dass wir Vertrautes zulassen, wir wollen aber auch eine kleine Zumutung für die Organisationskultur anbringen.

Step 10: Präsentation der Visionen
Nun kommen die Teilnehmer wieder zusammen. Die Visionsentwürfe der Gruppen werden im Plenum vorgestellt, aufgeführt oder vorgelesen.

Step 11: World-Café für die Zukunft
Damit beginnt die Design-Phase: In Kleingruppen werden aus den Visionsentwürfen tragfähige Zukunftsaussagen. Hier nutzen wir häufig die Methode World-Café.

Auf den Tischen legen wir je nach Tischgröße Flipchartpapier oder rundes Papier aus. Als Hilfsmittel liegen auf den Tischen eine Karte mit der Café-Etikette, Flipchartmarker und Wachsmalstifte bereit. Damit tatsächlich so etwas wie eine Kaffeehaus-Atmosphäre entsteht, sind Getränke an den Tischen ausdrücklich erwünscht. Im Hintergrund spielt leise Musik.

Nachdem sich die Teilnehmer an einen Tisch gesetzt haben, werden als Erstes die Rollen geklärt: Wer ist Gastgeber? Wer sind die Besucher?

Step 12: Auswahl der zentralen Themen
Zum Abschluss des World-Cafè bitten wir die Teilnehmer in den Kleingruppen, ihre wichtigsten zwei bis drei Aussagen auszuwählen. Anschließend werden die meistgenannten Aussagen ausgewertet. Hier ist es spannend, noch die spontanen ersten Reaktionen (Zustimmung, Überraschung etc.) der Teilnehmer einzuholen.

Aus Zeit- und Gruppenenergiegründen finden die Auswertung der Abstimmung und die Umsetzungsplanung meist im Nachgang statt.

Step 13: Feedback zum Tag und Abschluss
Wenn am Ende des gesamten Workshops Zeit dafür bleibt, steht noch einmal die Arbeit in Kleingruppen mit folgenden Fragen an: Was nehmen Sie vom Tag mit? Welche Geschichte hat Sie richtig beeindruckt? Sie dürfen sie gerne noch einmal erzählen.

Die Frage ist, wie es jetzt weitergeht. Natürlich lässt sich solch eine Veranstaltung nicht kurzfristig wiederholen. Die Idee dahinter kann aber in den Alltag integriert werden: In den Teammeetings wird Zeit für Erfolgsgeschichten eingeplant, damit der Spirit weiterlebt. Zudem geht es um die Umsetzung der Ideen aus dem World-Cafè. Hier kann in Co-Creation weitergearbeitet werden.

3.   Unsere Erfahrungen

Wir arbeiten sehr gerne mit der Methode AI. Sie wirkt, wenn sie sinnvoll und mit Überzeugung eingesetzt wird, auf die Motivation der Menschen. Dies lässt sich dadurch erklären, dass wir unsere Aufmerksamkeit auf das richten und das fördern, was gut läuft, und den Mitarbeitern nicht nur Fehler vorhalten und sie kritisieren.

Je nachdem, wie viel Zeit zur Verfügung steht, wird allerdings oft die Phase Discovery isoliert durchlaufen. Für die meisten Teilnehmer ist auch dies schon eine sehr beeindruckende Erfahrung. Die meisten wünschen sich zum Beispiel für die Interviews mehr Zeit, weil sie diese als sehr anregend erleben. Sie kommen so mit Kollegen auf eine neue Art und Weise in den Austausch. Aus den anschließend erzählten Erfolgsgeschichten nimmt garantiert jeder etwas mit nach Hause, dies ist häufig ein wirklich magischer Moment.

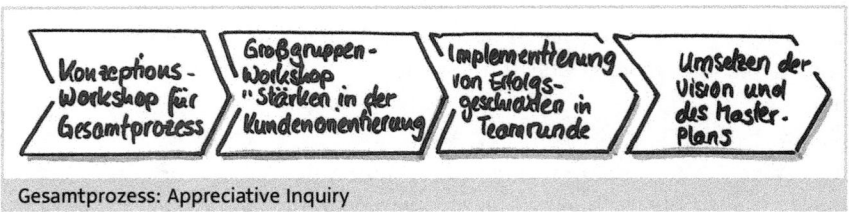

Gesamtprozess: Appreciative Inquiry

4. Praxistransfer: Großgruppenveranstaltung bei der Pfefferminzia AG

Vorbereitung auf Hochtouren

Mit einem Vorlauf von vier Monaten startet schließlich die Großgruppenveranstaltung für den Bereich betriebliche Altersvorsorge bei der Pfefferminzia AG. Aus Zeitgründen wurde verabredet, nicht alle Phasen des AI zu durchlaufen, die Veranstalter wollen sich bewusst auf die Phase Discovery beschränken (Step 1 bis 6).

Da auch das Tagesgeschäft weiter betreut werden muss, hat Martin Kraft zusammen mit dem Planungsteam Gaby Henschel, Carsten Stein und den beiden externen Beratern Paul Grün und Franzi Engel entschieden, die Veranstaltung jeweils an zwei aufeinanderfolgenden Tagen jeweils mit der halben Mannschaft durchzuführen, also mit etwa 70 Mitarbeitern. Am Abend folgt für die Mitarbeiter, die noch bleiben wollen und können, ein lockeres Beisammensein. Die Veranstaltung findet in einem Hotel statt, dort wird für die Teilnehmer gegrillt. Gaby Henschel hatte einen wunderbar geeigneten Ort gefunden.

Neben den organisatorischen Themen steht die konzeptionelle Arbeit im Vordergrund: Was ist das Why der Veranstaltung? Darüber hat Martin mit seinem Vorstand gesprochen und ihm die Idee geschildert: »Ich will den Bereich betriebliche Altersvorsorge als service- und kundenorientierten Versicherer positionieren. Das schaffen wir, indem wir uns vor allem auf unsere Stärken fokussieren. Ich will, dass die Mitarbeiter sich ihrer Stärken bewusst werden und sich vor allem darauf konzentrieren. Ich möchte vor allem erreichen, dass wir ein Bereich werden, in dem die Mitarbeiter wirklich gerne arbeiten, der einen positiven Spirit ausstrahlt und in dem Mitarbeiter gut mit Kunden umgehen. Ich habe auch schon eine Idee, wie wir an unsere versteckten Ressourcen kommen und diese nutzen können.«

Dr. Erhard Maurer war ein wenig skeptisch ob der hehren Ziele, zugleich aber angesichts des Engagements positiv angetan. Zum Abschluss meinte er nur: »Vergessen Sie mir bitte nicht Ihre Work-Life Balance. Und ich erwarte einen ausführlichen Bericht. Vielleicht ist das ja auch etwas für den Privatkundenbereich.«

Step 1: Einstieg
Martin eröffnet die Veranstaltung: »Fokus Kundenorientierung – unsere Stärken stärken, das ist das Motto unserer heutigen Veranstaltung. In den letzten Jahren haben wir uns sehr um Prozessverbesserungen gekümmert, Sie alle waren und sind gefordert, sich in die neuen Verwaltungssysteme einzuarbeiten. Auch hier haben Sie alle einen guten Job gemacht. Jetzt will ich unsere Kunden- und Serviceorientierung wieder stärker in den Fokus nehmen. Ich bin zutiefst überzeugt, dass unser Bereich in Sachen Kundenorientierung gut aufgestellt ist. Beweise dafür sind das Fünf-Sterne-Rating und unsere Leitlinie Serviceorientierung, die gut gelebt wird. Gleichzeitig bin ich zutiefst überzeugt, dass wir noch viel mehr Fähigkeiten haben, dass noch weitere Ressourcen in uns, in Ihnen schlummern.

Unsere Aufmerksamkeit lag in den letzten Jahren vor allem auf Prozess- und Systemoptimierungen, für diesen gemeinsamen Kraftakt sage ich Ihnen allen noch einmal herzlichen Dank. Jetzt ist es an der Zeit, sich wieder der Kunden- und Serviceorientierung zu widmen. Mein Wunsch ist, dass wir es mit dem Fokus auf Ihre Stärken schaffen, uns so aufzustellen, dass Ihnen allen bewusst ist, wie gut wir sind und was wir noch erreichen können – bezüglich der Kundenzufriedenheit und auch Ihrer Zufriedenheit. Ich bin sehr neugierig und zuversichtlich, dass wir mit Ihren Ideen, die wir heute und morgen sammeln werden, mehrere Schritte nach vorne gehen können. Ich wünsche

Ihnen ein spannendes Arbeiten, viele Erkenntnisse und schöne Geschichten. Was Letzteres zu bedeuten hat, werden Sie verstehen, wenn Ihnen gleich Paul Grün und Franzi Engel den Ablauf und alles Weitere erklären werden. Vielen Dank.«

Step 2 und 3: Hinführung zur Methode AI und Interviews
Anschließend bittet Martin Kraft um die Erlaubnis, bei den Vierer- und Achtergruppen einfach mal vorbeikommen zu dürfen, um sich umzuhören und die Atmosphäre mitzuerleben. Paul Grün teilt die Interviewfragebögen samt Stiften aus und erläutert den Arbeitsauftrag. Anschließend finden sich die Interviewpaare und verteilen sich im Tagungshotel. Nach einer kurzen Startphase sind die Mitarbeiter in die Interviews vertieft, wie Franzi Engel und Paul Grün feststellen. Franzi Engel gibt noch zehn Minuten Zeit hinzu, bevor die Interviewpaare sich in Vierergruppen zusammenfinden.

Step 4 bis 6: Gruppenarbeit und Storytelling im Plenum
In einer der Vierergruppen berichtet Hannelore Wert: »Also die Geschichte, die ich euch erzähle, nenne ich einfach mal: Perfekter Umgang mit richtig unzufriedenen Kunden. Lena hatte an einem unserer Kommunikationsseminare teilgenommen. Drei Tage später klingelte ihr Telefon und am anderen Ende der Leitung war eine Frau, die wegen ihrer betrieblichen Altersversorgung anrief. Die Kundin, ihr kennt das ja alle, schimpfte gleich so richtig los, laut, und drohte mit Vorstandsbeschwerde. Lena hatte gar nicht so richtig verstanden, um was es ging, aber – fragt mich nicht, wie sie das gemacht hat – sie schaffte es, aktiv zuzuhören. Sie blieb auch innerlich ganz ruhig, wiederholte die wesentlichen Aussagen der Kundin vollkommen ernst in etwa mit folgenden Worten: ›Sie sind also total sauer auf uns, weil wir immer noch nicht die Umstellung geschafft haben, stimmt's?‹ Ich habe es mir extra aufgeschrieben, weil ich nicht weiß, ob ich mich das trauen würde. Und die Kundin wurde mit jedem Mal ruhiger und ruhiger. Lena hat es geschafft, sie mit vier bis fünf Sätzen aus einer Top-Unzufriedenheit zu holen und sie so weit zu bringen, dass sie sich am Ende sogar entschuldigt hat. Und sie sagte noch etwas anderes: ›Endlich fühle ich mich von jemandem so richtig verstanden, das erste Mal nach so vielen Anrufen.‹ Obwohl Lena noch gar nicht das Problem gelöst hatte, war diese Kundin ziemlich zufrieden. Im Anschluss an das Telefonat war Lena innerlich immer noch ruhig, aber vor allem freute sie sich, weil sie auf einmal eine Gewissheit in sich spürte, dass ihr der Um-

gang mit solchen Kunden ab jetzt leichterfallen würde. Was lernen wir aus dieser Geschichte? Alle solche Telefonate gehen zu Lena oder wir lernen, wie Lena zu telefonieren.«

Eindrücke beim Mittagessen
Beim Mittagessen sitzt Martin mit mehreren Mitarbeitern am Tisch, als Susanne Humbeck aus der Abteilung von Carsten Stein zu ihm sagt: »Ehrlich, das glaub ich nicht. Ich sitze zwei Tische entfernt von der Kollegin Karin Weigand. Erst durch die gerade erzählte Geschichte habe ich erfahren, dass sie letztes Jahr so einen Stress mit der Alpha AG hatte und wie sie es geschafft hat, mit ihrem Einsatz den Kunden zufriedenzustellen. Ich fasse es nicht.«

Martin denkt bei sich: Da ist sie nicht die einzige, die sehr überrascht ist, und antwortet: »Mir ging es bei mehreren Storys auch so. Ich hatte bis heute keine Ahnung, welche Leistungen viele Mitarbeiter hier immer wieder vollbringen. Häufig schauen wir nur auf die Fehler und Beschwerden. Ich bin ganz begeistert.«

Jens Markig ergänzt: »Ich finde den Spirit klasse, den wir heute hier haben. Können wir davon nicht etwas in den Alltag mitnehmen?«

Hannelore Wert schlägt vor: »Wie wäre es, wenn wir uns immer wieder mal in den Besprechungen kurz Zeit nehmen und uns unsere Erfolgsgeschichten erzählen? Da kann ich einiges für mich mitnehmen.«

Skeptisch ergänzt Hans Grothe: »Na ja, ob wir im Alltag dafür Zeit haben, weiß ich nicht. Da jagt doch eine Ansage die nächste. Ständig Neuerungen im System, ich weiß nicht, ob wir den Kopf dafür frei haben. Aber auch mir hat der Tag heute gut getan.«

Wie geht es weiter?
Eine Vereinbarung zum Abschluss ist Martin wichtig. Im Vorbereitungsteam hatten sie darüber gesprochen und das als sinnvolle Transfermaßnahme angesehen. Und so verkündet er am Ende der Veranstaltung: »Einmal im Monat sollen ab jetzt in jeder Abteilungsbesprechung ein bis zwei Erfolgsgeschichten erzählt werden. Ziel ist es, den Spirit und Ihre Aufmerksamkeit immer wieder darauf zu fokussieren, dass Sie alle tagtäglich erfolgreich sind. Vielen Dank.«

5.   Neugierig? Unsere Literaturtipps

Matthias zur Bonsen, Carole Maleh: Appreciative Inquiry (AI): Der Weg zu Spitzenleistungen, 2. Auflage, Weinheim und Basel 2012

Juanita Brown, David Isaacs: Das World-Café. Kreative Zukunftsgestaltung in Organisationen und Gesellschaft, Heidelberg 2007

Juanita Brown, David Isaacs: The World-Café. Shaping Our Futures Through Conversations That Matter, New York 2005

Werner T. Fuchs: Crashkurs Storytelling, Freiburg 2017

Svenja Gloger: Neue Großgruppenmethode: Arbeiten beim Kaffeetrinken, in: managerSeminare Heft 75, April 2004, Seite 50–56

Gunnar Grieger: Appreciative Inquiry, Paderborn 2001

Susanne Nickel: Ziele erreichen. Von der Vision zur Wirklichkeit, Freiburg 2017

Holger Scholz, Roswitha Vesper: Lernlandkarte Nr. 2 – World-Café. Eichenzell, o. O., o. J.

Whole Systems Associates: Das World-Café präsentiert: Café to go, 2002; deutsche Übersetzung: Sabine Bredemeyer, Download auf www.all-in-one-spirit.de

Story 3: Mitarbeiter gesucht – das perfekte Match

Das Unternehmen

Hallo GmbH, gegründet 1918, 4.700 Mitarbeiter, Hauptsitz Frankenthal, ein weiterer Standort in Leipzig und einer in China, Hochspannungstechnik, Produktion von Leistungstransformatoren; Leitung HR-Business-Partner: Magdalena Jung, 38 Jahre, Abteilungsleiter Kilian Willibald, 45 Jahre.

1. Das Thema: Wir finden einfach nicht mehr die richtigen Mitarbeiter!

An dem Morgen, als die Probleme offiziell begannen, stand Magdalena Jung am Fenster und betrachtete das Kommen der Mitarbeiter zum üblichen Arbeitsbeginn bei Hallo. Sie zählte ihr zweites Arbeitsjahr und war gerade vor vier Monaten zur Leiterin HR-Business-Partner befördert worden. Ihr Portfolio war breit gefächert. Als Diplompsychologin hatte sie im letzten Unternehmen Change-Prozesse begleitet und konnte viele Geschichten zum Thema Veränderungen und Widerstand erzählen. Davor hatte sie als Karriereberaterin in einem renommierten Beratungsunternehmen gearbeitet und war daher prädestiniert für alle Aufgaben rund ums Recruiting und Employer-Branding. Rundum galt sie als eine erfahrene Beraterin mit Herz und Verstand und vor allem mit einem exzellenten Zeitmanagement.

Sie nutzte die Zeit ganz früh morgens zwischen 7:30 und 8:30 Uhr, um kreativen Tätigkeiten nachzugehen, zum Beispiel der Planung des 100-jährigen Firmenjubiläums, das in sechs Monaten bevorstand. In solchen Situationen klebte sie regelmäßig ein Blatt Papier vor ihren Bildschirm, um nicht immer wieder dorthin zu schauen, und legte ihr Telefon auf das ihrer Assistentin um. Auf ein Flipchart hatte sie schon einiges gekritzelt, doch gerade fiel ihr nichts Schlaues mehr ein. Das war der Zeitpunkt, um einfach mal wieder aus dem Fenster zu schauen in der Hoffnung auf Inspiration.

Wo sind nur die guten Kandidaten?
Die Ruhe dauerte keine drei Minuten, da riss Kilian Willibald die Tür auf. »Nur zwei Bewerbungen auf unsere ausgeschriebene Stelle in Leipzig und nur insgesamt fünf Bewerbungen für die Stelle hier in Frankenthal. Ich weiß einfach nicht mehr weiter«, seufzte er. Kilian war Abteilungsleiter und war für insgesamt drei Teamleiter und 40 Ingenieure, technische Experten, die hochspezialisiert waren und unter sich blieben, verantwortlich. Wir haben einfach zu wenige Interessenten für unsere Stellenanzeigen auf der Bewerberplattform Ghost. Stell dir vor: nur 100 Klicks. Das ist einfach zu wenig. Wenn das so weiterläuft, müssen wir über das gesamte letzte Jahr ein Minus von 70 Prozent verzeichnen. Ganz zu schweigen von den wenigen eingehenden Bewerbungen!« Kilian schien wirklich verzweifelt zu sein.

Bei Hallo hatte man eine Recruiting-2020-Projektgruppe gebildet, die sich mit HR-relevanten Zukunftsthemen befasste. Wobei Magdalena sich eingestehen musste, dass das Ganze nicht wirklich Fahrt aufnahm, sondern eher vor sich hin plätscherte. Ihrer Meinung nach lag das auch daran, dass man intern im eigenen Saft schwamm und die richtige Not im Recruiting und Bewerbermanagement noch nicht erkannt hatte. Von den sieben Top-Zukunftsthemen, die Hallo identifiziert hatte, stand das Recruiting mit der Arbeitgebermarke auf dem sechsten Platz. »Mein Problem ist«, sagte Magdalena, »dass Bischoff kein Ohr für das Thema hat. Wir können ihn überhaupt nur mit Zahlen, Daten, Fakten überzeugen. Hast du die Auswertungen der letzten Monate?«, fragte sie Kilian.

»Ja, die bekomme ich morgen und gebe sie dir dann gleich«, entgegnete Kilian.

»Gut, ich hole die anderen Bereichszahlen auch noch ein und dann machen wir eine Gesamtevaluation, bevor ich mit Bischoff spreche«, sagte Magdalena.

Egon Bischoff war nach Magdalenas Auffassung ein ganz typischer Narzisst, der gern redete und nur seine eigenen Vorteile sah – und auch noch ziemlich selbstverliebt war. Aber: Er war ihr Chef. Als Psychologin hatte sie schon so einige Kniffe gefunden, um mit ihm umzugehen. Aus ihrer Schema-Coaching-Zusatzausbildung wusste sie, wie man mit den verschiedenen Persönlichkeitstypen und -störungen umging. Meist gelang es ihr auch, ihre Ziele zu erreichen. Egon Bischoff ließ ihr Freiraum und solange sie ihre Jahresziele erreichte, war alles in Ordnung. Nach ihrem Studium wollte sie kurzzeitig

Verhaltenstherapeutin werden und hatte schon eine entsprechende Zusatzausbildung absolviert, was ihr heute beim Umgang mit schwierigen Kollegen oder Vorgesetzten sehr half. Schnell hatte Magdalena festgestellt, dass das Zweier-Setting mit Patienten nicht ihre Stärke war und sie sich mehr um Organisationen und deren Mitarbeiter kümmern wollte, um dort Ziele zu erreichen. Ab und an coachte sie auch Führungskräfte und Topmanager oder ganze Teams bei Hallo, soweit das als Interne möglich war. Die meisten kamen gern zu ihr. Sie hatte so eine besondere Art, einem einerseits einen Tritt in den Hintern zu verpassen und sie war sehr gern provokativ. Andererseits konnte sie die notwendige Empathie und Wertschätzung für ihre Klienten aufbringen. Mit dieser Mischung kam sie gut voran.

Wenn es mal wieder ganz schwierig war oder der Widerstand der Klienten im Coaching sehr groß wurde, erzählte sie gerne die Geschichte von Sigmund Freud, die sie im Buch »Der Panama Hut: oder Was einen guten Therapeuten ausmacht« von Irvin D. Yalom gelesen hatte. Freuds Hund war in den Sitzungen immer dabei gewesen. Einmal wollte er mitten in der Sitzung hinaus und ging vor der Tür auf und ab. Freud ließ ihn hinaus. Kurze Zeit später scharrte der Hund mit den Pfoten von außen an der Tür und wollte wieder hinein. Freud machte ihm auf und sagte zu seinem Patienten:»Sehen Sie, der Hund konnte das ganze Geschwätz über Widerstand nicht ertragen. Jetzt kommt er zurück, um Ihnen eine zweite Chance zu geben.«

Das war zugegebenermaßen ein wenig frech, aber Magdalenas Klienten lachten immer und oftmals konnte sie beobachten, dass sich das Coaching anschließend in eine zielführendere Richtung bewegte. Ihr war klar, dass mit ihrer neuen Stelle als Leitung HR-Business-Partner die Coachings eher nur noch Einzelfälle betreffen würden. Sie hatte für sich so einige Methoden und Interventionen gesammelt, nur bei Egon Bischoff war auch sie oftmals sprachlos oder nicht schnell genug im Kontern. Nun ja, er war ja auch ihr Chef und kein Coaching-Klient.

Die Ergebnisse aus den anderen Bereichen
Wie schon befürchtet, war die Zahl der Bewerbungen total abgerutscht und insgesamt ein Desaster. Bei Hallo gab es zwar kaum Fluktuation, doch der dringend benötigte frische Wind, der mit der Fachexpertise exzellenter Ingenieure angefacht werden sollte, war eher ein ganz, ganz laues Lüftlein.

Magdalena sprach mit Kollegen aus der Projektgruppe und diskutierte das Thema zudem mit ihren sechs Mitarbeitern und der Werkstudentin Janina Held, die Wirtschafts- und Organisationspsychologie im siebten Semester studierte und gerade an einem Blockseminar zum Thema Arbeitgebermarketing teilnahm. »Also ich finde, wir sollten unsere Candidate-Experience mal untersuchen lassen, genau für unsere Topspezialisten Personas entwickeln und dann aktiv suchen«, schlug Janina vor.

»Gute Idee«, antwortete Magdalena. »Wir müssen auch noch mal an unsere Recruiting-Strategie ran. Es hilft nichts. Die Entwicklungen sind einfach zu schlecht. Gut, Frankenthal ist nicht gerade der Nabel der Welt, wir müssen also anders punkten. Und das Tool von Heromakers wird auch nicht gern genutzt«, ergänzte sie.

Hallo hatte im letzten Jahr in sein Bewerbermanagement investiert und sich für Heromakers als Online-Tool entschieden. Leider gab es auch hier verbrannte Erde, denn zuvor hatten zwei Systeme schlechte Ergebnisse geliefert, sodass die Führungskräfte nicht gerade begeistert über das neue Tool waren. Sie vermieden es, Heromakers anzuwenden – der übliche Widerstand nach nicht so ganz gelungenen Veränderungen im System. »Was wir auch noch unbedingt evaluieren müssen, ist die ›time to hire‹, die wir fahren. Doch lasst uns einen Schritt nach dem anderen machen«, sagte Magdalena. »Ich spreche morgen mit Bischoff. Und dann gehen wir in die weitere Planung. Janina, kannst du bitte den aktuellen Projektbericht noch mal scannen und auswerten und mir bis heute Nachmittag vorlegen? Danke euch für eure Ideen«, damit schloss sie das Meeting.

Jung versus Bischoff
Am nächsten Tag war es so weit, Magdalena hatte sich gestern gut vorbereitet. Früh am Morgen hatte sie zudem Best- und Worst-Case-Szenarien skizziert und sich für alle Fälle Argumente zurechtgelegt. Die Verhandlung konnte beginnen. Als Erstes schloss sie einen Deal mit sich selbst: Sie würde unter keinen Umständen nachgeben, sondern hartnäckig bleiben und auf Beratung und Workshops zur Recruiting-Strategie beharren. Egal, was Egon Bischoff sagte, sie wollte umgehend darauf reagieren und ihn überzeugen. Leider hat im Psychologiestudium kein Verhandlungs- und Überzeugungstraining stattgefunden, dachte sie.

Pünktlich um 9:00 Uhr klopfte sie an die Tür von Egon Bischoffs Büro. Sie atmete tief durch und öffnete die Tür, nachdem sie »Ja, herein« von der anderen Seite gehört hatte. Bewusst ging sie in den Hochstatus und betrat mit aufrechter und selbstbewusster Haltung den Raum. »Ich will sofort zum Punkt kommen, wir haben ja beide viel zu tun«, startete sie.

»Ja, genau«, antwortete Bischoff.

Magdalena nutzte das »Yes-Set«, also das Ja auf der anderen Seite, um in Führung zu gehen: »Herr Bischoff, wir haben ein Problem.«

Und dann legte sich so richtig los, startete mit einer kurzen Story zur Situation und untermalte die Aussage anschließend mit Zahlen, Daten, Fakten. Dann erläuterte sie Egon Bischoff, der, ohne mit der Wimper zu zucken, zuhörte, ihren Ansatz für die weitere Vorgehensweise. Sie meinte sogar, zwischendurch ein Nicken wahrgenommen zu haben, war sich aber nicht ganz sicher.

Als Recruiterin kannte sie das STAR-Modell und hatte so ihren Vortrag aufgebaut. STAR ist ein Akronym für Situation, Task – also die Herausforderung –, Action und Resultat. In den Task packte sie alle Probleme hinein, die es im Recruiting gab. Sie sprach die schlechten Bewerberzahlen an und die wenigen Klicks – und dass die Hallo AG wegen der iFrames, die sie bei der technischen Umsetzung der Bewerberseiten online nutzten, nicht gefunden wurde. Dann präsentierte sie die von ihr vorgeschlagene Aktion und das Resultat, also den Nutzen, den sie für das Unternehmen damit wirtschaftlich stiften würde.

Geschickt wie sie war, hatte sie dies alles dann noch als Egon Bischoffs Verdienst verkauft, dem es ja ausgesprochen wichtig war, alles sich selbst zuzuschreiben und anerkannt zu werden. Sie dachte zwischendrin auch daran, Pausen einzulegen, und schloss nach fünfminütiger Argumentationskette mit einem fragenden Blick. Jetzt machte Egon Bischoff eine Pause. Für Magdalena war das kaum auszuhalten. Nach gefühlt langem Schweigen sagte er: »Okay, machen Sie einfach!«

Magdalena schaute wohl ziemlich überrascht, denn Egon Bischoff fragte sie: »Alles okay bei Ihnen?«

»Ja, ja«, antwortete sie schnell und machte innerlich schon Luftsprünge. »Prima. Dann machen wir erst den Persona-Workshop und lassen unsere Candidate-Experience analysieren. Mit diesen Ergebnissen verbessern wir dann unsere Recruiting-Strategie«, fasste sie zusammen. Und ergänzte: »Ich schätze es sehr an Ihnen, dass Sie offen für neue Ideen und Vorgehensweisen sind und Co-Creation akzeptieren. Mir wäre wichtig, dass Sie beim Kick-off kurz ein paar Worte in die Runde sagen, wenn es Ihr Zeitplan zulässt.« Jetzt konnte sie einen Hauch von Lächeln in Egon Bischoffs Gesicht wahrnehmen.

Eine Woche später fanden Gespräche mit dem kooperierenden Beratungsunternehmen, der Glücks-Akademie, statt und es wurden Termine vereinbart. Am Anfang standen die Personas – sie sollten die Blaupause für alles Weitere bilden, zum Beispiel für die Candidate-Journey im Recruiting-Prozess, um herauszufinden was die Bewerber mit Hallo erleben. Es konnte losgehen.

2. Let's change: Theorie, Methodik und Didaktik

Im Folgenden skizzieren wir den Beratungsprozess und starten mit dem Konzept der Persona (auf Deutsch »Maske«), dem Element, das als wichtigstes definiert wurde. Es ist der Startpunkt für die Candidate-Journey sowie alle anderen Veränderungen im Rahmen des Recruiting-Prozesses.

2.1 Was ist das Persona-Konzept?

Das Persona-Konzept kommt ursprünglich aus dem Marketing und hat in der verbraucher- und kundenorientierten Wirtschaft seinen festen Platz. Es dient dazu, den typischen Kunden als reale Person mit Bedürfnissen, Vorlieben und Wünschen abzubilden. Als Erstes beschrieb Alan Cooper 1995 diese Methodik, die er einsetzte, um anhand von Prototypen potenzielle Nutzer und Kunden zu verstehen.

Eine Persona repräsentiert eine Kundengruppe. Wie reale Menschen besitzt sie Ziele, hat Werte und Erwartungen sowie einen Bedarf und sie zeigt ein bestimmtes Nutzungsverhalten. Das Ziel ist, die potenziellen Nutzer eines Produkts möglichst umfassend zu erforschen. Das Persona-Konzept beruht darauf, dass unser Gehirn Stereotypen als Ordnungssysteme bildet; und so sollen auch potenzielle Bewerber eingegrenzt und greifbarer gemacht werden. Kandidaten-Personas im Recruiting sind ideale Bewerberprofile beziehungsweise Talente, die Personen, die einer festgelegten Kandidaten-zielgruppe angehören, durch bestimmte Merkmale charakterisieren. Wir versetzen uns in die Lage des idealen Bewerbers, um zu verstehen, wie er tickt.

Um die Ergebnisse zu validieren, werden sie überprüft, indem Interviews mit der entsprechenden Zielgruppe geführt und über diese Recherchen angestellt werden. Im Anschluss lassen sich alle Inhalte, die Ansprache sowie die Prozesse im Recruiting-Zusammenhang auf diese idealen Kandidaten ausrichten und abstimmen. Daher erhält eine Persona auch meist einen Namen, ein Gesicht und Aussehen sowie weitere Merkmale je nach Detailtiefe, darunter zum Beispiel Hobbys, Kompetenzen, Tätigkeiten, Ausbildung und Wissen, Familienstand.

Das Verhalten von Zielpersonas hilft den Unternehmen dabei, passende Lösungen für ihre Kunden zu entwickeln. Diese Methode kann auch genutzt werden, um heißbegehrte Kandidaten besser zu verstehen und sie ebenfalls als Personas abzubilden. Die Kandidaten-Personas wiederum helfen dabei, die Zielgruppen zu definieren, um sie anschließend anzuziehen oder überhaupt zu finden. Zudem nutzen die Unternehmen die entwickelten Personas als Indikator, um an die gewünschte Zielgruppe ranzukommen und deren Nerv zu treffen. Im Beratungskontext unseres Fallbeispiels starten wir mit dem Persona-Workshop als Kick-off (weitere Interventionen im Rahmen des Beratungsprozesses siehe Kapitel 3.3).

2.2   Leitfaden: Durchführung des Persona-Workshops

Set-up für den Workshop zum Persona-Konzept

Wir führen den Workshop mit zwölf Teilnehmern aus HR, diversen fokussierten Fachabteilungen, Mitarbeitern und Managern der gewünschten Fachabteilungen mit unterschiedlicher Betriebszugehörigkeit, New Hires – also Mitarbeiter, die ganz neu oder relativ kurz im Unternehmen sind – sowie Bachelor- oder Masterstudenten aus der gewünschten Zielgruppe durch. Wichtig ist vor allem, dass Personen aus der begehrten Zielgruppe teilnehmen.

In einem Workshop schafft man es, drei bis fünf Personas zu erstellen. Für die zwölf Teilnehmer wird also ein Raum mit ausreichend Platz benötigt, um die vier vorbereiteten Canvas ausgedruckt an die Wand zu hängen. Auf diesen befinden sich die Persona-Templates mit den unterschiedlichen Fragestellungen. Gebraucht werden zudem verschieden dicke, farbige Filzstifte und gegebenenfalls dicke Wachsmalblöcke zum Ausmalen von Flächen. Jede Gruppe bekommt eine Metaplanwand, auf der sie ihre Persona visualisieren kann. Für die Recherche brauchen die Teilnehmer einen Laptop oder ein Tablet; ein Stapel Zeitschriften wird bereitgelegt, in denen sich Anregung für die Visualisierung finden lassen. Zudem ist es sinnvoll, alte oder aktuelle Stellenanzeigen und Anforderungsprofile auszudrucken, falls vorhanden.

Step 1: Pre-Workshop
Bevor der eigentliche Workshop beginnt, werden die Bereiche definiert, in denen es schwer zu besetzende Stellen gibt, zum Beispiel IT, spezielle Ingenieure, spezielle Fachberufe ohne Studium. Alle zugänglichen Informationen werden gesammelt – Zahlen, Daten, Fakten zur Besetzung wie Zeit, Anzahl der Bewerbungen, interne Prozesse, Abbrecherquote etc. –, auch zur bisherigen Kommunikation intern und mit den Kandidaten. So erfahren wir mehr über die bisherige Candidate-Journey, die Erkenntnisse nutzen wir später zum Qualitätscheck bezüglich der Ergebnisse aus dem Persona-Workshop und für die Weiterentwicklung der Recruiting-Prozesse.

Wir starten den Workshop mit einer kurzen Einführung zum Persona-Konzept, wo es herkommt und was man damit erreichen kann.

Step 2: Festlegen der betroffenen Berufsfelder
Danach legen wir die sehr gesuchten Berufsbilder fest, zum Beispiel:
1. Elektriker/in für die Fertigung mit Ausbildung zum Elektriker.
2. Informationstechniker/in für die IT mit Studium der Informatik.
3. Gleisbauingenieur/in mit Studium Maschinenbau, Mechatronik.

Wir achten darauf, dass die jeweiligen Teilnehmer in den Gruppen fundiert etwas zur gesuchten Persona sagen können und gegebenenfalls über besondere weitere Informationen verfügen. Das könnte etwa ein New Hire im Bereich Gleisbauingenieur sein oder jemand mit Berufserfahrung aus der jeweiligen Abteilung.

Step 3: Startsignal für den Persona-Workshop
Dann teilen wir die Anwesenden je nach gewünschter Anzahl der Personas in entsprechend viele Gruppen auf. Um drei Personas zu erarbeiten, bilden wir drei Gruppen mit maximal vier Teilnehmern. Wichtig ist, dass unterschiedliche Bereiche und unterschiedliche Betriebszugehörigkeiten vertreten sind, damit sich eine gute Mischung bezüglich Alter, Wissen, Unvoreingenommenheit und Einstellung zum Thema ergibt.

Step 4: Informationen sammeln
Anforderungsprofile und Stellenanzeigen zu den bislang gesuchten Kandidaten werden in den Gruppen verteilt. Die Profile von alten Bewerbern erweisen sich oft als Goldgrube beim Erarbeiten von Personas. Auch wenn die betreffende Person nicht mehr verfügbar ist, regen solche Unterlagen oft neue Ideen an. So nutzen die Teilnehmer verschiedene Informationsquellen, um sich ein noch genaueres Bild von der gesuchten Persona zu machen. Und hier können sie recherchieren:

- alte Stellenanzeigen, Job- und Anforderungsprofile,
- Online-Recherche,
- Informationen aus dem Familien-, Freundes- oder Bekanntenkreis.

Die weitere Vorgehensweise sieht dann so aus:
- Die Teilnehmer bilden Hypothesen, zum Beispiel aus den Aussagen von Zeugen und vom Hörensagen.
- Wir interviewen die Teilnehmer beziehungsweise die Teilnehmer sich untereinander.
- Eventuell finden auch Interviews mit neu eingestellten Kandidaten oder mit Bewerbern statt, das hängt vom Zeitplan ab.

Step 5: Fakten zusammentragen
Im nächsten Schritt tragen die Teilnehmer alle bis dahin gefundenen Fakten zusammen. Zuerst die harten Fakten: Name, Alter, Geschlecht usw. Die Persona soll visualisiert werden, das heißt, die Teilnehmer nutzen auch Zeitschriften oder Zeichnungen, um diese so reell wie möglich abzubilden. Wir als Berater unterstützen sie dabei.
- Persönliches:
  - Gewünschtes Alter.

- Familienstand: Single, in einer Beziehung oder Familie mit Kindern? Das kann wichtig sein, wenn Reisebereitschaft gefragt oder für den Job ein Umzug notwendig ist. Auch bezüglich der Firmenstandorte kann das wichtig sein: Großstadt oder ländlicher Kontext. Beispiel: Single, will etwas erleben, eher Großstadt. Oder junge Familie: Kinder sollen eher ländlich aufwachsen.
- Wohnort: Stadtluft oder Landliebe? Hier kann auf den Familienstand verwiesen werden.

- Qualifikationen:
  - Welche Qualifikation muss/soll der Kandidat haben? Mindestanforderungen und Wunschanforderungen werden hier definiert. Welche Abschlüsse bringt der Bewerber mit? Legt er Wert darauf, sich nebenberuflich weiterzubilden? Ist er Quereinsteiger ohne fachliche Ausbildung, aber mit Interesse an Fortbildungen im Job?
  - Berufspraxis: Berufsanfänger oder alter Hase? Falls der Kandidat bereits berufstätig ist, in welcher Position arbeitet er? Ist er Angestellter ohne Führungsverantwortung?

- Skills: Welche Kompetenzen soll der Kandidat neben den fachlichen Skills haben? Beispiel: Er arbeitet im Team und muss dort kommunikativ tätig werden. Günstig wären Konflikt- und Kommunikationskompetenzen.

Im nächsten Schritt füllen wir das Profil mit Informationen zu weiteren Themen aus.

- Interessen/Hobbys: Wo hält sich der Kandidat auf? Was mag und liebt er? Wo ist er in seiner Freizeit anzutreffen?

- Berufliche Perspektive:
  - Welche Wünsche hat der Kandidat für seine berufliche Entwicklung?
  - Ziele: Welche Ziele verfolgt der Kandidat im Berufsleben?

- Anforderungen an die Stelle:
  - Warum diesen Job? Welche Gründe hat der Kandidat für die Jobsuche oder den Jobwechsel? Befindet er sich aktiv auf Jobsuche, würde er einem Wechsel offen gegenüberstehen oder bräuchte es Vorlaufzeit, um ihn für eine Tätigkeit im Unternehmen zu begeistern? Welche Bedenken könnte er gegenüber einem Jobwechsel hegen? Lässt sich der gewünschte Bewerber mit einem Jobinserat erreichen? Wie muss das Stelleninserat gestaltet sein? Welche Informationen sucht der ideale Bewerber auf der Karriereseite im Internet? Muss sich das Unterneh-

men auf die Suche nach passenden Bewerbern machen? Auf welchen Wegen erreicht es seinen Idealkandidaten – online und offline?
- Warum ist die Stelle im Unternehmen attraktiv für die Persona? Wie können Sie die Stelle an diese Persona verkaufen?

Und das ist immer noch nicht alles, die Persona wird noch detaillierter entwickelt.
- Vorlieben und Abneigungen:
  - Was mag der Kandidat besonders? Was wäre ein typischer Satz von ihm?
  - Was mag der Kandidat gar nicht? Was wäre ein typischer Satz hierzu?
  - Was hindert ihn daran, die Stelle anzunehmen?
- Kulturelle Anforderungen:
  - Was ist das Wofür für diese Persona?
  - Wie will sie arbeiten? Wie sollte die Unternehmenskultur gestaltet sein?

Die Ergebnisse werden dann in ein Persona-Canvas-Template übertragen, das aussehen kann, wie in der folgenden Abbildung gezeigt.

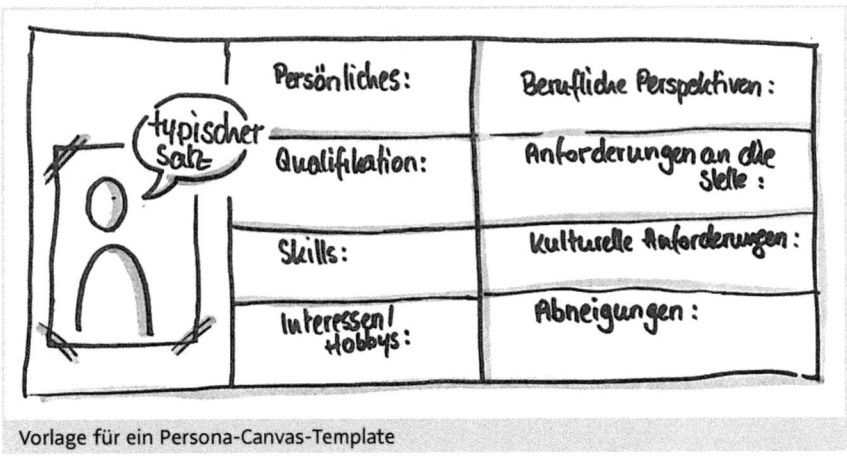

Vorlage für ein Persona-Canvas-Template

Step 6: Die Zielpersona lebt
Die Gruppen kreieren anhand der gesammelten Informationen ihre Zielpersona und visualisieren diese auf einer großen Metaplanwand als Zeichnung. Alter und weitere wichtige Eigenschaften werden hinzugefügt.

Die Erwartungen der drei definierten Personas bilden nun die Blaupause für die neuen Candidate-Journeys sowie für die Active-Sourcing-Strategie, also das proaktive Finden passender Arbeitskräfte. Mit den Personas werden alle spezifischen Faktoren berücksichtigt, die auf die Arbeitgeberattraktivität einzahlen. So können die Unternehmen ihre Candidate-Experience verbessern, denn in solchen Workshops werden alle kritischen Punkte des Recruiting-Prozesses – von der ersten Kontaktphase bis hin zum Onboarding – auf den Prüfstand gestellt.

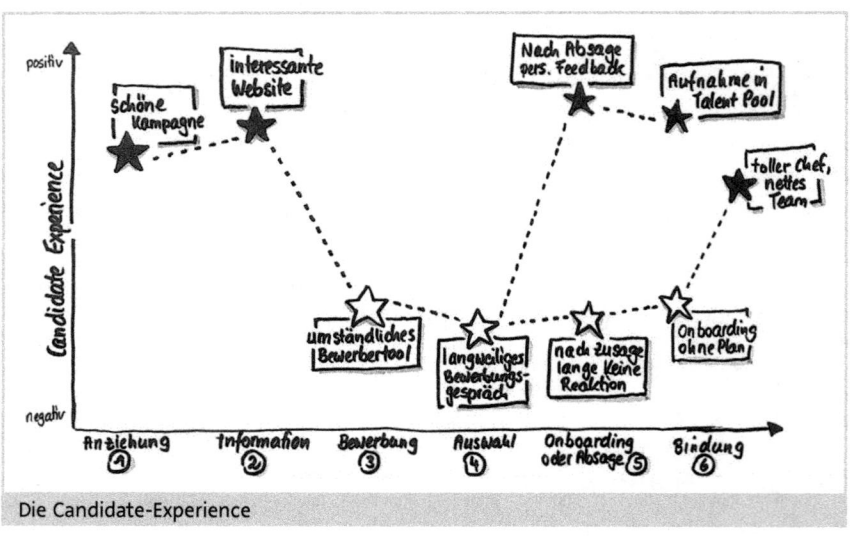

Die Candidate-Experience

Step 7: Pitch (optional)
Am Ende pitchen die drei Gruppen mit ihren Zielpersonas und deren Geschichte, die anderen bewerten mit Daumen hoch oder runter und ihrem Feedback.

3.   Unsere Erfahrungen

Das Erstellen von Personas ist ein kreativer Gruppenprozess, bei dem jeder einzelne Teilnehmer der Gruppe wichtig ist und seinen Beitrag zum Gesamtbild der Persona einbringt. Nach unseren Erfahrungen kann der Persona-

Workshop am Beginn einer neuen Active-Sourcing-Strategie stehen oder – wie in unserem Fallbeispiel – der Kick-off für eine neue Recruiting-Strategie sein. Als weitere Tools, um eine Recruiting-Vision und -Strategie zu erarbeiten, sind zum Beispiel LSP (siehe Story 1) und das Business-Canvas-Modell (siehe Story 4) gut geeignet. Mit diesen Instrumenten lassen sich Strategien mit Leben füllen und Business-Development im Hinblick auf die neue Recruiting-Strategie betreiben.

Gesamtprozess: Entwicklung einer neuen Recruiting-Strategie

4. Praxistransfer: Persona-Workshop bei der Hallo AG

Step 1: Begrüßung und Ergebnisse aus dem Pre-Workshop

An dem Workshop bei Hallo nehmen zwölf Teilnehmer aus verschiedenen Bereichen teil. Zudem sind Magdalena Jung, Paul Grün und Franzi Engel dabei, die zwei Berater der Glücks-Akademie. Egon Bischoff ist gerade noch dabei, die Zahlen aus der Evaluierung vorzustellen, dann legt er dar, warum die Hallo AG sich mit diesem wichtigen Thema nun eingehender befassen will: »Wir brauchen momentan fünf Monate, um jemanden einzustellen, das muss sich ändern. Deswegen starten wir heute mit dem ersten Schritt und freuen uns, dass Sie mit all Ihrem Wissen und Ihren Kompetenzen beim Persona-Workshop mitmachen. Die Informationen aus unserem Pre-Workshop wird Ihnen Frau Jung vorstellen und wir sind gespannt, wie unsere drei ersten Personas aussehen werden«, beendet er seine Einstiegsrede.

Danach verabschiedet er sich und verlässt die Gruppe, um sich seinen Tagesaufgaben zu widmen.

Step 2: Festlegen der betroffenen Berufsfelder

Magdalena Jung stellt im zweiten Step die drei schwer zu besetzenden Stellen vor, für die heute Zielpersonas gebildet werden sollen. Bei Hallo sind das:

1. Elektriker/in für die Fertigung, also jemand mit einer Ausbildung zum Elektriker.
2. Informationstechniker/in für die IT, also jemand mit einem Informatikstudium.
3. Gleisbauingenieur/in, also eine Person die Maschinenbau oder Mechatronik studiert hat.

Die zwölf Teilnehmer werden von Franzi Engel und Paul Grün in drei Gruppen eingeteilt. Dabei achten die beiden Berater darauf, dass die Personen jeweils gut zu den gesuchten Profilen passen und wichtige Informationsträger darunter sind. So ist zum Beispiel der jüngste Teilnehmer Florian Seidel, Informatikstudent und als Werkstudent beschäftigt, zusammen mit dem Abteilungsleiter Marcel Schulze und zwei HR-Mitarbeitern in der zweiten Gruppe. Kilian bildet Gruppe drei mit Janina, Mary Thomas und einem Fachspezialisten für Gleisbau. Zur Gruppe eins gehören neben Hannah Ahrendt, die gerade ihre Doktorarbeit in Informationstechnologie schreibt, noch drei weitere Spezialisten.

Step 3: Startsignal für den Persona-Workshop

Und dann geht es los, die Gruppen suchen sich ruhige Ecken, um sich zu besprechen. Sie sehen die vorbereiteten Materialien und so langsam steigt die Spannung im Raum.

Step 4: Informationen sammeln

Im vierten Step treten sehr interessante Informationen zutage. Franzi Engel gibt einen kurzen Überblick über Unternehmen, die sich mit dem Persona-Konzept erarbeitet haben, wie sie zu einem attraktiveren Arbeitgeber werden können: »Ikea zum Beispiel hat sich überlegt, dass die Personen, die bei Ikea einkaufen, auch als Kandidaten interessant sein könnten. Dann haben sie in jeden Möbelbausatz einen Bausatz für die Ikea-Karriere eingefügt mit der Aufforderung, sich zu bewerben. Das hat mehr als 300 Bewerbungen gebracht und war sehr erfolgreich.«

Paul Grün erzählt eine andere Geschichte: »Ein Unternehmen hat Buchhalter gesucht und bei interessanten Geschäftskunden einen Cent ohne jegliche Forderung auf deren Konten angewiesen mit dem Betreff: Findige Buchhalter gesucht. Auch das ist eine sehr kreative Art der Rekrutierung. Es kommt immer darauf an, wen Sie suchen und welche Vorlieben die betreffenden Kandidaten haben – und natürlich, was zu Ihnen und der Unternehmenskultur passt. Wir sind sehr gespannt, was Sie herausgefunden haben und welche kreativen Ideen wir noch entwickeln werden!«

Die Teilnehmer arbeiten nun in ihren Gruppen zusammen und nutzen dabei alle Möglichkeiten, die ihnen zur Verfügung stehen. Anschließend stellen sie die Resultate den anderen Gruppen vor.

Florian Seidel aus Gruppe zwei, die sich mit dem Berufsfeld des Informationstechnikers befasst, hat beispielsweise vor dem Workshop zwei New Hires in Frankenthal und Leipzig befragt. Die beiden Informatiker haben angegeben, dass sie in ihrer Freizeit gerne World of Warrior spielen. Auch Florian Seidel kennt das Computerspiel sehr gut, da er es in seiner Freizeit leidenschaftlich gerne spielt. Er sagt: »Ich könnte mich doch im Sinne unserer Talent-Attraction in das Forum des Spiels begeben und dort andere interessante Spieler ansprechen!«

»Gute Idee«, sagt Franzi Engel. »Notieren Sie doch gleich alle Ideen auf Ihren Charts.«

Hannah Ahrendt hat herausgefunden, dass bei den Gleisbauingenieuren, der eine ist seit sechs Monaten, der andere seit zwei Jahren im Unternehmen, Bastel- und Ersatzteilseiten im Internet total gefragt sind. »Dort tummeln sich Ingenieure, die in ihrer Freizeit Eisenbahnen, Drohnen und auch Roboter bauen«, erklärt sie.

Mary Thomas hat bei ihren Online-Recherchen herausgefunden, dass den Kandidaten die Kultur des Unternehmens enorm wichtig ist. Für sie steht die Work-Life-Balance zum Beispiel mehr im Fokus als ein besonders hohes Gehalt. »Oft wird auf den Dienstwagen zugunsten eines freien Freitags verzichtet«, berichtet sie abschließend.

Step 5: Fakten zusammentragen
Die Teilnehmer sind emsig dabei, alle Fakten zusammenzusammeln. Sie stehen in Grüppchen vor der jeweiligen Canvas für ihre Persona und tragen alle Informationen in die dort vorgesehenen Felder ein. Und sie lassen sich durch Bilder in den mitgebrachten Zeitschriften inspirieren, welches Gesicht sie ihrer Persona geben wollen.

Step 6: Die Zielpersona lebt
Das Resultat am Ende lässt sich sehen. Von der Metaplanwand lächelt eine Persona, sie heißt »Fabian, der Informatiker«.

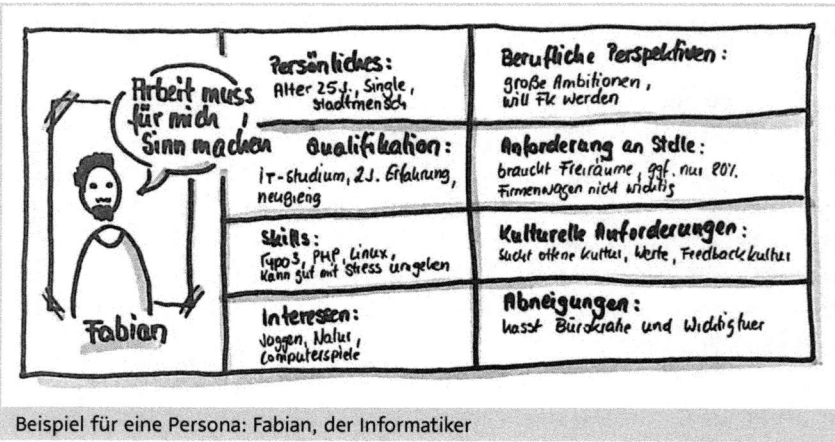

Beispiel für eine Persona: Fabian, der Informatiker

Step 7: Pitch und Abschluss des Workshops
Auch die Pitchs am Ende haben den Teilnehmern große Freude bereitet. Alle haben ihre Persona im besten Licht dargestellt und die gesammelten Informationen präsentiert.

Paul Grün kommentiert: »Für 85 Prozent der Bewerber ist die eigene kulturelle Passung zur Zielorganisation wichtig. Neue Mitarbeiter, die schon bald nach Antritt der neuen Stelle nach anderen Arbeitgebern Ausschau halten, sind mehrheitlich von der vorgefundenen Kultur enttäuscht. Damit wäre auch die Frage beantwortet, ob die Sache mit den Personas nur ein kurzfristiger Trend ist.«

»Der Punkt geht klar an die Personas«, ergänzt seine Kollegin Franzi Engel, »und die haben Sie hier sehr konstruktiv erarbeitet.«

»Wow«, kann Magdalena am Ende des Tages nur sagen. »Der Workshop sowie die davorgeschalteten Recherchen und Interviews schaffen Transparenz bezüglich der Erwartungen von Zielgruppen. Das können wir jetzt prima nutzen, um unseren Recruiting-Prozess in jeder Phase zu optimieren. Wenn wir dann noch die Touchpoint-Analyse aus der Candidate-Experience-Untersuchung haben und wissen, wo die kritischen Punkte liegen, werden wir absolut erfolgreich die richtigen Kandidaten anziehen und binden. Vielen Dank für diesen Tag, der uns großen Nutzen gebracht hat, an Sie als Teilnehmer und an unsere beiden Moderatoren.«

5. Neugierig? Unsere Literaturtipps

Hans Georg Häusel, Harald Henzler: Buyer Personas: Wie man seine Zielgruppen erkennt und begeistert, Freiburg 2018

Wolf Reiner Kriegler: Praxishandbuch Employer Branding, Freiburg 2018

Story 4: Talent-Management goes future

Das Unternehmen   !

Trust & Rich AG, gegründet 1990, Bank, 28.800 Mitarbeiter; Lilly Hammer, 31 Jahre,
Personalentwicklerin; Eugen Walter, Lillys Mentor, 54 Jahre; Mario Renner, CEO,
47 Jahre.

1. Das Thema: Wie machen wir unsere Mitarbeiterentwicklung zukunftsfähig?

»Wir müssen dringend etwas tun«, Lilly Hammer imitierte den CEO Mario
Renner, mit Spitznamen Re genannt. »In fünf Jahren wird sich unser Geschäftsmodell grundlegend ändern. Die Filialen werden weniger und es wird
noch ein paar vereinzelte Flagships geben. Der klassische Filialleiter ist dann
nicht mehr gefragt. Auch unser Portfolio wird sich grundlegend ändern.
Die Leute wollen nicht mehr so normal sparen.« Und: »Wir waren bislang
sehr konservativ unterwegs und absolut hierarchisch strukturiert. Unsere
Arbeitswelt verändert sich – Sparten wie das klassische Sparbuch wird es
nicht mehr geben«, das waren die Worte des Geschäftsführers, die in Lillys
Ohren noch nachklangen. Mario Renner konnte sich sehr präzise und bild-
haft ausdrücken und sie fand es sehr beeindruckend und bewunderte ihn
dafür, wie er die Mitarbeiter und Manager von seinen Zielen überzeugte.

Nichts bleibt, wie es war

Lilly hatte sich etwas in Rage geredet und gar nicht gemerkt, dass keine
Bohnen mehr in der Maschine waren: »Dann können wir unsere Führungskräfte nicht mehr wie bislang entwickeln.« Ihr Kollege, Eugen Walter, war so
aufmerksam und füllte Bohnen nach. Dann drückte er die Cappuccino-Taste
und wartete, bis die aufgeschäumte Milch und anschließend der Espresso in
seine Tasse liefen. Die beiden standen allein in der Kaffeeküche. Eugen war
Lillys Sparringspartner und eine Art Mentor, wenn es um Personalentwick-
lungsthemen und auch das ein oder andere Problem dabei ging. Er zählte
bereits sein 27. Arbeitsjahr im Unternehmen, hatte schon viel erlebt und so
mancherlei Veränderungen mitgemacht.

»Eugen, ich muss Anfang nächster Woche die Empfehlung samt Konzept für den Chef fertig haben. Bis dahin will er die Vorlage für Re in Händen halten.« Lilly seufzte. Nicht etwa, weil sie nicht motiviert war, nein, im Gegenteil. Vielmehr war sie erst kurz im Unternehmen und kannte sich mit neuen Arbeitsmodellen, Talentprogrammen und den ganzen Zukunftsthemen noch nicht so gut aus. Zwar hatte sie an der Uni vieles mitbekommen, aber der Job bei der Trust & Rich AG war Lillys erster. In der Praxis sah dann doch das meiste anders aus als in der Theorie. Auch ging es aktuell nicht um ein normales Talentprogramm, sondern darum, die Talente, die das Unternehmen erfolgreich in die Zukunft bringen sollen, zu finden und zu entwickeln. Das Ziel bestand also darin, wirkliche »New Leader« aufzubauen.

Die Bank erlebte gerade viele Ups und Downs auf ihrem Weg durch die Digitalisierung, Leadership 4.0 war angesagt, aber noch nicht umgesetzt. Einige Filialen hatten schon schließen müssen und einige der Mitarbeiter fühlten sich nicht mehr so ganz sicher im Unternehmen. Dass sich noch vieles verändern musste, war Lilly klar. Doch sie wusste nicht so recht, wie sie an die Aufgabe herangehen sollte und wie ein gutes Konzept für T&R, wie die Trust & Rich AG kurz genannt wurde, aussehen könnte. Es gab ein paar Must-haves, die Frank Meier, ihr Vorgesetzter und zugleich Personalchef, im Programm haben wollte, und zwar unter dem Stichwort General Management mit Bezug zu Leadership 4.0. Selbstreflexion sollte einer der Ansatzpunkte sein, denn Selbststeuerung und Selbstkompetenz, vor allem die »Ambiguitätstoleranz«, fand er besonders wichtig. Hinzu kamen weitere wichtige Aspekte: Stärkung des Mindsets im Zusammenhang mit der Digitalisierung, auch bezüglich des Kundenverhaltens und der inzwischen eher virtuellen Zusammenarbeit, das technologische Bewusstsein, Experimentierfreudigkeit und Ideen für Innovationen. Auch New Work und agiles Arbeiten waren Aspekte, die einfließen sollten. Angedacht war zudem eine Learning-Journey in innovativem Format. In Berlin gab es auch schon einen Innovation-Hub. In dem Durcheinander aus Schlagwörtern, kleinen Ideenfetzen und wirklich sinnvollen Maßnahmen wollte Frank Meier unbedingt das Wort »agil« vermeiden, denn es war schon fast zu einem Schimpfwort im Unternehmen geworden, das chaotisches und nicht organisiertes Arbeiten umschreibt.

Die über viele Jahre sehr konservativ geführte Bank stand wirklich vor großen Herausforderungen, eine Neuerung jagte die nächste. Und Lillys Chef sagte immer gern: »Unsere Leute sind austrainiert, wir brauchen was wirklich Neues. Was Innovatives. Wir müssen weg vom old-fashioned Leadership.« So zerbrach sie sich schon seit Wochen den Kopf über »New Leadership 4.0«.

Einstieg in den Glücks-Pitch

Auch hatten sich schon mehrere Beratungsunternehmen vorgestellt. Heute sollte der letzte Pitch vor einer Jury aus fünf Personalern laufen, darunter dieses Mal Frank Meier, der Personalchef selbst. Lilly war etwas unruhig, denn die bisherigen Beratungs- und Trainingsunternehmen hatten eher konservative und klassische Programme vorgeschlagen, also die üblichen Vorgehensweisen, die »old school« waren. Das sah Frank Meier genauso. Man wollte aber etwas ganz Neues und nichts von der Stange. Im letzten Pitch mit der Glücks-Akademie lief es dann etwas anders.

Zwei Berater waren gekommen, und zwar Paul Grün und Franzi Engel. Sie fingen schon völlig unklassisch an, verzichteten darauf, sich vorzustellen, und ließen auch die sonst übliche Beweihräucherung der Akademien und Beratungshäuser aus. Franzi Engel startete mit einer Geschichte über das Business-Modell eines sehr erfolgreichen Unternehmens: Apple. Zuvor hatten die beiden Berater noch schnell ein großes Canvas-Plakat an die Wand gehängt. »Wie wäre es, wenn Sie Ihr Talent-Management als Geschäftsmodell sehen und starten? Stellen Sie sich vor, Sie würden ein neues Business starten oder sich ein neues Geschäftsfeld erschließen. Wie würden Sie vorgehen?«, fragte Franzi Engel »Welche Fragen stellen Sie sich? Welche Perspektive nehmen Sie ein?«, erkundigte sie sich weiter. »Wir sind der Auffassung, dass Sie das Talent-Management wie Business-Development angehen sollten. Die Frage ist doch: Wer sind Ihre Kunden, also Ihre internen, und was wollen sie? Welche Stakeholder gilt es zu überzeugen? Und wie sieht es mit Ihren Schlüsselpartnern aus? Welchen Wertbeitrag wollen Sie mit dem Talent-Management leisten? Um welche Kosten geht es und welchen Nutzen bringt es?«, fuhr Franzi Engel fort. Lilly hatte das Talentprogramm noch nie aus dieser Perspektive betrachtet. Sie fand das äußerst interessant.

Franzi Engel sprach weiter: »Was wäre, wenn Ihre Talente ihr Programm selbst bauen? Zumindest, sagen wir mal, zu 50 bis 75 Prozent? Warum fragen wir nicht einfach diejenigen, die es betrifft, also Ihre Talente als Kunden, was sie wollen und brauchen? Und gleichen das dann mit der Sicht Ihres CEOs und

Ihres HR-Leiters ab? Beide, Auftraggeber und Kunden, sprich Talente, wollen wir genau unter die Lupe nehmen. Wie Sie erkannt haben, waren das »Was-wäre-wenn-Fragen«, mit denen ich Sie ins Nachdenken gebracht habe. Das ist eine Technik, die wir zum Beispiel auch im Canvas-Workshop einsetzen.

Paul Grün brachte danach ein Bild für den Weg zur Umsetzung an, und zwar das eines Fitnessclubs. »Es geht es nicht darum, die neuen Leader zu berieseln, sondern sie müssen sich schon proaktiv einbringen. Eben wie beim Sport.«

Stimmt, dachte Lilly, oft haben unsere Führungskräfte und Talente den Anspruch, dass ihnen etwas geboten wird; sie sind eher reaktiv unterwegs, weil sie sich für etwas Besonderes halten. Und genau das sollte sich ja nun bei T&R ändern, die Bank braucht zukünftig innovative und proaktive Leader.

»Wir haben kein fein geschliffenes Konzept für Sie, sondern wollen mit Ihnen gemeinsam an Ihrem Bedarf ausgerichtet Ihr Erfolgsmodell entwickeln«, fuhr Paul Grün fort. Es gab daher auch nur das Canvas-Modell an der Wand und keine weiteren Powerpoint-Folien. »Wir schlagen vor, mit dem ›Canvas-Modell We‹ Ihr Talent-Management als Geschäftsmodell zu entwickeln und anschließend, zum Beispiel mit dem Persona-Konzept, verschiedene Personas zu kreieren. So wollen wir festlegen, welches Zielbild Sie verfolgen, welche Kompetenzen Sie genau brauchen und was die Leader verkörpern sollten«, ergänzte Franzi Engel.

Themenvielfalt bei T&R
Paul Grün stellte nun das Canvas-Modell mit seinen neun Feldern vor, die in einem Quadrat angeordnet sind, und erläuterte: »Bei den linken Feldern geht es um Effizienz und bei den rechten um den Wertbeitrag, den Sie stiften. Diese Themen wären abgedeckt.«

Danach ging Franzi Engel auf das Thema Innovationen ein und erläuterte die wichtigsten Grundsätze: »Wer begrenzt denkt« und in der ›alten Welt‹ bleiben will, der möchte, dass die klugen Köpfe auf einem bestimmten Gebiet allein für ihn arbeiten. Die offene Denkweise beruht aber darauf, mit den klugen Köpfen innerhalb und außerhalb des Unternehmens zusammenzuarbeiten, wie Chesbrough 2003 schrieb. Diese Vorstellung gilt genauso, wenn es um Ideen geht. Manch einer denkt immer noch, dass er der Gewinner ist, wenn er einen Großteil der besten Ideen innerhalb der Branche schafft. Dagegen stellen wir die unbegrenzte und offene Sichtweise, sowohl interne als auch externe Ideen zu gebrauchen. Das zeichnet wirkliche Gewinner aus. Oft erleben wir sogar, dass die Silos in den Unternehmen so isoliert voneinander sind, dass Innovationen, die durch Ideen der Mitarbeiter oder Manager entstehen könnten, keinen Raum bekommen oder zurückgehalten werden.«

Und dann ging es noch darum, wie die Berater bei T&R vorgehen würden: »Das Canvas-Modell beruht auf Co-Creation und es wird ein gemischtes Team von etwa acht Teilnehmern geben. Diese Methodik erlaubt es uns, Diskussionen und Analysen kreativ anzugehen und den Kundenblick nicht aus dem Auge zu verlieren. Auch die Zielgruppe der Talente wird möglichst stark eingebunden. Somit wären zwei wichtige Perspektiven einbezogen, und zwar zum einen die Ihres Auftraggebers, also des CEOs, und des HR-Chefs als Ihre Stakeholder, zum anderen die der Talente als Kunden.«

Das klang sehr interessant und die Gruppe der T&R-Mitarbeiter hörte aufmerksam zu. »Wir beraten Sie zum Talent-Management und begleiten Sie beim Konzept. Zudem dabei, dass die Maßnahmen gut verzahnt im Unternehmen angenommen werden. Hier kommt das Thema interne Kommunikation und Vermarktung des Programms ins Spiel«, fuhr Franzi Engel fort.

Ja, genau, das ist auch noch so ein Thema, dachte Lilly, und war froh, ein Beratungs- und Trainingsunternehmen vor sich zu haben, das mal anders vorging als gewohnt. Der Zuschlag war aber noch nicht erteilt. Als sie in die Runde ihrer Kollegen blickte, konnte sie an deren Gesichtern nicht wirklich etwas ablesen.

»Ihre gewünschten Themen können wir also allesamt abbilden«, erläuterte Paul Grün, und berichtete dann noch über andere erfolgreiche Talentprogramme in unterschiedlichen Unternehmen und aus anderen Branchen, die Lilly überzeugten. Okay, die nötige Erfahrung haben sie, ging es ihr durch den Kopf. Und sie war gespannt, was die anderen in der Besprechung nach dem Pitch sagen würden.

»Und eines ist uns noch ganz wichtig«, ergänzte Franzi Engel. »Wir sind der Auffassung, dass solche Programme nur funktionieren, wenn die Betroffenen einbezogen werden. Deswegen schwören wir auf Methoden, die die Nutzer und Stakeholder im Fokus haben, Für uns ist es daher ein Muss, die Workshops mit einer gemischten Gruppe durchzuführen. Das heißt, wenn Sie Ihren Talent-Management-Businessplan entwickeln wollen, empfehlen wir, zwei oder mehr Talente und auch Manager mit dazuzunehmen, damit ihre Kunden direkt zu Wort kommen können. Somit drehen Sie immer wieder Schleifen mit dem Fokus auf Ihre Kunden. Und da Ihr Ziel ja darin besteht, vernetzter, flexibler und innovativer zu werden, ist es ein guter erster Schritt, diese Vorhaben vom ersten Moment an mitzudenken und so die Silos ein wenig aufzubrechen. Wir unterstützen Sie auch gerne, wenn Sie Ihrem CEO dieses innovative Konzept vorstellen.«

Lilly grinste in sich hinein, denn die Berater hatten gut zugehört und das Wort »agil« tatsächlich nicht benutzt. Lilly war klar: Daumen hoch für Franzi Engel und Paul Grün.

Die Entscheidung

»Ich sehe nicht, dass wir das Talentprogramm als Co-Creation-Prozess angehen«, schoss es aus dem Mund von Hartmut Schwarz. »Für was sind wir denn dann noch da, wenn wir nicht das Ruder in der Hand halten?«, fragte er etwas missgestimmt in die Runde. Er war eher konservativ orientiert und wollte verständlicherweise ein anderes Beratungsunternehmen engagieren. Doch die anderen vier Jurymitglieder waren für die Glücks-Akademie. Martin Binder, ein erfahrener Personalentwickler, konterte: »Das ist doch genau die Frage, die sich die Chefs auch stellen werden! Was ist unsere Aufgabe, wenn die Silos abgebaut werden und wir uns mehr kooperativ ausrichten? Wie gestaltet sich unsere Rolle? Wir koordinieren und konzipieren und sorgen für das Beziehungsmanagement und dafür, dass sich die Dinge wie geplant entwickeln. Oder?«

Frank Meier hörte erst einmal nur zu. Er hatte den Prozess eigentlich an die Kollegen übergeben, konnte aber nicht umhin, auch etwas dazu zu sagen. »Ich finde die Vorgehensweise von Glücks gut. Damit wäre ein erster Schritt in Richtung Umdenken getan und wir würden die Dinge gleich neu angehen. Ich überlasse euch die Entscheidung, mein Go habt ihr. Wir können nicht alle anderen verändern wollen, ohne dass wir bei uns selbst anfangen. Und ich finde, das ist ein super Projekt«, schloss Frank Meier.

»Mhm, für mich ist das noch ziemlich befremdlich, aber wenn ihr alle dafür seid, okay, dann trage ich das mit«, gab sich Hartmut Schwarz geschlagen.

»Ich will das Konzept am Montag von dir, Lilly, wie besprochen. Dann lege ich es Re vor. Ich schätze, wir können, wenn alles gut läuft, den ersten Workshop so in vier Wochen starten«, sagte Frank Meier und fuhr fort: »Lilly, rufst du bei Glücks an, sagst denen zu und den anderen ab? Und dann gehen wir es an mit Canvas. Dazu hätte ich gerne die Vorlage für Re, die Glücks-Berater unterstützen dich sicherlich.«

2. Let's change: Theorie, Methodik und Didaktik

Erfahren Sie nun mehr über das Business-Model We und wie es sich einsetzen lässt, um ein neues Talent-Management-Programm wie ein neues Geschäftsmodell zu entwickeln.

2.1 Was ist das Business-Model-Canvas?

Beim Business-Model-Canvas handelt es sich um eine Lean-Startup-Methode, die gut geeignet ist, um innovative Geschäftsmodelle zu entwickeln. Die ursprüngliche Idee stammt von Alexander Osterwalder. Sein Buch »Business Model Generation« hat mittlerweile viele Millionen Menschen erreicht, die neue Geschäftsmodelle vorantreiben wollen. Grundlage ist ein Plakat mit mehreren Feldern, die die Schlüsselfaktoren für ein Geschäftsmodell abbilden. Daran schließt sich das Business-Model You an, das in Co-Creation mit 400 Personal-, Coaching- und Innovationsexperten entwickelt wurde. Die Inhalte des Business-Model-Canvas werden auf die persönliche und strategische Ausrichtung einer Person transferiert. Der dahinterliegende Kerngedanke ist, dass man Menschen mit ihren Talenten und Kompetenzen ebenfalls als Geschäftsmodell betrachten kann. So ist es auch möglich, jeden Mitarbeiter, jedes Team und jede Abteilung in einem Unternehmen als eigenes Geschäfts- und damit Business-Modell zu begreifen.

Das Business-Model-Canvas wirkt auf den ersten Blick wie die große Leinwand eines Malers, auf der neun Bausteine vorgezeichnet sind (Osterwalder/

Pigneur 2010, Seite 46). In diese neun Felder werden Bilder gemalt oder es werden Haftnotizzettel verwendet, um ein neues Geschäftsmodell zu entwickeln. Im Mittelpunkt steht der Nutzen, der Mehrwert, den eine Person oder eine Abteilung im Unternehmen schafft. Hinzu kommen weitere Felder mit internen und/oder externen Kunden, den Liefer- und Kommunikationskanälen auf der Marktseite sowie diversen Schlüsselaktivitäten, -ressourcen und -partnern, die notwendig sind, um den entsprechenden Mehrwert zu schaffen. Das Modell vereint alles, was gebraucht wird, um ein neues innovatives Business-Konzept zu kreieren.

Mit dem Business-Model We kann eine Gruppe eine Strategie und ein Business-Development-Konzept entwickeln. Außerdem von Vorteil: In Organisationen müssen neue Konzepte und Projekte meist auf verschiedenen Hierarchieebenen »verkauft« werden, um Unterstützung zu erhalten. Das Canvas-Modell hilft auch hier, da es eine Geschichte des Geschäftsmodells erzählt, die angenehm visuell aufbereitet ist.

2.2   Leitfaden: Durchführung des Canvas-Model We

Set-up
Das Set-up für einen Workshop mit dem Canvas-Modell ist relativ simpel. Wir drucken die Leinwände mit den Feldern aus und sorgen für genug Haftnotizzettel und bunte Stifte für die Teilnehmer. Die Canvas befestigen wir an einer Metaplanwand oder an einer Zimmerwand, sodass sich gut damit arbeiten lässt. Die Teilnehmer malen direkt hinein oder kleben Haftnotizzettel auf und diskutieren davor. Der Raum sollte genug Platz zum Malen und Beschreiben der Haftnotizzettel bieten, das heißt, ein paar Arbeitstische wären günstig. Für weitere Interventionen beim Befüllen der Canvas eignen sich Flipcharts, selbstklebende Moderationskarten und zwei bis drei Metaplanwände.

Benötigt werden etwa 200 verschiedenfarbige Haftnotizzettel in zwei Größen, die auf die Canvas-Felder geklebt bzw. auf Metaplanwände angebracht werden sowie Buntstifte und Textmarker. Zudem sollten Flipchart und Metaplanwand sowie Beamer und Laptop vorhanden sein. Wichtig ist es darüber hinaus, ein vielfältiges Teilnehmerteam zusammenzustellen. Die Mitglieder kommen bestenfalls aus verschiedenen Unternehmensbereichen, sind unterschiedlich alt und haben unterschiedliche Positionen und stammen aus verschiedenen Fachbereichen. Wir streben eine möglichst bunte Mischung aus Menschen an, auch was ihre Erfahrungen, Betriebszugehörigkeit und kulturellen Hintergründe angeht. Das Business-Modell-Canvas ist ein absolut praxistaugliches Werkzeug, das Verständnis, Diskussion, Analysen und auch die Kreativität in einem Co-Creation-Prozess fördert.

Feld 1 bis 3: Unsere Kunden
In der nun folgenden Canvas-Guided-Tour füllen wir mit den Teilnehmern nach und nach die Felder der Leinwand aus. Wir starten mit dem Fokus auf die Felder mit Bezug zu den Kunden, da diese Perspektive den Kern des Business-Modells für das Talent-Management darstellt und unsere weiteren Entscheidungen beeinflusst.

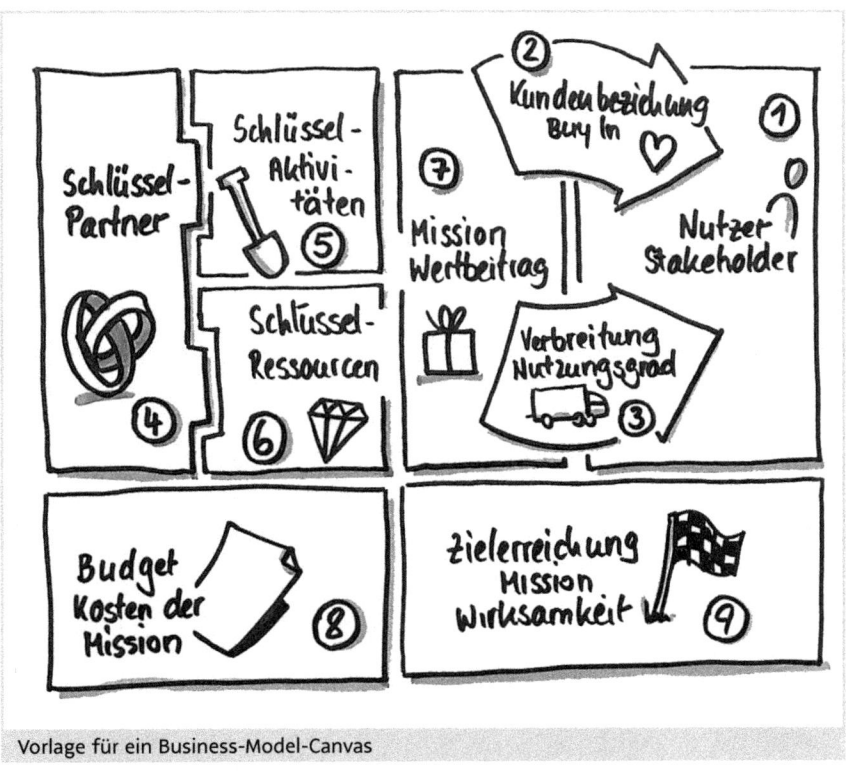

Vorlage für ein Business-Model-Canvas

Für jedes Feld werden Haftnotizzettel beschrieben oder die Teilnehmer tragen direkt etwas in die Felder ein. Am Ende des Workshops sollen alle Felder befüllt sein.

Zunächst sorgen wir also dafür, dass klar ist, wer zu den Nutzern und wer zu den Stakeholdern des Talent-Managements zählt, das sind in diesem Fall nämlich die Kunden. Beide Blickwinkel sind für ein erfolgreiches Talent-Management-Programm wichtig. Geschäftliche und strategische Herausforderungen sowie Beziehungen werden genauer angesehen und vertieft. Kanäle und Nutzungsgrad werden im Hinblick auf Kunden bearbeitet, und zwar mit der Fragestellung, über welche Kanäle das Talentprogramm welchen Nutzen bei seinen Kunden, also zum Beispiel bei den Führungskräften oder bei der Geschäftsführung, erzielt.

Exemplarische Fragen können sein:
- Für wen schöpfen wir Wert?
- Wer sind unsere wichtigsten Kunden und Stakeholder?
- Wie erfüllen wir die Erwartungshaltung unseres Managements?

Wir arbeiten bei den Feldern, die mit den Kunden verbunden sind, häufig auch mit dem sogenannten Stakeholder- oder Nutzer-Profil, um noch tiefer in diese Gruppe oder Personen einzudringen. Dieses Profil ist ein gesondertes Canvas. Es trägt dazu bei, zum Beispiel die Stakeholder, die es zu überzeugen gilt und die sich einen großen Nutzen versprechen, besser zu verstehen und besser auf sie eingehen zu können. Hierzu werfen wir einen Blick auf einen wichtigen Stakeholder, indem die Gruppe die Felder des Canvas mit Haftnotizzetteln befüllt. Konkret geht es um drei Felder:
- Neuer Nutzen: Was ist unbedingt notwendig bis hin zu »nice to have«?
- Herausforderungen im Sinne von Jobs to be done: Was ist wichtig und was eher unbedeutend?
- Sorgen und Schmerzen von extrem stark bis moderat.

Feld 4: Schlüsselpartner
Folgende Fragen sind nützlich:
- Wer sind unsere Partner, zum Beispiel Human Resources, Business-Partner oder externe Berater?
- Was kann ich tun, um das Zusammenspiel mit diesen Business-Partnern, mit der HR-Leitung oder anderen Partnern zu optimieren?

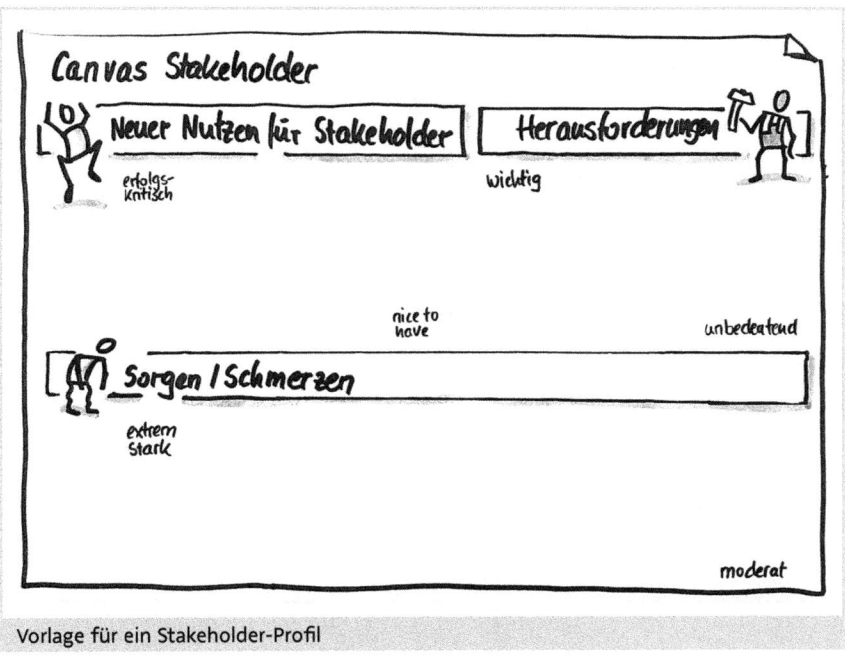

Vorlage für ein Stakeholder-Profil

Feld 5: Kernaktivitäten

Hier können diese Fragen helfen:

- Was macht das neue Talent-Management-Programm erfolgreich?
- Was ändern wir mit dem neuen Talentprogramm? (Beispiele: Proaktivität fördern oder das Leistungsportfolio anpassen)

Weitere mögliche Fragen:

- Wie kommen die Talente hinein?
- Wie schaffen wir es, dass die Teilnehmer selbst die Gestaltung in die Hand nehmen?
- Wie leisten wir einen Beitrag in Hinblick auf die Zukunftsfähigkeit und digitale Transformation?
- Wie können wir das Programm geschickt und prägnant vermarkten?
- Wie könnten eine gute Steuerung und eine gesamtverantwortliche Betreuung des Programms aussehen?
- Wie gestaltet sich die individuelle Entwicklungsplanung? (Beispiel zum Thema Übernahme nach dem Programm: Was passiert danach?)

Wir können hier auch die mächtigen »Was-wäre-wenn-Fragen« einsetzen, zum Beispiel: Was wäre, wenn unsere Talente die Gestaltung des Programms selbst in die Hand nehmen? Diese Fragetechnik provoziert die Teilnehmer und fordert sie heraus, ein Talentprogramm zu entwickeln, das ihre Hypothesen funktionieren lässt. Ein Beispiel dazu: Was wäre, wenn Möbelkäufer die Komponenten in flachen Paketen in einem großen Lager aussuchen und die Produkte zuhause selbst aufbauen würden? Was heutzutage gängige Praxis ist, war unvorstellbar, bis Ikea das Konzept in den 1960er Jahren einführte (Osterwalder/Pigneur 2010, Seite 145).

Feld 6: Schlüsselressourcen
Hier sind diese Fragen hilfreich:
- Was können wir gut?
- Was können die Talente lernen?
- Was können wir den Talenten anbieten?
- Wie steht es um die Kompatibilität zu unseren anderen Programmen, insbesondere denen auf Führungsebene?
- Welche neuen Kompetenzen müssen wir auf- oder ausbauen?

Feld 7: Mission und Wertbeitrag
In diesem wichtigen Feld befassen wir uns mit dem Wofür hinter der Talentprogramm-Initiative. Fragen wie diese können dabei nützlich sein:
- Welchen konkreten Nutzen stiften wir für unser Unternehmen?
- Was muss sich ändern, damit Kunden das Talentprogramm als gelungen ansehen?
- Woran werden wir das erkennen? Welche Indikatoren gibt es?

! **Prototyping**

In diesem Schritt fordern wir die Teilnehmer gerne auf, ihren Wertbeitrag als konkretes Produkt zu entwickeln und ihn zu »bauen«. Dazu wird eine Box vorne mit dem Produktname, einer Grafik und drei Verkaufsargumenten bestückt. Auf der Rückseite befinden sich die Produktbeschreibung, Informationen zur Funktionalität und die Bedienungsanleitung. Wir nutzen dieses Prototyping, um die Teilnehmer noch mehr in die Aktion und Kreativität zu bringen.

Feld 8: Kosten

Hier können wir fragen:

- Wie sieht unsere Argumentation für das Budget aus?
- Welche Kosten werden entstehen und welche Ressourcen und Aktivitäten sind am teuersten?

Feld 9: Nutzen

Folgende Fragen eignen sich:

- Welchen Nutzen stiftet das neue Talent-Management, und zwar für alle Kunden und Stakeholder?
- Wie wird der Nutzen evaluiert und wie sichern wir ab, ob wir noch auf der richtigen Spur sind?
- Welche Key Performance Indicators (KPIs) können wir zur Evaluation einsetzen?

Hinweis !

Wir haben in diesem Kapitel Auszüge aus Fragelisten verwendet und Interaktionen dargestellt, die geeignet sind, um ein Talent-Management-Programm zu entwickeln. Für andere Fälle beziehungsweise andere Geschäftsmodelle sind entsprechend andere Fragen rund um die Kerninhalte der Felder zu entwickeln.

---

3. Unsere Erfahrungen

Das Business-Model-Canvas kann ein guter Schritt sein, um ein neues Konzept, hier das Talentprogramm, zu entwerfen und zu testen. Die Arbeit in Kleingruppen vor den großen Plakaten macht den meisten Teilnehmern viel Freude. Und auch die Ergebnisse, die in einem kreativen Prozess entstehen, bei dem die Canvas als Vorlage dient, können sich sehen lassen. Vorab könnte zum Beispiel mit Lego® Serious Play ® (siehe Story 1) eine Vision oder ein Ziel gebaut werden und im Nachgang lassen sich viele innovative Methoden einsetzen, zum Beispiel können die Personas der künftigen Leader mit dem Persona-Modell (siehe Story 3) kreiert werden.

4. Praxistransfer: Business-Model We bei T&R

Und so findet man sich bei T&R nach dem Go von Re vier Wochen später zu einem Workshop mit Canvas zusammen. Frank Meier kann sich nur für die erste Stunde des Starts beim Canvas-Workshop freimachen und folgt zu Beginn gespannt dem Impulsvortrag von Paul Grün. Es geht um das Kernthema Digital- und Innovationskompetenz, die Rede ist von digitalen Pionieren mit hoher Innovationskompetenz, von digitalen Transformern als Wachstumstreiber und von den Umsetzern für etablierte Geschäftseinheiten. Um 11:00 Uhr verlässt Frank Meier die Veranstaltung. Nun besteht die Gruppe noch aus acht Teilnehmern, darunter drei Personaler, drei Manager und zwei Talente. Der Personalchef geht mit dem guten Gefühl, die richtige Wahl getroffen zu haben.

Die Gruppe startet mit den Feldern 1 bis 3, zunächst werden also die Kunden definiert. Dazu wird der Fragenkatalog des Beraterduos genutzt.

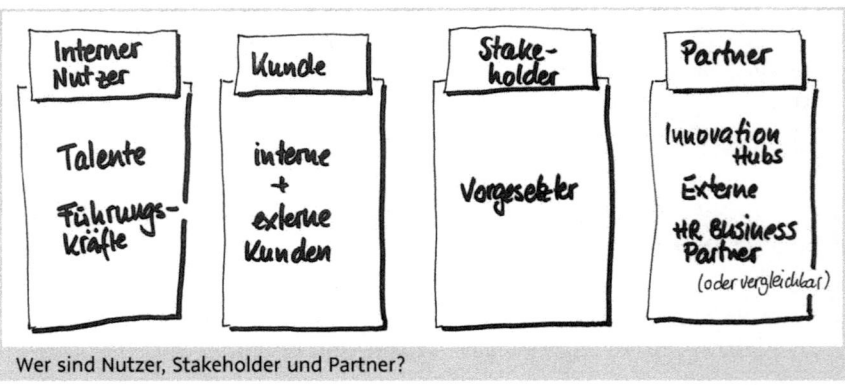

Wer sind Nutzer, Stakeholder und Partner?

Um die Bedürfnisse, Wünsche, Ziele, Erwartungen und Sorgen eines Schlüssel-Stakeholders besser zu verstehen, nutzen die Berater anschließend eine Stakeholder-Map und fokussieren auf den CEO Re. Die Teilnehmer versuchen im ersten Schritt, in seine Rolle zu schlüpfen, und bearbeiten in Zweiergruppen die betreffenden Felder. Am Ende wird diskutiert und evaluiert. Folgende Einträge sind zum CEO als Stakeholder auf der Canvas zu lesen.

Anschließend geht es um den Blickwinkel der Talente und die Teilnehmer befüllen eine neue Canvas mit den Nutzer-Profilen.

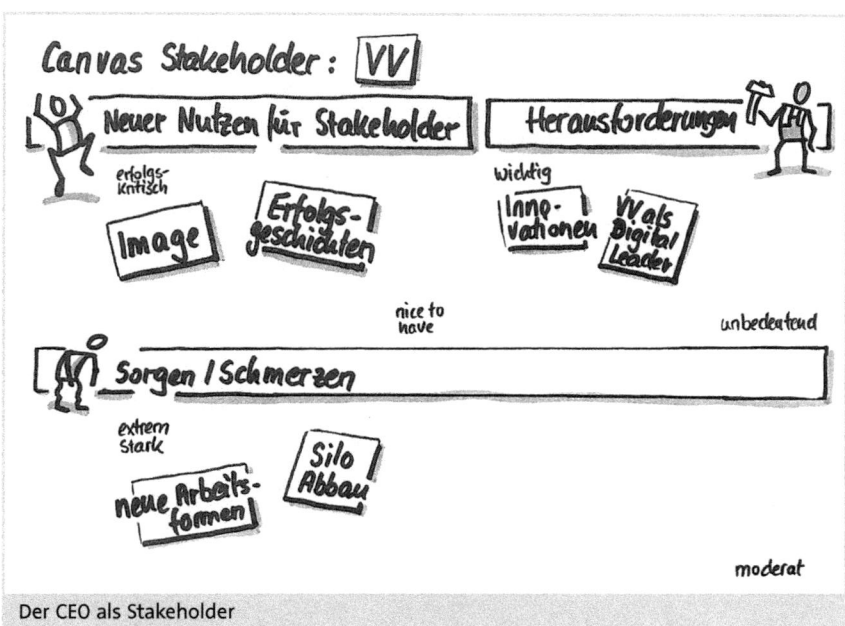

Der CEO als Stakeholder

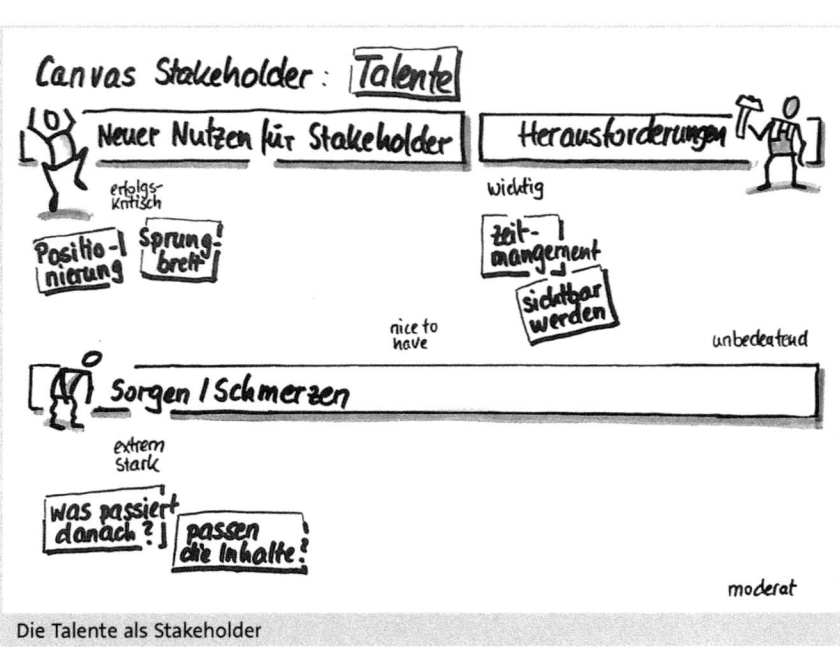

Die Talente als Stakeholder

Ein weiterer Ansatzpunkt an diesem Tag sind die Schlüssel- bzw. Kernaktivitäten. Es geht also weiter mit Feld 5, um die Hintergründe noch besser zu verstehen, bevor Paul Grün und Franzi Engel zusammen mit den Teilnehmern den Wertbeitrag und die Schlüsselpartner betrachten.

Die R&T-Mitarbeiter sind sich einig, dass nur ein gut verzahntes Talent-Management im Unternehmen sinnvoll und erfolgreich sein wird. Sie diskutieren in Gruppen, wie sich ein strategisches Talent-Management in den unterschiedlichen Bereichen Strategie, Auswahl, Entwicklung, Leistung und Bindung umsetzen lässt. Die Frage lautet: Wie bekommen wir die Talente in Zukunft und wie entwickeln wir sie? Wie schaffen wir es, dass sie optimal performen, und wie binden wir sie im Unternehmen? Paul Grün fordert die Teilnehmer auf, zielführende Fragen zu den fünf Bereichen zu formulieren. Dabei kommen größere Haftnotizzettel und drei Metaplanwände mit ihrer Vorder- und Rückseite zum Einsatz. Jedem Bereich wird eine Metaplanwandseite zugeordnet. Die Teilnehmer erarbeiten eine ganze Reihe von Fragen.

- Strategie:
  - Wie kreieren wir ein Talent-Management als Hebel für eine kulturelle Veränderung?
  - Wie erreichen wir eine gute Balance zwischen Old Economy und New Work?
  - Wie können wir für Kompatibilität mit anderen Artefakten sorgen? Auch mit unseren noch eher klassischen Personalinstrumenten?
  - Welche Ausrichtung im Hinblick auf Führungspositionen und Levels brauchen wir in Zukunft? Und welche Personalinstrumente?
  - Ist das Talent-Management am Ende eine verkappte Maßnahme zur Organisationsentwicklung?
  - Wie gestalten wir Nutzen und erfüllen die Erwartungen des Managements?
- Auswahl:
  - Wie kommen die Talente ins Programm?
  - Was ist überhaupt ein Talent?
  - Wer ist in der Lage, ein Talent zu erkennen?
  - Welche Testverfahren nutzen wir?
  - Darf man sich selbst melden? Oder wie läuft die Nominierung?
  - Welche Zielgruppe suchen wir genau? Welche Persona?

- Entwicklung
  - Wie können wir im Programm die Selbstorganisation fördern?
  - Wie schaffen wir es, dass die Talente selbst für das Programm Verant-wortung übernehmen? Und auch für den Erfolg?
  - Inwieweit können wir die Talente temporär aus ihren Einheiten her-ausholen?
- Bindung:
  - Wie lange können wir Talente realistisch binden?
  - Woran erkennen wir, dass unser Talent-Management erfolgreich ist?

Als Schlüsselpartner in Feld 4 werden die Innovations-Hubs, HR, Business-Partner, der Personaleiter und die Glücks-Akademie definiert.

In Feld 6 stehen sich bei den Schlüsselressourcen frühere klassische Class-room-Seminare und das neue innovative Programm gegenüber. Ergänzt werden noch Talent-Maps und Kurzeinsätze der Talente sowie ein soziales Projekt. Gespräche in Konzern- und Ressortrunden sollen genutzt werden, damit Talente überhaupt vom Management gesehen werden.

Besonders wichtig an diesem Tag ist Feld 5, es geht dabei um den Wertbei-trag. Die Teilnehmer formulieren dazu eine kurze Mission: »Zukunftsfitness für Führung 4.0.« Dieses Statement wirkt in drei Richtungen:
1. Auf die Talente selbst im Hinblick auf ihre Vernetzung und ihre Visibility.
2. Auf die Führungskräfte hinsichtlich ihrer Besetzungsoptionen.
3. Auf das Unternehmen an sich als Wertbeitrag für eine erfolgreiche Zu-kunft.

So langsam neigt sich der Tag dem Ende zu. Lilly Hammer findet den Workshop und die Ergebnisse daraus klasse. Sie hat viel über ihr neues Business-Modell gelernt und ist damit dem Ziel, ein Top-Talent-Management-Programm auf-zubauen, einen Schritt näher gekommen. Je zwei Personen zusammen erhiel-ten die Aufgabe, Antworten auf noch offene Fragen zu finden. Zudem ha-ben sich alle am Ende auf einen nächsten Termin für den Persona-Workshop geeinigt. Geplant sind noch weitere Workshops im Anschluss, insbesondere sollen die New Leaders mit ihren Rollen und Kompetenzen angesichts der Di-gitalisierung und Disruption im Bankenbereich in einem Persona-Workshop (siehe Story 3) näher betrachtet werden. Danach wird die Glücks-Akademie auch die Konzeption und Implementierung des Programms begleiten. Das sieht nach einer echten Perspektive aus.

5.   Neugierig? Unsere Literaturtipps

Henry William Chesbrough: Open innovation: The New Imperative For Creating and Profiting From Technology, Boston 2003

Timothy Clark, Alexander Osterwalder: Business Model You: A One-Page Method For Reinventing Your Career, Hoboken 2012

Alexander Osterwalder, Yves Pigneur: Business Model Generation: A Handbook for Visionaries, Game Changers, and Challengers, Hoboken 2010

Story 5: Von der alten in die neue Welt – mit Überzeugung

Das Unternehmen   !

Nemo GmbH, gegründet 1956, 630 Mitarbeiter, Hauptsitz Frankfurt, zwei weitere Produktionsstandorte im Ausland, Produktion von Taschen und Koffern; Leitung HR: Valerie Färber, 39 Jahre, Geschäftsführer Bernhard Meyer, 46 Jahre.

1.   Das Thema: Neuausrichtung aus einer Position der Stärke

»Zum Abschluss unserer Runde habe ich zwei Nachrichten – eine gute und eine weniger gute. Zuerst die gute Nachricht: Noch mal herzlichen Glückwunsch zum Design-Preis 2018, den wir für unseren Weichschalenkoffer Flight erhalten halten. Besonders dir, Timo, will ich danken. Wir spüren, welche Bedeutung die Auszeichnung für uns hat, am wieder steigenden Umsatz – bis jetzt um 15 Prozent – bei Business-Weichschalenkoffern«, begann Bernhard Meyer seine Abschlussansprache zur erweiterten Geschäftsleitungsrunde.

Valerie Färber freute sich für Timo Braunbart, den Leiter der Design- und Entwicklungsabteilung. Dies war nicht der erste Preis, den er und sein Team gewonnen hatten, auch wenn das letzte Mal schon fünf Jahre zurücklag. Timo brauchte dringend Verstärkung für sein Team, sie selbst war als Personalleiterin dabei, hoffentlich bald erfolgreich einen neuen Mitarbeiter einzustellen. Sie schaute sich um und sah in fröhliche Gesichter. Rechts neben ihr saß Timo, dabei waren auch der kaufmännische Leiter Marko Schwand, der Leiter der Produktion Stefan Marder, der Marketingleiter Jochen Sturm und die IT-Leiterin Hanna Grund. Valerie selbst saß neben Bernhard, der das Familienunternehmen seit vier Jahren in dritter Generation leitete.

»Früher brachten uns solche Design-Preise zwar stärkere Umsatzzuwächse, aber der Wettbewerb ist härter geworden. Freuen wir uns also über diese Auszeichnung, die wir für unser Marketing gut gebrauchen können. Lassen sie uns gemeinsam daran arbeiten, die nächsten Innovationen zu entwickeln und unseren Umsatz zu steigern. Denn die weniger gute Nachricht ist, dass der Umsatz bei den Produkten, die sich nicht primär an Business-Reisende richten, um fünf Prozent gesunken ist. Leider wissen wir noch nicht so genau, woran das liegt. Wir haben also noch eine Menge Arbeit vor uns. Vielleicht müssen wir noch innovativer werden. Wenn euch hierzu etwas einfällt: Bei unserem nächsten Treffen schauen wir uns das mal genauer an. Vielen Dank!«, fuhr Bernhard fort.

VUCA und digitale Transformation

Kurz darauf endete die Sitzung, beim Hinausgehen kamen Valerie und Bernhard noch ins Gespräch. »Hast du einen Moment, Valerie?«, fragte Bernhard. Sie nickte und gemeinsam gingen sie in sein Büro.

»Wir sind erfolgreich, keine Frage, obwohl der Umsatz zurückgegangen ist. Aber warum der Rückgang? Das beschäftigt mich sehr. Dahinter steht für mich die Frage, was wir tun müssen, um erfolgreich zu bleiben. Weiter so? Oder ist es an der Zeit, dass wir uns an manchen Stellen verändern? Mich interessiert deine HR-Sicht, denn es wird ja nicht einfacher, gute Bewerber zu finden. Und unsere Mannschaft wird auch nicht jünger. Zudem sprechen alle von der VUCA-World, in der sich die Bedingungen für die Unternehmensführung in alle möglichen Richtungen verändern, und von digitaler Transformation. Das ist ja auch so, aber was bedeutet das eigentlich für uns?«

»Aus HR-Sicht kann ich dir sagen, dass wir tatsächlich wesentlich weniger Bewerbungen erhalten als früher. Es sind immer noch gute Kandidaten dabei und wer sich auf die Welt mittelständischer Unternehmen einlassen will mit den kurzen Wegen und mehr Freiräumen, wird unser Angebot attraktiv finden. Erst letzte Woche hatten Timo und ich ein Gespräch mit einem guten Bewerber. Wir wollen ihm ein Vertragsangebot machen. Und was VUCA für uns konkret bedeutet, weiß ich auch noch nicht so genau. Ja klar, der Begriff sagt es schon: Wir müssen mit mehr Volatilität, Unbeständigkeit, hoher Komplexität und fehlender Klarheit zurechtkommen. Das macht es schwieriger, eine Richtung zu finden. Vielleicht sollten wir dieses Thema zusammen mit der Anforderung ›mehr Innovation‹ mal auf die Agenda für eine der nächsten erweiterten Geschäftsleitungsrunden nehmen?«

»Gute Idee, ich wollte dich ohnehin bitten, mal genauer hinzuschauen. Du als HR kannst ja in alle Bereiche hineinhorchen, wie dort die Meinungen sind. Marko ist mit Zahlen und Verträgen beschäftigt und hat eher keinen Sinn dafür. Überlegst du dir mal ein Grobkonzept, wie wir vorgehen können?«

Die Absage

Etwas nachdenklich ging Valerie in ihr Büro: Na toll, ein Grobkonzept für die GL-Runde zum Thema VUCA und Innovation – als hätte sie den Schreibtisch nicht voll genug. Aber immerhin kannte sie ja über ihr Netzwerk genügend Ansprechpartner, die ihr erste Ideen liefern könnten. An ihrem Schreibtisch angekommen, sah sie, dass eine E-Mail von Alexander Schlatter angekommen war, dem interessanten Bewerber, den sie und Timo letzte Woche im Interview kennengelernt hatten. Leider sagte er ab, für sie war das eine echte Enttäuschung. Sie hatte den Eindruck gehabt, dass Alexander Schlatter sehr gut ins Unternehmen gepasst hätte und sie ihm ein gutes Angebot gemacht hatten. Sie entschied sich dafür, den jungen Mann anzurufen, und hatte auch Glück. Sie erreichte ihn gleich: »Guten Tag, Alexander Schlatter hier.«

»Valerie Färber, Firma Nemo Koffer, ich grüße Sie, Herr Schlatter. Gerade habe ich Ihre Absage gelesen und finde das sehr schade. War Ihnen unser Angebot nicht attraktiv genug? Können wir Sie noch umstimmen mit Nachbesserungen? Oder können Sie mir sagen, wieso Sie uns absagen?«

»Um es auf den Punkt zu bringen: Ich finde Nemo schon sehr interessant. Allerdings war mein Eindruck, dass das Unternehmen in Sachen Produktentwicklung nicht mit modernen Methoden arbeitet und auch nicht die Freiräume bei der Arbeit lässt, die notwendig sind. Ich habe mich für ein anderes Angebot entschieden, dass mir in dieser Hinsicht mehr bietet.«

»Was meinen Sie mit modernen Methoden und Freiräumen?«, fragte Valerie nach.

»Na ja, zum Beispiel wird häufig auf Ansätze wie Design-Thinking gesetzt. Mit dieser Methode lassen sich mit großen Freiräumen sehr gut vernetzt Ideen entwickeln. Ich bin mir nicht sicher, wie gut Herr Braunbart als Führungskraft so etwas zulassen könnte. Mir schien es so, als ob er die Leistungen sehr als sein Verdienst sieht.«

Nach dem Gespräch blieb Valerie sehr nachdenklich zurück, ihr schwirrte der Kopf: Wir haben doch gerade einen Design-Preis gewonnen. Weshalb sollten wir nicht modern arbeiten? Timo hat doch auch sehr große Verdienste. Klar, er lässt sich immer sehr feiern. Wahrscheinlich war insofern die persönliche Passung mit der Führungskraft tatsächlich entscheidend. Aber es geht nicht allein um Timo, Herr Schlatter hatte auch von Design-Thinking gesprochen. Vielleicht hat Bernhard ja recht. Das hat doch auch mit digitaler Transformation und VUCA zu tun, oder? Schade und ärgerlich auf jeden Fall, die Mitarbeitersuche musste trotzdem weitergehen. Schnell informierte Valerie Timo noch über die Absage, stellte ihm einen Termin für eine Rücksprache am übernächsten Tag ein und machte sich dann auf den Heimweg.

Neue Perspektiven 1
Zuhause traf Valerie ihre 18-jährige Tochter Lena. Sie hatten sich am Wochenende kaum gesehen, weil Lena bei dem Projekt »Jugend-Stadt-Gestalter« mitmachte und dafür unterwegs gewesen war. Sie hatte sich mit ihrer Idee, in ihrem Stadtteil einen Lesewettbewerb für Grundschüler zu veranstalten, bei der Stiftung Vielfalt beworben und war in das Projekt aufgenommen worden. Im Rahmen des Projekts wurden die 25 jungen Menschen, die mitmachten, bei der Umsetzung ihrer Vorhaben von Mentoren begleitet und in Seminaren oder Workshops qualifiziert. Am Wochenende hatte der erste Workshop stattgefunden und Valerie war schon neugierig, was ihre Tochter berichten würde. »Mami, das war ein so supercooles Wochenende. Wir haben Design-Thinking gelernt. Wir sind am Samstag raus in die Fußgängerzone, haben Menschen befragt und anschließend die Interviews ausgewertet. Wir sollten verstehen lernen, was unsere ›Kunden‹ wirklich wollen – total nutzerzentriert, so hat es der Referent genannt. Und dann sollten wir eine Persona bauen, also unseren Kunden, für den wir etwas entwickeln wollen.« Die Wörter sprudelten nur so aus Lena heraus. »Macht ihr eigentlich auch so was Cooles in der Arbeit?«, fragte sie noch.

An diesem Abend ging Valerie äußerst nachdenklich schlafen.

Am nächsten Vormittag standen vor allem viele Routinetätigkeiten an, Valerie kümmerte sich um Abrechnungen und zukünftige Stellenausschreibungen. Am Nachmittag fand sie eine Einladung in ihren Mails zu einem Vortrag und Workshop für Personaler mit dem Titel »Vom Dienstleister zum Gestalter – wie wird HR Treiber im Rahmen der digitalen Transformation?«. Die Nachricht hatte ihr ihre Freundin Sandra weitergeleitet, die selbst als Personalleiterin in einem IT-Unternehmen tätig war, und zwar mit dem Kommentar: Vielleicht ist das ja was für Dich – Liebe Grüße von Sandra, versehen mit einem Smiley. Vielleicht ist das ja wirklich was für mich, dachte Valerie und freute sich, als sie feststellte, dass sie den Veranstaltungstermin drei Tage später wahrnehmen konnte.

Old School

»Also ehrlich, ich kann nicht verstehen, dass Herr Schlatter uns abgesagt hat. Aber dann können wir ihn auch nicht gebrauchen. Schließlich hatte er die Chance, an Produkten mitzuwirken, die zukünftig Preise gewinnen«, brummelte Timo im Gespräch mit Valerie. »Und nun lass uns nach vorne schauen.«

Valerie konnte verstehen, dass Timo ein wenig gekränkt war, dies aber nicht zeigen wollte. Er leitete die Abteilung seit 25 Jahren, war ein erfahrener Designer und Produktentwickler alter Schule. »Meine Tochter erzählte mir übrigens, dass sie auch Design-Thinking im Rahmen ihrer Ehrenamtsweiterbildung lernt. Wieso arbeiten wir noch nicht mit solchen Methoden?«, fragte Valerie provokant.

»Weil wir erfolgreich sind und das nicht brauchen. Denk nur an unsere Kofferinnovationen der letzten Jahrzehnte: die Erweiterung auf Polycarbonat-Hartschalenkoffer, die Flüsterrollen und, und, und. Du kennst ja unsere Erfolgsgeschichte.«

»Könnte denn da nicht trotzdem was dran sein? Jetzt bin ich schon zweimal auf diese Methode gestoßen worden, sogar meine Tochter hat sich damit beschäftigt. Meine Sorge aus HR-Sicht ist einfach, dass wir weniger attraktiv für bestimmte Bewerber sind und die Suche schwieriger wird, wenn wir nicht etwas verändern«, erklärte Valerie.

»Jetzt lass uns erst mal die weiteren Bewerber sichten. Ich bin zuversichtlich, dass wir einen guten Mitarbeiter finden werden. Wie sieht es mit diesem Kandidaten aus? Sollten wir den einladen?«, lenkte Timo das Gespräch wieder zurück zum eigentlichen Thema der Besprechung.

HR als Treiber der digitalen Transformation

Die Veranstaltung war vorbei, voller Elan ging Valerie nach Hause. Der Vortrag und auch der Workshop waren sehr inspirierend gewesen. Zuerst hatte die Beraterin Franzi Engel einen kurzen Vortrag zum Thema HR als Treiber der digitalen Transformation gehalten. Angesichts der letzten Erlebnisse bei Nemo konnte Valerie die Aussagen zur Generation Y gut einordnen. Bewerber wie Alexander Schlatter wollten mehr Gestaltungsspielräume in der Arbeitswelt. Vieles, was die vorhergehende Generation noch blind schluckte, wird von den Angehörigen der Generation Y weder gewollt noch akzeptiert. Aufgrund ihrer Sozialisierung wollen sie selbstbewusst und eigenständig mitmachen, und das unabhängig von Hierarchien und Lebenserfahrung.

Bei Nemo gab es zwar flache Hierarchien, aber die Führungskräfte waren ihrem Selbstverständnis nach noch keine »digital Leader«, wie Franzi Engel moderne Führungskräfte genannt hatte. Valerie fand, dass sie sich etwas einfallen lassen musste, um die Führungsmannschaft bei Nemo nach vorne zu bringen. Aber noch spannender war der Workshop gewesen, als der Berater Paul Grün Design-Thinking vorgestellt hatte, damit sich die anwesenden HRler ein Bild von dieser »modernen« Methode machen konnten. Drei wichtige Prinzipien hatte Valerie mitgenommen: Nutzerzentrierung als Ausgangspunkt, dann folgen Wirtschaftlichkeit und technische Machbarkeit. Vorgestellt wurde eine Methode, die auf Multidisziplinarität anstelle von Spezialistentum setzt und auf ein iteratives Vorgehen mit Prototypen, bei dem Fehler akzeptiert werden, um voranzukommen. Sie war inspiriert nach diesem Tag und ihr gingen viele neue Möglichkeiten durch den Kopf. Zuhause setzte sie sich erst einmal hin und notierte sich alles, was ihr in den Sinn kam und wichtig erschien. Zudem hatte sie eine erste Idee, wie ihr Konzept für Bernhard aussehen könnte. Sie blieb dran.

Neue Perspektiven 2

Ein paar Tage später, es war an einem Montag, kam Timo spontan in Valeries Büro: »Ehrlich, ich bin ein wenig gefrustet. Am Wochenende habe ich mit meinem 14-jährigen Sohn über die in drei Wochen anstehende Klassenfahrt gesprochen. Ich habe ihm für sein Gepäck unseren neuen Design-Preis-prämierten Koffer angeboten. Er wollte ihn nicht, findet ihn total spießig und unmodern. Dann zeigte er mir eine Kofferwerbung in seinem sozialen Netzwerk und meinte, er wolle einen smarten Koffer mit integrierter Powerbank. Solche Koffer kannst du gar nicht im Laden kaufen wie unsere, sondern nur im Direktvertrieb. Wenn alle unsere zukünftigen Kunden so denken wie mein Sohn – also, darauf sind wir noch nicht vorbereitet. Unglaublich. Und unseren Design-Koffer findet er spießig. Ich würde jetzt doch gerne mal mehr über das Thema Design-Thinking hören, anscheinend müssen wir umdenken. Es geht ja nicht nur um unsere Produkte, sondern auch um die Vermarktung oder das Marketing. Lass uns auch mit Jochen reden.«

»Gute Idee. Und meiner Meinung nach sollten wir auch unsere IT-Leiterin Hanna einbeziehen. Irgendwie sagt mir mein Gefühl, sie sollte mit dabei sein«, ergänzte Valerie.

Geteilte Meinungen

Und so organisierte Valerie das Treffen. Jochen und Hanna waren ein wenig verwundert, als sie feststellten, dass keine HR-Themen anstanden, hatten sie den HR-Bereich doch bisher hauptsächlich als Dienstleister erlebt. Aber dieses Mal ging es um mehr. Valerie und Timo erzählten von der Absage des interessanten Kandidaten und von ihren privaten Erlebnissen mit ihren Kindern. »Und was erwartet ihr von uns?«, fragte Hanna, die Themen gerne tiefer verstehen wollte, bevor sie sich äußerte.

»Nun, wir fragen uns, ob wir uns nicht mal mit neuen Methoden beschäftigen sollten, beispielsweise mit Design-Thinking. Jochen, deinen Bereich Marketing betreffen die Veränderungen in der Arbeitswelt doch auch. Zum Beispiel, wenn andere Hersteller am Markt auftauchen, die vor drei Jahren noch keine Konkurrenz für uns waren und mit ihren Marketing-Strategien in Social-Media, Apps und Internetvertrieb recht erfolgreich sind. Hanna, dich könnte es betreffen, da alle von agilen Methoden sprechen und diese ja auch in der IT angewendet werden. Wir wollen mit euch sprechen, weil uns die Frage beschäftigt, ob wir uns zu sehr auf unserem Erfolg ausruhen und wichtige Entwicklungen verschlafen.«

»Also meiner Meinung nach sind wir gut aufgestellt. Unser Vertrieb im Handel läuft sehr gut. Wir haben kleine konstante Zuwächse. Ich sehe da keinen Handlungsbedarf«, reagierte Jochen ein wenig heftig.

»Sagte der Nokia-Manager, als das iPhone eingeführt wurde«, antwortete Valerie lächelnd. »Du kennst doch die Geschichte. Also lass uns überlegen, damit wir nicht Nokia werden.«

»Du hast recht«, stimmte Hanna Grund ihr zu. »Unsere IT ist sehr konventionell aufgestellt, wir sorgen dafür, dass der Laden läuft. Mit Produktentwicklung oder Programmierung in größerem Stil haben wir bislang aber nichts zu tun. Seit ich gelesen haben, dass das größte Buchungsportal für Übernachtungen kein einziges Zimmer besitzt und trotzdem über 150 Millionen Übernachtungen organisiert – übrigens arbeitet es auch mit Design-Thinking –, frage ich mich, was das für andere Branchen bedeutet und ob wir auch so etwas nutzen sollten. Ich wäre dabei. Was konkret stellst du dir vor?«

»Ich habe mich in der letzten Zeit etwas mehr mit Design-Thinking beschäftigt, war auch bei einem Vortrag und habe dort einen Berater kennengelernt. Meine Idee wäre, ihn zu einem ersten Termin einzuladen, um herauszufinden, was eine Neuorientierung in diese Richtung für uns bedeuten könnte.« In Gedanken fügte sie hinzu, dass sie Paul Grün bei Bedarf auch in die erweiterte Geschäftsleitungsrunde einladen könnte.

»Macht ihr mal, ich habe so viel zu tun. Ich bleibe im Moment außen vor«, meinte Jochen, der eher keinen Handlungsbedarf sah.

Erster Kontakt mit Design-Thinking
Valerie hatte Feuer gefangen. Sie fühlte sich wohl dabei, auch außerhalb der üblichen HR-Aufgabengebiete zu agieren. Und sie musste immer wieder an den Vortrag »HR als Treiber« denken. So organisierte sie für die übernächste Woche gleich einen Termin mit dem Berater Paul Grün, Hanna und Timo. Nachdem ihr Paul Grün am Telefon gesagt hatte, dass er bei dem Treffen mit einem Learning-by-doing-Ansatz arbeiten würde und eine gerade Teilnehmerzahl ideal wäre, nahm sie nochmals Kontakt mit Jochen auf. Mit viel Charme konnte sie ihn dazu bringen mitzumachen, der Termin sollte am späten Nachmittag stattfinden. Vielleicht überzeugte ihn auch der Hinweis, dass sie sich in Bernhards Auftrag mit diesen Themen beschäftigte und ihr seine Perspektive als Kaufmann und Meister der Zahlen wichtig sei.

Als dann am besagten Tag alle zusammensaßen, präsentierte Paul Grün Anwendungsbeispiele von Design-Thinking aus verschiedenen Unternehmen. Da er wusste, dass Valerie aus der HR-Abteilung kam, schilderte er darüber hinaus ein Beispiel, das zeigte, wie der Persona-Ansatz fürs Recruiting genutzt werden kann. Doch Paul Grün war klar, dass am überzeugendsten nicht das Präsentieren, sondern das Erleben sein würde. Deshalb hatte er sich dafür entschieden, einen Anwendungsfall mitzubringen. »Wir haben eineinhalb Stunden. Gerne würde ich Sie in dieser Zeit Design-Thinking in Ansätzen erleben lassen. Ich habe für Sie ein Beispiel aus der Produktentwicklung mitgebracht. Sind Sie dabei?«

Nachdem alle zugestimmt hatten, teilte er Arbeitsblätter aus und erklärte die Aufgabe: »Bitte machen Sie sich Gedanken über die ideale Geldbörse. Sie haben vier Minuten Zeit.«

Die Anwesenden legten los, sie skizzierten und beschrieben ihre Idee.

»Führen Sie jetzt ein Interview mit einem aus der Runde und finden Sie heraus, welche Bedürfnisse Ihr Gegenüber in Sachen Geldbörse hat. Fragen Sie im Detail nach. Entdecken Sie Emotionen. Sie haben dafür zwei mal sieben Minuten Zeit. Hier ist das Arbeitsblatt dazu.«

Paul Grün teilte ein Arbeitsblatt mit dem Auftrag und den Beispielfragen aus. Schon bald waren die vier in ihre Interviews vertieft. Nach Ablauf der Zeit teilte der Berater das nächste Arbeitsblatt aus. »Sie haben soeben viel erfahren. Jetzt ist es an der Zeit, die gewonnenen Informationen zu verdichten. Sie haben dafür sieben Minuten.«

Valerie fand auf dem Arbeitsblatt besonders inspirierend und zugleich fordernd-verwirrend den Satz: Die ideale Geldbörse von … ist wie … Sie dachte: In der Regel gehe ich die Dinge sehr gradlinig an, jetzt werde ich aufgefordert, um die Ecke zu denken und nach Vergleichen zu suchen. Sie merkte, dass dies für sie ungewohnt war.

Und schon leitete Paul Grün den nächsten Schritt an: »Sie haben acht Minuten Zeit für ein Brainstorming. Hier ist das nächste Arbeitsblatt.«

Alle vier saßen konzentriert da, Timo und Jochen fühlten sich in solchen Kreativitätsprozessen wohl und zuhause. Vor dem nächsten Schritt stellte Paul Grün eine Kiste mit Stiften, Scheren, Kleber und Papier, Karten und vielen weiteren Materialien auf den Tisch und erklärte, was nun anstand: »Bitte bauen Sie einen Prototyp, der eine Ihrer Ideen darstellt. Er darf so einfach wie möglich sein, sollte aber zentrale Aspekte transportieren. Hier ist Ihr Arbeitsauftrag. Sie haben 15 Minuten Zeit.«

Nach und nach entstanden sehr verschiedene Modelle idealer Geldbörsen. Humorvolle Kommentare waren zu hören. »So und jetzt ... testen Sie Ihr Modell. Stellen Sie Ihrem Kunden Ihr Modell vor und lassen Sie sich Feedback geben. Sie haben zwei mal fünf Minuten dafür.«

Valerie musste an ihre Tochter denken und daran, dass sie ihr heute Abend von ihrer ersten Design-Thinking-Erfahrung berichten konnte. Sie fühlte sich so richtig up to date.

Nachdem alle ihr Feedback eingeholt hatten, stellten sie ihre Modelle und das Feedback der »Kunden« in der Runde kurz vor. Dabei merkten sie, dass sie trotz genauer Nachfragen auch mal total danebengelegen oder nur zum Teil die Vorstellung ihrer Kunden getroffen hatten. Paul Grün fasste zusammen: »Sie haben soeben den gesamten Design-Thinking-Prozess durchlaufen und seine wesentlichen Prinzipien kennengelernt: sehr hohe Nutzerzentrierung, unterschiedliche Menschen beteiligen, Prototypen, also Modelle bauen und Feedback einholen, um zu lernen. Wie war das?«

»Ehrlich gesagt, ich war schon ein wenig stolz auf meine Idee, aber Jochen fand sie gar nicht so gut. Das hat mich schon ein wenig enttäuscht«, sagte Valerie.

»Wichtiger Aspekt, damit kommen wir zu einem weiteren Prinzip: Fail early, fail cheap. Stellen Sie sich vor, Sie hätten noch mehr Zeit und Geld in Ihre Idee investiert – und am Ende kommt Sie nicht gut an. Also lieber früher, aber dafür günstiger scheitern«, erklärte Paul Grün.

»Das ist uns auch schon passiert«, sagte Timo. »Erinnert Ihr euch noch an die Reisetasche Doc? Wir waren überzeugt, so ein Klassiker geht. Wir mussten dann feststellen, dass heutzutage die wenigsten Lust haben, eine schwere Tasche mit sich herumzutragen. Und du, Jochen, hattest dir auch ein gutes Marketingkonzept ausgedacht. Aber das hat auch nichts geholfen.«

»Stimmt, wenn wir früher darauf gekommen wären, hätten wir Zeit und Geld sparen können«, meinte Jochen.

»Wie denken Sie jetzt über Design-Thinking und die Möglichkeiten in Ihrem Unternehmen?«, fragte Paul Grün in die Runde.

»Also ich sehe durchaus gute Ansätze bei mir in der Design- und Produktentwicklung. Wie sieht es bei euch aus?«, fragte Timo.

»Aus HR-Sicht werden wir attraktiv für Bewerber. Und können anscheinend zusätzlich das Persona-Modell für uns nutzen. Ich bin dabei«, meinte Valerie.

Jochens Fazit lautete: »Na ja, das könnte schon interessant sein.«

Hanna war noch in Gedanken versunken. Sie war sich nicht ganz sicher, stimmte aber zu, dass die Methode für Nemo insgesamt spannend und erfolgversprechend sein könnte.

Als Valerie zurück in ihr Büro ging, fiel ihr Blick auf die Mission und Vision der Nemo GmbH:

»Wir sind seit 1965 ein unabhängiges, inhabergeführtes Mittelstandsunternehmen und entwickeln, produzieren und vertreiben innovative Lösungen für Reisegepäck.

Durch gelebte Kundenorientierung sowie konsequente Marktbearbeitung und stetige Innovationen erreichen wir ein qualitatives und kontinuierliches Wachstum und sichern so den Erhalt des Unternehmens und der Arbeitsplätze.«

Das ist ja großartig, dachte sie, da habe ich doch einen weiteren wunderbaren Anknüpfungspunkt für mein noch ausstehendes Gespräch mit Bernhard.

Ein Konzept gewinnt Konturen
»Bernhard, ich habe jetzt ein Grobkonzept.« Valerie hatte ihren Entwurf im Vorfeld einige Male mit Paul Grün besprochen und sie hatten gemeinsam ein paar Vorschläge entwickelt, wie die Vorhaben eventuell umgesetzt werden

könnten. »Zu deiner Idee, uns in der nächsten erweiterten GL-Runde mit dem Thema VUCA und Innovation zu beschäftigen, habe ich einen Vorschlag: Lass uns auch gleich das Thema Design-Thinking auf die Agenda nehmen. Wir haben Folgendes angedacht: ...«

Kurz und knapp berichtete sie von den Erfahrungen im Mini-Workshop mit Paul Grün, wer von den Kollegen dabei gewesen war, der Absage von Alexander Schlatter und dem Beraterteam Paul Grün und Franzi Engel.

»Okay, da hast du dir ja wirklich eine Menge Gedanken gemacht. Wie konkret stellst du dir das vor?«, fragte Bernhard interessiert nach.

»Ziel ist es, im Workshop mit der Geschäftsleitung herauszufinden, inwieweit Design-Thinking ein Thema für uns im Unternehmen sein kann. Und wenn ja, für welche Bereiche.« Valerie war gespannt, wie Bernhard auf diese Aussage reagieren würde, ihm ging es nach den letzten Gesprächen ja vor allem um Innovationen im Produktbereich.

»Du bist also der Meinung, Design-Thinking können wir nicht nur für Produkte und Service-Innovationen nutzen?«

»Das ist richtig. Dein Auftrag an mich war es, dass ich mir ein Konzept überlege. Ja, und dann habe ich kürzlich wieder unsere Mission und Vision gelesen, die sich schon auf Produktinnovationen und Kundenorientierung konzentrieren. Aber vor allem geht es doch darum, das Unternehmen zu erhalten und die Arbeitsplätze zu sichern. Vielleicht müssen wir einfach weiterdenken. Auch der Personalbereich könnte von Design-Thinking profitieren – nach dem Prinzip der Methode, neue Ideen erst auszuprobieren und dann die Ergebnisse zu prüfen«, erklärte Valerie.

»Gut, dann erklär mir bitte in groben Zügen, wie der Tag ablaufen soll. Vielleicht ist dies ein interessanter Weg. Ach, und ich will vorab unbedingt die Berater kennenlernen.«

Nachdem Valerie Bernhard einen Überblick über den Workshop-Tag gegeben hatte, ging sie beschwingt zurück in ihr Büro. Jetzt mussten nur noch die Berater überzeugen und dann konnte es losgehen.

2. Let's change: Theorie, Methodik und Didaktik

Erfahren Sie nun mehr darüber, was Design-Thinking ist und wie es funktioniert.

2.1 Was ist Design-Thinking?

»Design thinking is a human-centered approach to innovation that draws from the designer's toolkit to integrate the needs of people, the possibilities of technology, and the requirements for business success« (Tim Brown, englischer Industriedesigner und CEO at IDEO). Das bedeutet: Diese Methode ist ein systematischer Ansatz, der zu Lösungen für komplexe Probleme und zur Entwicklung neuer Ideen führen soll. Ziel ist es, Lösungen zu finden, die aus Nutzersicht überzeugend sind. Design-Thinker schauen also durch dessen Brille auf die Situation und begeben sich damit in die Rolle des Anwenders, um neue Ideen zu initiieren. In diesem Prozess kommt eine Vielzahl unterschiedlicher, teilweise auch bekannter Methoden zum Einsatz. Die Methode Design-Thinking wurde von David Kelley, Terry Winograd und Larry Leifer entwickelt und geprägt.

Design-Thinking ist mehr als eine Innovationsmethode. Es lässt sich darüber hinaus als Mindset beschreiben, das drei Elemente umfasst: Team, Raum und Prozess.

Das Design-Thinking-Team
Gefragt ist ein möglichst interdisziplinäres, hierarchiebefreites Team aus über den Tellerrand hinaus denkenden, empathischen Menschen. Die Teams wenden spezielle Tools an und entwickeln Rituale, die eine effiziente Zusammenarbeit sicherstellen sollen, zum Beispiel:

- Timeboxing: durch striktes Zeitmanagement schnell zu Ergebnissen kommen.
- Check-in: regelmäßiger Austausch (inhaltlich und persönlich, um Probleme im Team schnell anzugehen).
- Voting: mit Abstimmungen schnell entscheiden.

Der Design-Thinking-Raum

Ein Kreativraum, der konzentriertes Arbeiten, den Austausch untereinander und die visuelle Kommunikation im Team unterstützt, wird benötigt. In der Regel ist er mit flexiblem Mobiliar ausgestattet und es stehen Materialien zur Visualisierung (Haftnotizzettel, Whiteboards, Metaplanwände, Flipcharts, Stifte) zur Verfügung.

Design-Thinking-Prozess

Der Prozess verläuft in einem immer wiederkehrenden Rhythmus zwischen Sich-Öffnen und Wieder-Verdichten. Dabei sind immer die Informationen, die über oder von der Zielgruppe gewonnen werden, entscheidend.

Design-Thinker stellen dem Nutzer Fragen oder betrachten gegebenenfalls seine Abläufe und Verhaltensweisen. Prototypen dienen dazu, Lösungen und Ideen möglichst früh sichtbar und kommunizierbar zu machen, damit potenzielle Nutzer sie – noch lange vor der Fertigstellung oder Markteinführung eines Produkts – testen und ein Feedback dazu abgeben können. Ziel dieses Vorgehens ist es, schneller praxisnahe Ergebnisse zu entwickeln.

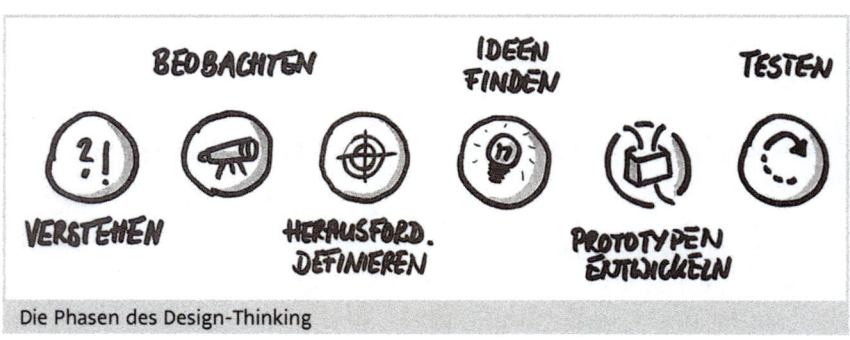

Die Phasen des Design-Thinking

Design-Thinking-Prinzipien

Einige ausgewählte Prinzipien geben einen Einblick in die Methode und das Mindset:

- Prinzip Humanzentrierung oder Nutzerzentrierung: Der Mensch im Mittelpunkt oder »Der Köder muss dem Fisch schmecken und nicht dem Angler«.

- Prinzip »Prototyping« oder »make to think«: Entscheidungsfindung durch Tests. Es geht darum, so schnell wie möglich eine Idee so einfach wie möglich erlebbar zu machen. Dazu können vielfältige Materialien und Vorgehensweisen genutzt werden.
- Prinzip »fail early, fail cheap«: Systematische Umsetzung der Zehner-Regel, damit eine nicht sinnvolle Idee möglich früh scheitert, um dann daraus zu lernen (die Kosten, die eine »falsche Lösung« verursacht, steigen mit jedem Schritt um den Faktor 10: Entwicklung Faktor 1, umfangreiche Markttests Faktor 10, nach Einführung Faktor 100 etc.).
- Prinzip »Aus den Fehlern lernen«: Eine Fehlerkultur zu haben bedeutet, Fehler als Feedbacks zu betrachten, die wertvolle Informationen enthalten.
- Prinzip »Kill your own baby«: Gefordert ist die Bereitschaft, sich von einer »liebgewonnenen« Idee zu trennen.
- Prinzip »Visualisierung«. Alles wird notiert, geskribbelt, skizziert, um es für den aktuellen Arbeitsprozess sichtbar zu machen.

2.2 Leitfaden: Implementierung des Design-Thinking

Set-up für das Design-Thinking

Da wir in unserem Fallbeispiel nicht ein Workshop-Design, sondern einen Veränderungsansatz für eine Organisation beschreiben, verweisen wir hier auf die Kurzbeschreibung des Design-Thinking-Raums.

Step 1: Workshop mit der Geschäftsleitung

In diesem Workshop soll die Geschäftsleitung Design-Thinking erleben, gleichzeitig werden Bereiche oder Themenfelder identifiziert, in denen Design-Thinking zukünftig einen wertvollen Beitrag leisten kann. Die Leitfrage dazu lautet: In welchen Bereichen kann Design-Thinking bei uns im Unternehmen zukünftig einen wertvollen Beitrag leisten? Für diesen Workshop wird ein Tag eingeplant.

Die folgende Abbildung zeigt die typischerweise eingesetzten Design-Thinking-Instrumente für die Phase Research im Gesamtprozess.

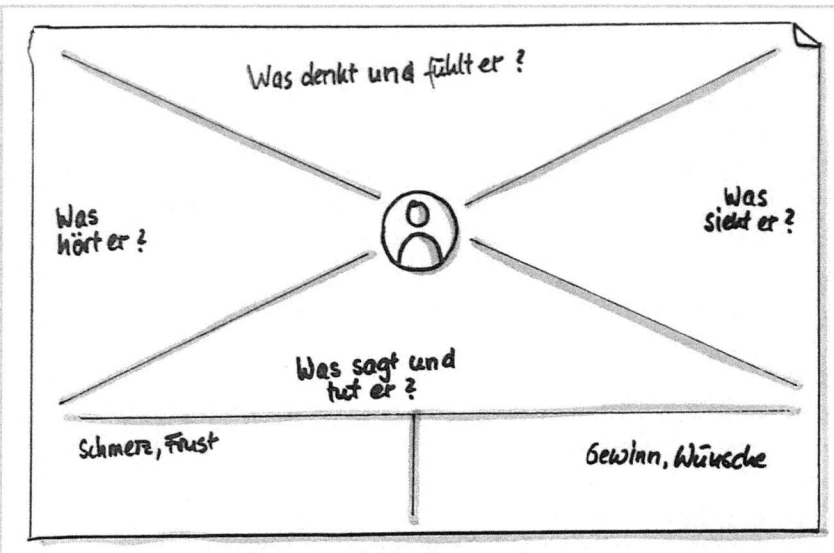

Vorlage für eine Empathy-Map

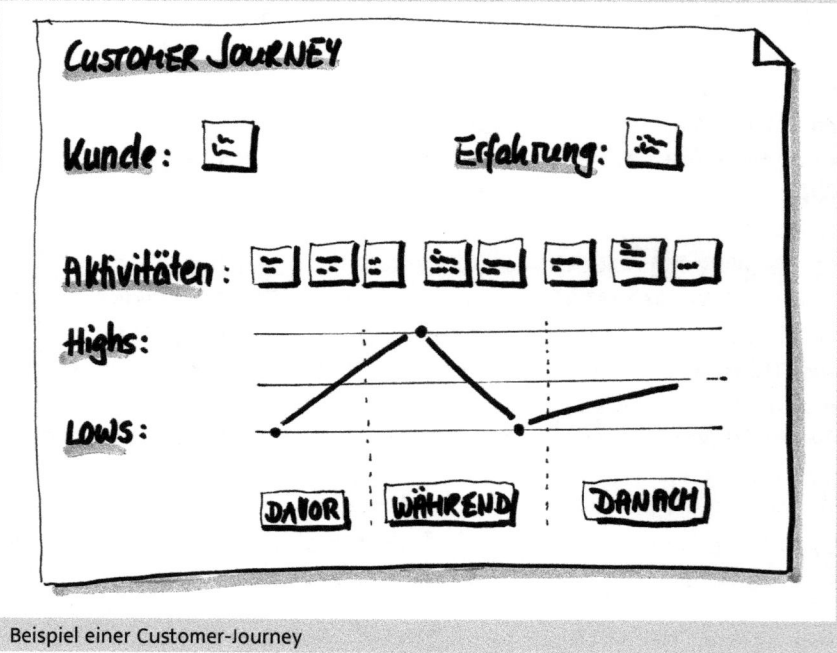

Beispiel einer Customer-Journey

Step 2: Konzept-Workshop

Bei diesem Treffen besprechen wir mit dem Management und wichtigen Stakeholdern die gesamte Organisationsentwicklungs- und Qualifizierungsmaßnahme, um sie optimal auf die Bedürfnisse des Kunden abzustimmen. Gleichzeitig dient sie dazu, den »Hebel« für eine erfolgreiche Einführung (Ziele, Wirkfaktoren zur Erreichung) zu identifizieren sowie die inhaltlichen Grundlagen für die geplanten Trainings zu planen. Die Leitfrage hier lautet: Wie bereiten wir den Design-Thinkern die förderlichsten Voraussetzungen für ihr Training und ihre zukünftigen Projekte? Auch hierfür wird ein Tag angesetzt.

Step 3: Design-Thinking-Camp

Diese Veranstaltung ist das emotionale Startsignal für die Design-Thinking-Aktivitäten beim Auftraggeber. Zunächst spricht die Geschäftsführung über den Sinn und Zweck der Veranstaltung. Dann erklären die Berater den Mitarbeitern den anstehenden Veränderungsprozess und grundlegende Ideen und Prinzipien in einem Einführungsvortrag. In einer anschließenden Speed-Challenge erfahren und erleben die Anwesenden konkret, was Design-Thinking ist. Die Leitfrage hierzu lautet: Wie werden wir alle zu begeisterten Design-Thinkern?

Wenn dieser Schritt gegangen wurde, haben die Teilnehmer

- erste Eindrücke gewonnen, was Design-Thinking ist.
- erste praktische, erlebnisorientierte Erfahrungen im Team gemacht.
- einen Überblick gewonnen, welche weiteren Aktivitäten bei Nemo geplant sind und wie sie gegebenenfalls mitmachen können,
- einen aktivierenden Startimpuls für die Learning-Journey erlebt.

Für das Camp wird ein halber Tag eingeplant.

Step 4: Design-Thinking-Basics (Dreitagesseminar)

In diesem Basistraining lernen die Teilnehmer die grundlegenden Prinzipien, das Mindset, den Prozess und wesentliche Methoden des Design-Thinking kennen. Anhand eines Praxisprojekts gehen wir gemeinsam durch alle Phasen einmal durch. So machen die Teilnehmer erste Erfahrungen in der Anwendung. Die Leitfrage hier lautet: Wie lerne ich Design-Thinking so, dass ich es ab sofort bei meiner Arbeit einsetzen kann?

Wenn dieser Schritt gegangen wurde, haben die Teilnehmer
- verstanden, was Design-Thinking ist und welchen Nutzen es hat.
- die nutzerzentrierte Denkweise für sich verinnerlicht.
- im Team ein exemplarisches Design-Thinking-Projekt realisiert.
- Prinzipien und Methoden geübt.

Step 5: Design-Thinking-Advanced-Training (Dreitagesseminar)
Im Workshop für Fortgeschrittene werden entlang einer exemplarischen Design-Challenge wichtige Methoden für jede Phase des Design-Thinking-Prozesses vermittelt. Außerdem lernen die Teilnehmer, nach welchen Kriterien sie ihren Methodenschatz eigenständig erweitern können. Die Leitfrage ist hier: Wie entwickle ich meine Design-Thinking-Skills selbst weiter und stelle mir einen Methodenkoffer zusammen?

Mit diesem Schritt soll Folgendes erreicht werden: Die Teilnehmer
- wenden sicher und bewusst Design-Thinking-Arbeitsweisen und Prinzipien an.
- wissen, wie sie im Team an die Entwicklung von Produkten und Services mit Design-Thinking herangehen können.
- wissen, welche Voraussetzungen in Projekten für die gelungene Anwendung wichtig sind.
- haben alle Schritte des Prozesses ein weiteres Mal an einem Praxisprojekt im Team geübt.
- haben die Methoden für jede Phase des Prozesses vertieft und ihren Methodenkoffer erweitert.
- gewinnen durch die methodische Reflexion Erkenntnisse, wie sie ihren Methodenkoffer zukünftig selbst erweitern können.

! **Hinweis: Transfer-Coaching und Team-Supervision**
Begleitend zum Prozess können Transfer-Coaching und Team-Supervision eingesetzt werden. Damit werden die Lernenden in der praktischen Anwendung und Umsetzung von Design-Thinking unterstützt, um einen schnelleren Transfer sicherzustellen.

3. Unsere Erfahrungen

Alles in allem stellt die Implementierung von Design-Thinking auf Organisationsebene eine echte Herausforderung dar.

Ein wesentliches Learning für die Mitarbeiter ist die Anwendung der Methoden in der Praxis. In den Workshops bekommen die Teilnehmer Handlungsrichtlinien an die Hand. Die Fähigkeit, dieses Wissen richtig und gut umzusetzen, entwickelt sich jedoch erst durch die praktische Anwendung. Daher sind die begleitenden Maßnahmen Transfer-Coaching und Team-Supervision zentrale Hebel für die erfolgreiche Umsetzung. Spannende Einblicke hierzu sind in Story 6 nachzulesen.

Noch eine Anmerkung zu der Art und Weise, wie sich Unternehmen mit Design-Thinking beschäftigen. Im Mittelstand wird eher der Weg einer Integration gewählt oder die Arbeit findet in Form von U-Boot-Projekten statt (siehe Story 6), während Großunternehmen mit ihren finanziellen Möglichkeiten eher Acceleratoren hinzuziehen.

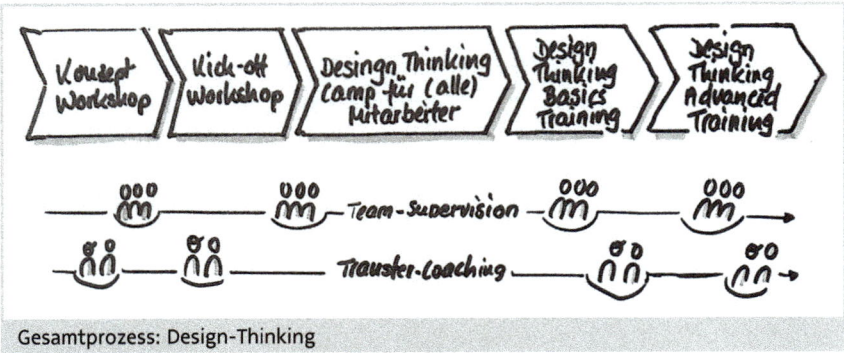

Gesamtprozess: Design-Thinking

4. Praxistransfer: Design-Thinking bei Nemo

Step 1: Workshop mit der (erweiterten) Geschäftsleitung
Valerie ist ein wenig aufgeregt. Nachdem Paul Grün und Franzi Engel auch Bernhard überzeugt hatten, bereitete sie mit den beiden Beratern den Work-

shop vor. Die Veranstaltung heute ist ihr Baby, auch wenn sie die Durchführung nicht zu verantworten hat.

Franzi Engel startet mit einem 40-minütigen Vortrag, in dem sie die wesentlichen Prinzipien des Design-Thinking vorstellt und über Anwendungsbeispiele aus verschiedenen Branchen zur Produkt- und Serviceorientierung, aber auch zu Prozessen spricht. Damit die erweiterte Geschäftsleitung konkret erlebt, was Design-Thinking bedeutet, haben Valerie und die zwei Berater geplant, dass sich die Anwesenden in diesem Workshop mit der Challenge beschäftigen, Potenzial für Veränderungen und Innovationen bei Nemo zu identifizieren.

Mit einem kreativen Verfahren starten sie, um mögliche Anwendungsfelder für Design-Thinking im eigenen Unternehmen aufzufinden. Sie arbeiten in drei Kleingruppen und haben nach drei Kreativrunden mit leicht veränderten Fragestellungen mehrere Bereiche festgelegt. Valerie ist neugierig, ob sich Design-Thinking auch für Personalthemen eignet, und hat die Felder Recruiting und Personalentwicklung notiert. Auf der Liste stehen natürlich auch Themen aus der Produkt- und Serviceentwicklung.

Dieses Feld wird für die weitere Arbeit im Workshop ausgewählt, da dort die größten Hebel für Innovationen vermutet werden. Paul Grün erklärt, dass es jetzt, in der Phase Research, darum geht, sich dem Kunden anzunähern und durch dessen Brille zu schauen. Anhand einer verkürzten Customer-Journey-Map und dem damit verbundenen Perspektivwechsel sollen die Anwesenden alle Punkte identifizieren, an denen der Kunde direkten Kontakt mit Nemo hat. Dabei stellen sie sich vor, was er dabei erlebt und welche Gefühlslagen er durchmacht. Sie einigen sich darauf, dem Wunsch von Jochen nachzugeben, der diese Journey aus Sicht des Endkunden und nicht des Handels betrachten will. Als Hilfsmittel genutzt werden zusätzlich Prospekte und Broschüren.

»Müssen wir denn immer alles gleich aufschreiben?«, fragt Marko.

»Unbedingt, das Visualisieren ist ein wichtiges Prinzip bei dieser Art zu arbeiten«, antwortet Franzi Engel.

»Gar nicht so leicht, gleich daran zu denken, alles festzuhalten«, meint auch Bernhard. »Wir sind es gewohnt, erst einmal zu diskutieren, und dann die Ergebnisse zu dokumentieren. Aber wir wollen ja etwas Neues kennenlernen und ausprobieren.«

In einem Brainstorming sammeln sie dann mögliche Kunden. Der Geschäftsreisende, notiert Marco. Timo ergänzt: Der Berufseinsteiger, der im neuen Job mehr mit Zug und Flugzeug verreisen muss, und der Handelsvertreter, der mehrere Tage unterwegs ist. Stefan schreibt: Meine Großeltern gehen gerne auf Reisen, also Rentner. Der Fokus richtet sich letztlich auf den Berufsanfänger. Timo meint dazu nur: »Nach der Erfahrung mit meinem Sohn würde ich gerne die junge Generation näher betrachten.«

Als Nächstes beginnen die Nemo-Mitarbeiter, eine Empathy-Map für den Berufseinsteiger zu konstruieren. Hanna berichtet: »Ich bin doch kürzlich zu der IT-Veranstaltung nach München geflogen. Neben mir standen beim Sicherheitscheck junge Menschen, die die ganze Zeit ihr Handy in der Hand hielten und sich beim Warten über die fehlenden Lademöglichkeiten beschwerten.«

In der Empathy-Map zum Berufseinsteiger wird dokumentiert: hohe Handynutzungsrate auch am Flughafen beim Warten auf das Einchecken oder beim Security-Check. Als »Pain« oder Frustquelle benennen sie die Akkulaufzeit oder fehlende Lademöglichkeiten. Weiter notieren sie bei der Frage »Was hört er?«, dass sich der Berufseinsteiger beim Kauf an Empfehlungen von Kollegen orientiert, weil ihm die Zugehörigkeit zur Gruppe wichtig ist.

Die Customer-Journey-Map wird nun mit den drei Stationen Kollegenempfehlung, Informationssuche im Internet sowie Gespräch und Kauf im Handel versehen. Und schon fragte Stefan: »Wie viele aus dieser Kundengruppe kaufen überhaupt noch im Handel ein?«

Jochen muss zugeben: »Ehrlich, Leute, darüber haben wir keine Infos.«

Diese Anmerkungen greift Paul Grün auf: »Darum geht es, wir gewinnen Erkenntnisse oder entdecken Bereiche, über die wir nichts wissen und noch Informationen gewinnen wollen. Dies gehört zur Arbeitsweise.«

Die Teilnehmer gehen zunächst von der Annahme aus, dass die Kundengruppe ein Fachhandelsgeschäft aufsucht, um einzukaufen. Eine Kleingruppe wertet die Broschüren und Prospekte aus, die dem Handel zur Verfügung gestellt werden, die anderen nutzen das Internet mit den Informationen auf der eigenen Homepage, um die emotionalen Highs and Lows, wie Paul Grün es nannte, zu bestimmen. Timo sagt spontan, als er die Broschüren anschaut: »Meinen Sohn sprechen wir damit nicht an, auch wenn er noch nicht zur definierten Zielgruppe gehört.«

Die anderen stimmen ihm zu. Die Broschüren und Prospekte zu lesen gehört eindeutig zu den Lows. Den Internetauftritt bewerten sie wegen der modernen Bilder als ganz ordentlich bis gut.

Als der Workshop sich dem Ende nähert, sind alle überrascht, wie schnell sie neue Erkenntnisse gewonnen haben. Und dass sie einige Handlungsfelder identifizieren konnten, über die sie mehr Information benötigen oder die neu gestaltet werden sollten. Bernhard bringt es abschließend auf den Punkt: »Ehrlich, meiner Meinung nach haben wir heute nur an der Oberfläche gekratzt und in der kurzen Zeit so viel Neues gelernt. Viele andere Themenfelder, Kunden und Prozesse haben wir noch gar nicht angeschaut. Unglaublich, ich bin zutiefst beeindruckt. Ich weiß nicht, wie es euch geht, aber ich muss jetzt noch mal darüber schlafen und nachdenken. Mein Gefühl sagt mir aber, dass Design-Thinking uns helfen könnte.«

An diesem Abend geht Valerie sehr stolz nach Hause.

Step 2: Konzept-Workshop
Der erfolgreich durchgeführte Workshop sorgt auch in den Tagen danach immer wieder für Gesprächsstoff. In Bernhard reift der Entschluss, die Einführung von Design-Thinking aus einer Position der wirtschaftlichen Stärke heraus anzugehen. Daher wird in einer weiteren Geschäftsleitungssitzung das Konzept von Valerie und den Glücks-Beratern verabschiedet. Acht Mitarbeiter aus verschiedenen Bereichen sollen eine interne Design-Thinking-Ausbildung durchlaufen. Zudem will man alle Mitarbeiter am Standort informieren und ihnen die Ideen näherbringen. Valerie bekommt die Aufgabe, den Konzept-Workshop zu organisieren. Und das tut sie. In diesem Workshop werden im Detail die Qualifizierung sowie der Auswahlprozess für die Teilnehmer erarbeitet.

Step 3: Design-Thinking-Camp
Endlich ist es soweit. Die Einladung für das Design-Thinking-Camp ging vor vier Wochen an alle Mitarbeiter am Standort raus. Zur Veranstaltung wollen insgesamt 120 Personen kommen, also fast alle.

Zum Glück gibt es vor Ort eine große Halle, die auch für Betriebsversammlungen oder Feierlichkeiten genutzt wird. Schon gestern Nachmittag haben Valerie, Paul Grün und Franzi Engel damit begonnen, den großen Veranstaltungsraum herzurichten. Die Stehtische und die Boxen mit den Kreativmaterialien stehen bereit, die Stühle sind richtig angeordnet. Beschlossen wurde, dass bei der Speed-Challenge auch dieses Mal wieder eine Geldbörse entwickelt werden soll – das passt ja gut zu einem Reisegepäckhersteller.

Bernhard eröffnet die Veranstaltung mit einer Rede an die Belegschaft: »Mir ist es wichtig, Nemo aus einer Position der momentanen Stärke auch für die Zukunft bestens aufzustellen«, das ist einer der wichtigsten Sätze. Bewegend sind die Momente, als er seine Erfahrungen aus dem Workshop schildert und darauf eingeht, welchen Beitrag aus seiner Sicht Design-Thinking leisten kann. Es wird spürbar, dass er es wirklich ernst meint und daran glaubt. »Auf der Suche nach der nächsten Eine-Milliarde-Euro-Idee. Wie geht das? Sie erleben es heute hier. Wussten Sie eigentlich, dass Sie alle ein unglaubliches Potenzial an Ideen und Vorstellungen in sich tragen? Heute dürfen Sie ausprobieren, bei Kollegen dieses Potenzial anzuzapfen. Herzlich willkommen bei unserem Design-Thinking-Camp.«

Franzi Engel hält wieder ihren Einführungsvortrag zum Thema Design-Thinking, in dem sie die Entwicklungsgeschichte, die Prinzipien und vor allem viele Beispiele aus verschiedenen Branchen vorstellt. »Soweit zur Einführung. Jetzt sind Sie dran«, mit diesen Worten übernimmt Paul Grün. »Bitte machen Sie sich Gedanken über den idealen Geldbeutel. Sie haben drei Minuten Zeit.«

Nach und nach entsteht ein großes Getümmel und das Murmeln aller wird laut. Die Teilnehmer legen los und beschreiben ihre Ideen.

Paul Grün macht ein Zeichen, dass er etwas sagen wird, und erklärt dann: »Sie alle laden wir ein, jetzt in die Phase Research einzusteigen. Führen Sie ein Interview mit einem Kollegen aus der Runde und finden Sie heraus, welche Bedürfnisse Ihr Gegenüber in Sachen Geldbörse hat. Fragen Sie nach, entdecken Sie Details und Bedürfnisse, die damit verbunden sind. Sie haben dafür zwei mal sieben Minuten Zeit.«

Paul Grün und Franzi Engel moderieren den weiteren Prozess so, wie Valerie und ihre Kollegen es auch erlebt haben. Es herrscht eine unglaubliche Atmosphäre an diesem Vormittag. Natürlich gibt es auch Kollegen, die dies alles ein wenig skeptisch betrachten, aber die Stimmung insgesamt ist sehr gut. Vor allem die Ausstellung und Kurzvorstellung der Prototypen und das Feedback dazu machen allen viel Spaß. Zugleich wird für die Anwesenden spürbar, wieso diese Vorgehensweise sinnvoll ist und wie sie wirkt. Der Grundstein für die Einführung von Design-Thinking und für die Qualifizierung der acht Mitarbeiter ist gelegt.

5.   Neugierig? Unsere Literaturtipps

Dark Horse Innovation: Digital Innovation Playbook. Das unverzichtbare Arbeitsbuch für Gründer, Macher und Manager, Hamburg 2016

Annie Kerguenne, Hedi Schaefer, Abraham Taherivand: Design Thinking. Die agile Innovations-Strategie, Freiburg 2017

Michael Lewrick, Patrick Link, Larry Leifer (Hgg.): Das Design Thinking Playbook. Mit traditionellen, aktuellen und zukünftigen Erfolgsfaktoren, 2. Auflage, München 2018

https://dschool.stanford.edu, Hasso Plattner Institute of Design der Stanford University (englisch)

https://hpi.de/school-of-design-thinking.html, HPI School of Design Thinking am Hasso-Plattner-Institut in Potsdam

Story 6: Going underground – der Change im Denken

Das Unternehmen   **!**

Dusendorfer Verkehrsbetriebe AG, gegründet 1889, Mittelstand, 1.921 Mitarbeiter; Innovations-Manager: Jan Neuhofer, 35 Jahre, seit vier Wochen an Bord.

1.   Das Thema: Alte Muster aufbrechen, Platz für Innovation schaffen

»Also, wenn Sie mich nach Ideen fragen – Sie sind doch jetzt verantwortlich für digitale Produktinnovationen, oder?« Jan Neuhofer schaute Sandra Urban an, während sie weitersprach: »Wieso haben wir nicht so eine mit QR-Code versehene Beschwerdemöglichkeit? Fast alle unsere Kunden haben ein Smartphone. Kürzlich bin ich mit der Bahn gefahren, da klebte so ein QR-Code für Feedback auf den Sitzen. Das wäre doch was, oder?«

Sandra arbeitet im Beschwerdeportal, Jan hatte sie während seiner Einarbeitungsrundtour kennengelernt. Eine junge Frau, die vor ein paar Jahren ihre Ausbildung bei den Verkehrsbetrieben abgeschlossen hatte. »Vielen Dank für die Idee, schreiben Sie sie auf eine Karte«, antwortete Jan. Er war sehr froh, dass er schon seit Jahren mit Moderationstechniken vertraut war.

»Ich habe auf meine Karte geschrieben, dass wir unsere Ticket-App um Verspätungsanzeigen erweitern sollten«, sagte Frank Steiner, ein Verkehrsingenieur wie Jan selbst. Er arbeitete in der Verkehrsplanung, ein gemütlicher und fröhlicher Kollege.

Irina Redig von der Beschwerdestelle in der Innenstadt warf ein: »So ein modernes Zeug bringt den Leuten, die bei mir auftauchen, gar nichts. Wissen Sie, das sind hauptsächlich alte Menschen, die kein Smartphone haben. Die beschweren sich vor allem über die jungen Leute, die so laut und lärmig in der U-Bahn auftauchen, keine Sitzplätze freimachen und alles dreckig hinterlassen.«

»Wunderbar, haben Sie das auch auf Ihre Karte geschrieben? Und achten Sie bitte darauf: Im Moment sammeln wir Ideen, je mehr desto besser, daher ist es wichtig, keine Kritik an anderen Ideen zu äußern. Egal wie verrückt sie klingen.«

»Also in den Kundenbefragungen«, nahm Stefan Dehringer aus dem Marketing, der auch für die Kundenbefragungen verantwortlich war, den Faden wieder auf: »sagen die Kunden immer wieder, dass die Taktzeiten kürzer werden sollten.«

Lena Osterle aus dem Controlling meinte: »Mich nervt total, dass die U-Bahnen und Busse nicht gut aufeinander abgestimmt sind. Zum Teil fährt die U-Bahn ab, wenn die S-Bahn kommt und keiner schafft es rechtzeitig zum anderen Gleis. So geht es mir fast täglich.«

Jan sagte: »Ich wünsche mir oft mehr Rückzugsräume in der U-Bahn, um ungestört lesen zu können.«

Sortieren und priorisieren
So machten sie munter weiter und hatten am Ende immerhin rund 35 Ideen gesammelt. Insgesamt nahmen zehn Mitarbeiter aus unterschiedlichen Abteilungen wie Betrieb, IT, Beschwerde und Controlling am Ideen-Workshop teil. Nachdem sie die Vorschläge in Clustern zusammengefasst und nach Überbegriffen wie Lärm/Sauberkeit in Verkehrsmittel und an Haltestellen, Kommunikation mit dem Kunden, Pünktlichkeit, App etc. sortiert hatten, ging es darum, sie zu bewerten.

»Jetzt dürfen Sie mit Punkten priorisieren. Was sind Ihre Favoriten? Wählen Sie bitte die drei Vorschläge aus, die Ihrer Meinung nach weiterverfolgt werden sollten oder die Sie gerne weiterverfolgen wollen. Besser gesagt, die Ihnen so wichtig sind, dass Sie für sie brennen. Wie Sie wissen, werde ich aus Ihren Ideen einen Innovationsvorschlag mit Nutzen und Kostenschätzungen entwickeln und für die Pitch-Präsentation aufbereiten. Sie werden diese dann vorstellen und der Vorstand wird sie mit Dusendollars bewerten. Je nachdem wie viel der Vorstand bereit ist, dafür zu zahlen, werden Ideen umgesetzt.«

Er hatte das Konzept den Teilnehmern vorab erläutert und wusste, wie groß die Unsicherheit wegen eines solchen Auftritts war. Er selbst freute sich darauf und war überzeugt, dass sein Vorschlag, Innovationsideen in Form eines Pitchs vorzubringen – wie bei der VOX-Sendung »Die Höhle der Löwen« – im zweiten Einstellungsgespräch den Ausschlag für ihn gegeben hatte. Er war seit vier Monaten als Innovationsmanager für digitale Produktinnovationen bei der Dusendorfer AG verantwortlich. Der Vorstand hatte natürlich Interesse daran, die Verkehrsbetriebe modern und innovativ auszurichten, und plante zudem einen Pressebericht über den Pitch. Das Unternehmen wollte eben auch mit der Zeit gehen.

Jan hätte nie gedacht, dass er als gelernter Verkehrsingenieur einmal in so einer Funktion arbeiten würde. Die Aufgabe, in diesem traditionsbehafteten Verkehrsbetrieb, der alles andere als innovativ erschien, Innovationen voranzutreiben, hatte ihn gereizt. Privat besaß er kein Auto, er wohnte in der Stadt und nutzte daher die städtischen Verkehrsmittel. Allerdings war dies seiner Meinung nach nicht immer ein Genuss. Seine persönliche Motivation bestand darin, in seinem neuen Job einen Beitrag dafür zu leisten, den öffentlichen Nahverkehr in seiner Stadt attraktiver zu machen. Da er zudem weniger geschäftlich reisen wollte, war er bereit gewesen, seine vorherige Tätigkeit in dem Ingenieurbüro für Verkehrsplanungsprojekte aufzugeben. Ja, er war von seiner Biografie her kein Experte in Sachen Digitalisierung, doch ließ ihn seine Erfahrung aus dem Ingenieurbüro neugierig und innerlich gelassen an seine neue Aufgabe herangehen.

Mit dem halbtägigen Workshop wollte er Ideen zum Thema Innovationen sammeln und diese anschließend für den Pitch aufbereiten. Mit Brainstorming, Clustern und Zuhören hatte es bislang wunderbar geklappt, nun war er auf die Priorisierung gespannt. Am Ende hatten sie fünf Ideen erarbeitet und vier Teams bestimmt, die sich um diese kümmern würden: QR-Code, ampelartige Zufriedenheits-Smileys wie auf Flughafen-Toiletten, App-Erweiterung für Verspätungen und bessere Abstimmung zwischen U-Bahn, Bus und S-Bahn sowie die Idee für eine App, mit der Kunden an den Bus oder die U-Bahn ein »Bitte-noch-eine-Minute-warten-«Signal senden können.

»Super, herzlichen Dank für Ihre Zeit und Ihre Mitwirkung. Ich werde dies alles dokumentieren, mache noch ein Fotoprotokoll und stelle alles in einen gemeinsamen Ordner auf unserem Transferlaufwerk. In den folgenden acht Wochen treffen wir uns regelmäßig in den kleinen Teams; ich unterstütze sie in der Aufbereitung der Idee für den Pitch.« Jan war zufrieden mit den Ergebnissen des Workshops und ging zufrieden nach Hause.

Gegenwind

Am nächsten Tag hatte Jan einen Termin mit Martin Anders, dem Leiter Marketing und Kundenorientierung. »Wir führen regelmäßig Kundenbefragungen durch und wissen daher genau, was sich unsere Kunden wünschen. So wissen wir, dass ihnen kürzere Taktzeiten sehr wichtig sind. Wir wissen auch, dass Sauberkeit und Lärm gerade für ältere Kunden ein Beschwerdegrund sind. Zudem brauchen wir mehr Fahrer. Das löst viele Probleme. Wir wissen eigentlich ziemlich gut, was sich unsere Kunden wünschen. Ob wir etwas Entsprechendes anbieten können oder nicht, hängt auch von unseren kommunalen Auftrag- und im Zweifel Geldgebern ab. Wir haben intern eine Liste mit Ideen für weitere Dienstleistungen, die kann ich Ihnen gerne zusenden. Digitalisierung brauchen wir dazu nicht unbedingt. Wenn ich ehrlich sein soll: Mir ist nicht ganz klar, wozu Ihre Stelle eigentlich geschaffen wurde, außer dazu, dass sich der Vorstand mit dem Thema Innovationen schmücken kann.«

»Nun ich denke, es geht nicht um den Vorstand, sondern um die Entwicklung von Innovationen, die zu neuen Produkten und Dienstleistungen, zu mehr Kundenzufriedenheit oder mehr Kunden führen«, erklärte Jan.

»Na dann, viel Erfolg dabei.«

Ein wenig geknickt machte sich Jan auf den Weg zurück zu seinem Arbeitsplatz. Dort angekommen setzte er sich, schaute auf seine Uhr und lächelte. Es war eine mechanische Uhr, sie erinnerte ihn daran, dass er Ausdauer, Hartnäckigkeit und den Glauben an seine Vorgehensweise brauchte. Er hatte vor Jahren den Roman »Längengrad« gelesen und war noch immer fasziniert von John Harrison, einem Tischler und Uhrmacher-Autodidakten, der 30 Jahre seines Lebens in die Entwicklung exakt gehender Chronometer investiert hatte. Mit einer Uhr hatte er sich sogar 19 Jahre lang beschäftigt, um das Längengrad-Problem in der Seefahrt zu lösen. Und das gegen den Widerstand von Wissenschaftlern, die der Überzeugung waren, eine Lösung läge in den Sternen.

Vorbereitung auf den Pitch

In den kommenden Wochen traf sich Jan regelmäßig mit den Teams und half ihnen, die Präsentationen zu erarbeiten. Die Kosten-Nutzen-Berechnungen basierten natürlich auf Annahmen. Aber Stefan, der ganz begeistert im QR-Code-Team mitarbeitete, weil diese Technik auch für Kundenbefragungen genutzt werden könnte, steuerte wichtige Zahlen und Erkenntnisse aus dem Marketing bei. Unterstützung gab zudem Lena aus dem Controlling, sie konnte beim Aufbereiten der Zahlen und der Kalkulationen helfen. Da Jan auch die Visualisierung wichtig war, kreierte er Bildmontagen von den Smileys in Bus und U-Bahn, auch mit Fotos der QR-Codes. Die Pitch-Poster waren wirklich gut gelungen. Allerdings fiel ihm auf, dass die Teammitglieder im freien Sprechen noch nicht so sicher waren. Darüber machte er sich ein wenig Sorgen, denn er wollte nicht, dass eine Idee wegen einer nicht optimalen Präsentation scheiterte. Er nahm sich vor, mit der Personalentwicklung in Kontakt zu treten, und hoffte, dass er dort die gewünschte Unterstützung bekommen würde.

Unterstützung

Hannah Zeigl aus der Personalentwicklung war gleich begeistert, als Jan ihr sein Anliegen schilderte: »Klar kann ich Sie dabei unterstützen. Ich schlage vor, dass ich mit den Teilnehmern den Elevator-Pitch übe. Das bedeutet ja, die zentrale Botschaft in 30 Sekunden rüberzubringen vom Problem bis zur Lösung beziehungsweise zum Nutzen. Dann üben wir noch körpersprachliche Aspekte wie Stehen und Bewegung im Raum. Passt das?«

Jan war erleichtert, das würde den Teilnehmern Sicherheit geben.

»Übrigens, wo Sie gerade da sind. Was halten Sie davon, wenn Sie im Rahmen Ihrer Einarbeitung an diesem Seminar zum Thema Lean Startup und Design-Thinking teilnehmen?« Hannah blickte Jan erwartungsvoll an. Und der war wirklich sehr dankbar für das Gespräch mit der engagierten Personalentwicklerin.

»Das klingt gut, da würde ich gerne mitmachen«, antwortete er. »Wird das Seminar intern durchgeführt?«

»Ja«, antwortete Hannah. »Wir von der Personalentwicklung haben entschieden, innovative Methoden im Kontext von Agilisierung und Digitalisierung auch zur Qualifizierung anzubieten. Uns ist es wichtig, dass diese Ansätze und diese Denke im Unternehmen bekannter werden. Das Seminar ist schon länger geplant, allerdings haben wir anscheinend im Trubel der letzten Wochen vergessen, Sie zu informieren. Ich sende Ihnen die Einladung und den Terminblocker.«

»Na das finde ich mal eine coole Idee und klasse Ergänzung zur bisherigen Einarbeitung. Schon die Tour durch die Organisation, um die Bereiche besser kennenzulernen, war beeindruckend. Vor allem die Tage als Begleiter in den Straßenbahnen, U-Bahnen, Bussen, Depots und Werkstätten haben mir sehr gut gefallen.« Während Jan erzählte, musste er an die vielen interessanten Gespräche und Erlebnisse währenddessen denken.

»Dann halten Sie sich diesen Termin mal frei. Und ich komme zu den nächsten Vorbereitungen für den Pitch, um mit allen zu üben«, sagte Hannah mit einem aufmunternden Lächeln.

Der Tag nach dem Pitch
Am Tag nach dem Pitch saß Jan in seinem Büro. Er merkte, wie die Anspannung der letzten Wochen so langsam von ihm abfiel. Die ganze Gruppe war gestern Abend noch gemeinsam zum Essen gegangen, um den Pitch zu feiern. Er dachte an den gestrigen Nachmittag. Alle Teilnehmer waren wirklich gut vorbereitet gewesen, Hannah hatte großartige Arbeit geleistet und die Poster hatten ebenfalls überzeugt. Die Präsentationen der fünf Teams waren klasse gewesen. Die drei Vorstände hatten in ihrer Rolle als Jury sichtlich viel Spaß gehabt und sich anschließend sehr positiv über das große Engagement der Teams, die professionellen Auftritte und die Ideen geäußert. Die meisten Dusendollar hatten die Ideen mit dem QR-Code und den Zufriedenheits-Smileys erhalten. Persönlich vermutete Jan, dass diese Vorschläge deshalb gewonnen hatten, weil sie im Vergleich zu den anderen am günstigsten und schnellsten zu realisieren wären. Jetzt konnte er sich also an die Umsetzung machen. Aber vorher stand noch das Seminar zum Thema Lean Startup an.

2. Let's change – Theorie, Methodik und Didaktik

2.1 Was ist Lean Startup?

Eric Ries veröffentlichte 2008 aufbauend auf den Erkenntnissen von Steve Blank an der Stanford University seine Methoden zur Entwicklung neuartiger Geschäftsmodelle und Produkte unter dem Titel »The Lean Startup«. Sie beruhten auf seinen eigenen Erfahrungen und Beobachtungen im Silicon Valley. Diese Methoden zielen darauf, angesichts neuer Geschäftsideen so schnell wie möglich Unsicherheiten abzubauen und eine fundierte Entscheidung über die Umsetzbarkeit zu treffen. So werden Aufwände und Kosten für langwierige Fehlentwicklungen vermieden und es bleiben mehr Zeit und Ressourcen für aussichtsreiche Vorhaben und deren Verwirklichung.

2.1.1 Die fünf Grundprinzipien nach Eric Ries

1. **Entrepreneure sind überall:** Es gibt sie überall dort, wo unter unsicheren Bedingungen neue, innovative Produkte (oder Dienstleistungen) geschaffen werden sollen.
2. **Entrepreneurship ist Management:** Führung und Management sorgt für Sicherheit und verringert das Risiko.
3. **Validierte Lernprozesse:** Beim validierten Lernen geht es darum, Feedbackschleifen zu integrieren und in kurzen Abständen Tests zu machen. Ziel ist es, die getroffenen Hypothesen und die zugrundeliegende unternehmerische Vision zu überprüfen und abhängig von den Ergebnissen anzupassen.
4. **Bauen, Messen, Lernen:** Der Entwickeln-Messen-Lernen-Kreislauf beschreibt die Vorgehensweise im Entwicklungsprozess. Am Anfang steht eine Idee. Auf ihr beruhend wird ein Produkt erstellt und dem Markt (oder einer Zielgruppe) zugänglich gemacht. Danach werden die Reaktionen auf das Produkt gemessen und aus den Ergebnissen Schlussfolgerungen gezogen. In weiteren Schleifen werden

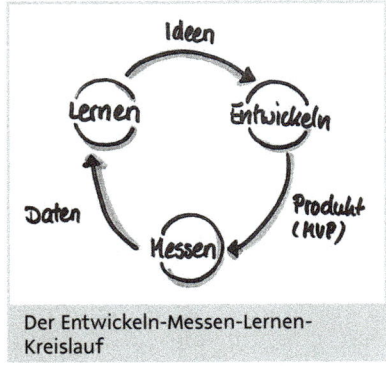

Der Entwickeln-Messen-Lernen-Kreislauf

systematisch Tests zum Produkt beziehungsweise zum Geschäftsmodell durchgeführt.

5. Innovationsbilanz: Fortschritte, Erfolge und Misserfolge werden gemessen und als Konsequenz aus den Erfahrungen entsprechende Prioritäten gesetzt.

2.1.2 Neuer Denkansatz

Grundlegend neu an dem Denkansatz Lean Startup ist, dass jede Idee für ein Geschäftsmodell zunächst als unbewiesene Hypothese betrachtet wird. Sie gilt erst als sicher, wenn sie empirisch validiert wurde. Widerlegte Hypothesen müssen durch neue ersetzt werden. Erst wenn alle erfolgskritischen Hypothesen überprüft wurden, kann das Start-up in die nächste Phase übergehen. Die Validierung soll möglichst schnell und kostengünstig erfolgen, um zu verhindern, dass ein Start-up Geld und Zeit mit irrelevanten Aktivitäten verschwendet oder aufgrund einer falschen Annahme scheitert.

Anders als bei der klassischen Herangehensweise an Gründungen mit Businessplänen wird hier darauf verzichtet, erst zu planen und dann zu handeln. Stattdessen werden den möglichen Geschäftspartnern wie Geldgebern und Kunden schon nach kurzer Zeit Prototypen vorgestellt, die schrittweise zu einem marktfähigen Endprodukt entwickelt werden.

!

Hinweis

Als Hauptvorteil des Lean Startup heben die Befürworter dieses Ansatzes hervor, dass ein Unternehmen vermeidet, ein Produkt zu entwickeln und zu vermarkten, das am Markt keinen Absatz findet. Dies war häufig die Ursache für das Scheitern von Start-ups. Der zweite wichtige Vorteil ist, dass das Start-up sehr effizient solche Informationen sammelt, die es braucht, um ein erfolgreiches Produkt zu entwickeln und zu vermarkten. Große Ausgaben werden erst dann getätigt, wenn die zentralen Hypothesen bestätigt sind.

2.1.3 »Minimum Viable Product« (MVP)

Ein MVP ist die kleinste Produktausprägung, die am Markt angeboten werden kann, um zentrale Annahmen des Geschäftsmodells zu testen. So lautet eine stehende Redewendung im Lean-Startup-Kontext: Wenn ein MVP dir nicht peinlich ist, dann ist es kein MVP mehr.« Mit dem MVP bekommt der Kunde mit möglichst einfachen Mitteln eine Lösung, die Entwickler erhalten durch die frühe Resonanz wichtige Einblicke in die tatsächliche Marktnachfrage. Wichtig: Das MVP stellt keinen ausbaufähigen Teil des fertigen Produkts dar, sondern ist eine Methode, um zu lernen und Hypothesen zu überprüfen.

2.1.4 »Value Proposition Canvas« (VPC)

Mit dem VPC soll das Nutzwertversprechen für eine Idee erarbeitet werden (Quelle: Strategyzer.com):

- Der VPC sorgt für eine kundenzentrierte Sicht.
- Der Fokus liegt darauf, Wert und Nutzen für den Kunden zu generieren.
- Die Zielgruppe wird systematisch betrachtet, um zielgerichtet auf deren Probleme und Bedürfnisse einzugehen.
- Das Canvas kann auch zur Analyse von Zielgruppen verwendet werden.

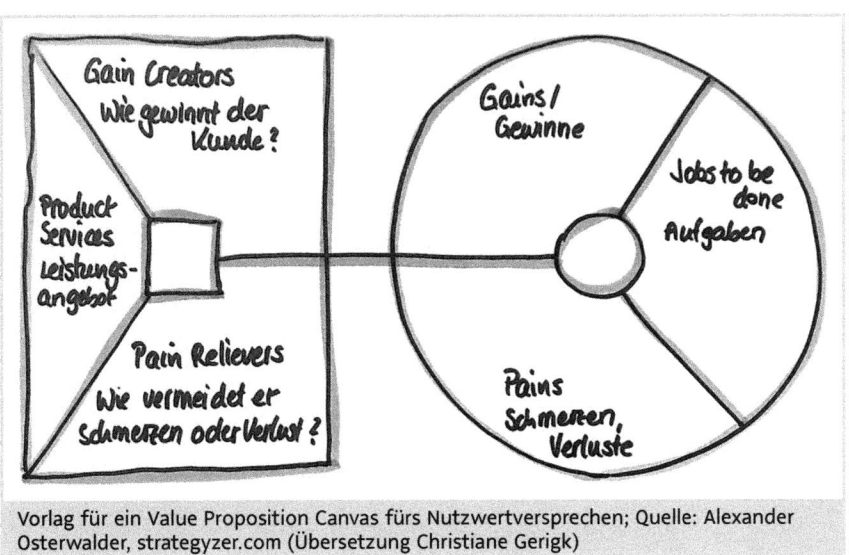

Vorlag für ein Value Proposition Canvas fürs Nutzwertversprechen; Quelle: Alexander Osterwalder, strategyzer.com (Übersetzung Christiane Gerigk)

In den leeren Kreis in der Mitte rechts wird eine Bezeichnung für die Zielgruppe eingetragen, in das leere Quadrat links ein Arbeitsname für das Lösungsangebot. Nach und nach werden die übrigen Felder befüllt.

Kundenaufgaben/Customer Job(s)

Um dieses Feld zu füllen, wird eine Liste von Bedürfnissen, Jobs oder Aufgaben für bestimmte Kunden erstellt, diese werden priorisiert. Beim Erarbeiten dieser Liste können auch Methoden aus dem Design-Thinking eingesetzt werden (siehe Story 5).

Hilfreiche Fragen:

- Welche funktionalen Jobs oder Aufgaben möchten die Kunden erledigen? (Ein Problem lösen)
- Welche sozialen »Jobs« oder »Aufgaben« möchten die Kunden erledigen? (Macht, Status, Nachhaltigkeit)
- Welche Grundbedürfnisse/»emotionalen Jobs« will der Kunde befriedigen? (Sicherheit, Wohlgefühl)

Schmerz/Pains

Im zweiten Schritt werden unangenehme Erlebnisse oder Emotionen betrachtet, die bei den Kunden mit der angebotenen Lösung einhergehen. Diese können auch in eine Rangfolge gebracht werden.

Hilfreiche Fragen:

- Was empfindet der Kunde als zu kostspielig? (Kostet zu viel, dauert zu lange, ist zu aufwendig)
- Was sind die Hauptschwierigkeiten und -herausforderungen, denen der Kunde begegnet?
- Wo bleiben bestehende Lösungen hinter den Erwartungen der Kunden zurück? (Fehlende Funktionen, dauert zu lang)
- Was führt dazu, dass sich der Kunde schlecht fühlt? Welche Risiken fürchtet der Kunde? (Verbunden mit sozialen und Grundbedürfnissen)

Nutzen/Gains

Im dritten Schritt geht es um den Nutzen, den die Kunden erwarten, wenn sie eine bestimmte Aufgabe erfüllen. Auch diese werden priorisiert.

Hilfreiche Fragen:

- Wo möchte sich der Kunde etwas ersparen? (Zeit, Geld, Aufwand, Arbeit)
- Was erleichtert die Lösung eines Kundenproblems?
- Was liebt der Kunde an bestehenden Lösungen?
- Wonach suchen die Kunden? Wovon träumen sie?

Produkte und Dienstleistungen/Products & Services

Im vierten Schritt entsteht eine Übersicht über Produkte und Dienstleistungen, sie werden auch wieder in eine Rangfolge für den Kunden gebracht.

Hilfreiche Fragen:

- Welche Produkte oder Dienstleistungen bieten wir an, die unseren Kunden helfen, die Aufgaben zu erledigen?
- Welche Produkte oder Dienstleistungen bieten wir an, die unseren Kunden helfen, ihre Bedürfnisse zu befriedigen?
- Welche Produkte oder Dienstleistungen helfen unseren Kunden in seiner Rolle als Käufer, Co-Creator oder Vermittler?

Schmerzkiller/Pain Relievers

Im fünften Schritt wird das Feld Schmerzkiller befüllt. Dazu werden Lösungsansätze beschrieben, um unerwünschte Situationen bei Kunden zu vermeiden. Diese beziehen sich auf den »Schmerz« (Pains) des Kunden.

Hilfreiche Fragen:

- Wie setze ich den Schwierigkeiten und Herausforderungen meiner Kunden ein Ende?
- Wie und womit liefere ich eine bessere Lösung als etablierte Anbieter?
- Wie vermeide ich negative Konsequenzen für meine Kunden?

Nutzenstifter/Gain Creators

Zuletzt wird im Feld Nutzenstifter eingetragen, auf welche Art und Weise ein Mehrwert für den Kunden entsteht. Dabei spielen die möglichen Nutzendimensionen funktional, sozial und Grundbedürfnisse eine Rolle.

Hilfreiche Fragen:

- Wie erleichtern wir unseren Kunden das Leben?
- Womit und wie erfüllen wir ihre Bedürfnisse?
- Wie können wir das bieten, was sich die Kunden wünschen?

2.1.5 Lean Canvas

Wir empfehlen, nun mit dem Lean Canvas weiterzuarbeiten. Diese Methode eignet sich eher dazu, mit einem experimentellen Ansatz und Hypothesentests ein Geschäftsmodell zu entwickeln. Sie stellt eine Alternative zum Business-Model-Canvas dar, die mehr das fertige Geschäftsmodell beschreibt. Idealerweise können die Ergebnisse und Vorarbeiten aus dem VPC übernommen werden.

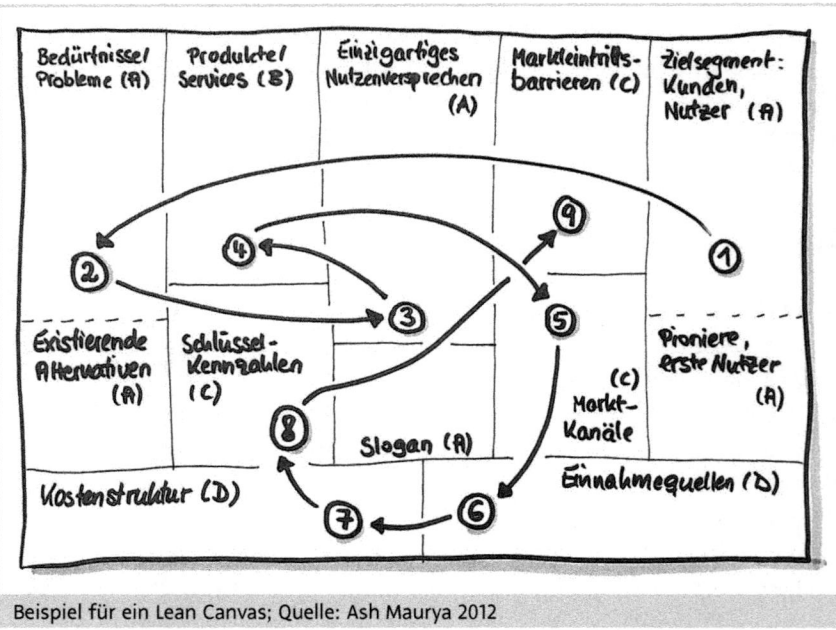

Beispiel für ein Lean Canvas; Quelle: Ash Maurya 2012

Die Ziffern hinter den Buchstaben und die Pfeile beschreiben die Reihenfolge bei der Arbeit mit der Canvas.

A. Attraktives Nutzwertversprechen

Das Nutzwertversprechen für relevante Kundenbedürfnisse wird entwickelt.

Hilfreiche Fragen:

- Wer ist konkret unsere Zielgruppe?
- Haben wir relevante Kundenbedürfnisse der Zielgruppe identifiziert?
- Welches einzigartige Nutzwertversprechen bieten wir?
- Welche Alternativen gibt es für die Zielgruppe bereits?

B. Neue Produkte und Services

Das eigentliche Produkt oder der neue Service ist nur eines der neun Elemente des Geschäftsmodells.

Hilfreiche Frage:

- Was konkret ist unsere Produkt- oder Service-Idee?

C. Marktzugang

Ein weiterer Aspekt ist die Frage: Über welche Wege wird der Kunde am besten erreicht?

Hilfreiche Fragen:

- Über welche Distributionskanäle erreichen wir die Kunden am besten?
- Wie messen wir zuverlässig die Wirkung unserer Maßnahmen?
- Welche Vorteile sichern uns einen Wettbewerbsvorteil?

D. Wirtschaftlichkeit

Hier geht es darum, die Rentabilität des Geschäftsmodells zu optimieren.

Hilfreiche Fragen:

- Welche Kostenstruktur haben wir?
- Wie sieht die Planung der Einnahmen aus?
- Lässt sich die Lösung skalieren?

2.2 Leitfaden: Durchführung von Lean Startup mit Design-Thinking

Set-up
Das Set-up hier ähnelt dem für das Design-Thinking, die Räumlichkeiten werden auf gleiche Weise vorbereitet (siehe Story 5).

Step 1: Seminar zu Lean Startup und Design-Thinking
In diesem zweitägigen Seminar lernen die Teilnehmer zunächst die grundlegenden Prinzipien, das Mindset, den Prozess und ausgewählte Methoden des Design-Thinking und des Lean Startup kennen. Anhand eines Praxisprojekts machen die Teilnehmer erste Erfahrungen mit der Anwendung. Leitfrage: Wie kann ich Prinzipien, Mindset und Methoden erlernen, dass ich darin so fit bin, sie ab sofort bei meiner Arbeit einzusetzen?

Nach dem Seminar haben die Teilnehmer
- das Mindset verstanden.
- die Anwendungsbedingungen der Methoden für Innovationserfolg gelernt.
- verstanden, wie Design-Thinking und Lean Startup sich ergänzen und welche Stärken die Ansätze haben.
- das Prinzip der nutzerzentrierten Denkweise für sich verinnerlicht.
- Prinzipien und Methoden geübt.

Nach dem Seminar werden die Teilnehmer sehr wahrscheinlich Unterstützung beim Transfer und bei der Anwendung der neuen Ansätze benötigen. Der Change im Kopf ist eine der größten Herausforderungen und wird daher durch Coachings begleitet.

Step 2: Transfer-Coaching
Der Trainer, der das Seminar begleitet, wird meist auch zum Transfer-Coach und begleitet das Team unterschiedlich intensiv. Da sich hier keine immer gleichen Steps ergeben, beschreiben wir sieben zentrale Herausforderungen, mit denen es der Coach in den meisten Fällen zu tun bekommt. Diese Darstellung ist nicht vollständig und die Situationen können sich auch in anderer Reihenfolge ergeben.

Herausforderung 1: Wie wird der Canvas ausgefüllt?
Die Gruppe erkennt, wie die Bausteine eines Geschäftsmodells zusammen-hängen. Die Einzelnen entwickelt beim Austausch über die verschiedenen Felder schrittweise eine gemeinsame Sicht auf die Geschäftsidee. Manchmal bleiben Felder anfangs leer, das ist völlig normal.

Coach-Intervention: Schreibt alles rein, was ihr wisst oder annehmt.

Herausforderung 2: Der Canvas dokumentiert den jeweils aktuellen Stand des Wissens, wie geht es weiter?
Die Gruppe lernt, die Inhalte der Canvas differenziert zu betrachten. Hinter welchen Aussagen stecken belastbare Fakten? Wo überwiegen Annahmen?

Coach-Intervention: Jetzt prüfen wir die Informationen daraufhin, ob sie eher Annahmen oder eher Gewissheiten sind.

Herausforderung 3: Wie wird der Schritt von der Canvas zu Hypothesen-tests gemacht?
Nach dem Prinzip »fail early, fail cheap« konzentrieren wir uns zuerst auf die Aspekte mit der größten Unsicherheit. Das Ziel: so schnell wie möglich scheitern oder Bestätigung für das Weitermachen erhalten.

Coach-Intervention: Welche Punkte sind die mit der höchsten Unsicherheit und dem höchsten Risiko des Scheiterns?

Herausforderung 4: Wie können wir testen, ob unsere Lösungsidee von den Kunden als attraktiv wahrgenommen wird?
Bei dieser Frage geht es darum, echte Reaktionen der Zielgruppe zu ermit-teln. Das Ziel besteht darin herauszufinden, ob die Hypothese stimmt und ob auch eine Zahlungsbereitschaft bei den Kunden vorhanden ist. Als Hypo-thesentests kommen unter anderem diese Methoden infrage:

- MVP,
- Interview,
- Bannerwerbung schalten (um Klicks zu zählen).

Coach-Intervention: Wie können wir mit möglichst einfachen Mitteln ver-lässliche Antworten bzw. Reaktionen unserer Kunden erhalten?

Herausforderung 5: Wie mache ich methodisch sinnvolle Kundeninterviews?
Wir arbeiten mit offenen, empathischen Fragen. Im Unterschied zum Marketing, das quantifizierbare und eindeutige Informationen gewinnen will, möchten wir in erster Linie lernen, die Kunden besser zu verstehen, und Chancen entdecken.

Coach-Intervention: Achtet auf Emotionen. Geht ihnen nach und bringt eure Gesprächspartner dazu, ihr Erleben möglichst genau zu schildern.

Herausforderung 6: Was brauchen die Teilnehmer, um mit unfertigen Modellen oder Prototypen reale Kunden anzusprechen?
Die Aufgabe des Coaches besteht hier vor allem darin, Mut zu machen und als Modell fürs Ausprobieren zu fungieren. Hinter der Hemmung der Teilnehmer, Kunden einfach anzusprechen, verbirgt sich häufig die Frage: Dürfen wir das überhaupt?

Coach-Intervention: Überwindet euch. Geht ohne PowerPoint-Präsentation, ohne Prospekte in der Hand, nur mit interessierten Fragen und ersten Skizzen oder Modellen zu potenziellen Kunden.

Herausforderung 7: Wie gehe ich mit dem Prozessreflex bei den Teilnehmern um?
Klassischerweise reagieren die Teilnehmer auf die Aufforderung, eine einfache Variante eines Produkts zu bauen (MVP), mit dem Prozessreflex: Wir brauchen hierfür eine Genehmigung. Wir müssen den Prozess anstoßen, um das MVP herstellen zu lassen. Die Compliance müssen wir auch beachten, es geht ja nach draußen.

Coach-Intervention: Zu diesem Zeitpunkt wollen wir nur Lernen, gerne gehen wir ohne Firmennamen raus. Wir machen (noch) keine Produktentwicklung.

3.   Unsere Erfahrungen

Das Fallbeispiel ist ein klassisches U-Boot-Projekt, hinter dem, wie so oft, viel Enthusiasmus und wenig Geld stecken. Es gibt eine gewisse Skepsis in der Geschäftsführung, ein freies Budget für das Finden neuer Ideen zur Verfügung zu stellen. Es herrscht die klassische Denke vor, Geld nur für Projekte zu vergeben, die klar strukturiert, geplant und mit den überwiegend öffentlichen Stakeholdern abgestimmt sind. Die Mitarbeiter im Projekt sind mit viel Elan und Begeisterung dabei und investieren von sich aus Zeit.

Gleichzeitig sind weder die neue Arbeitsweise noch die erforderliche Denke zur Routine geworden. Die Projektmitarbeiter brauchen daher Coaching-Begleitung, um Hemmschwellen zu überwinden und dem »Get-out-of-the-building«-Ruf – raus zum Kunden, um Feedback einzuholen – zu folgen.

Eigentlich geplante Vorhaben liegen oft auf Eis, weil eine Entscheidung auf sich warten lässt oder Mitarbeiter für dringende Tätigkeiten an anderer Stelle benötigt werden und ihr »Nebenbei«-Projekt mit Lean Startup nur sporadisch unterstützen können. Neidisch geht der Blick zu Großunternehmen, die sich voll zu der digitalen Start-up-Perspektive bekannt haben und sich die Unterstützung von Acceleratoren holen – Deutsche Bahn, Daimler, Klöckner, Viessmann, Lufthansa, EnBW, IngDiBa, SAP und andere mehr.

4. Praxistransfer: Lean Startup bei den Dusendorfer Verkehrsbetrieben

Step 1: Seminar zu Lean Startup und Design-Thinking

Paul Grün von der Glücks-Akademie begrüßt die Teilnehmer, gibt ihnen einen Überblick über die zwei Tage Seminar, die vor ihnen liegen, und startet, nachdem man sich auf das Du als Anrede geeinigt hat: »Mir ist es wichtig, dass ihr einen zentralen Gedanken von Lean Startup, aber auch Design-Thinking wirklich versteht. Ihr arbeitet im Unternehmen, kennt eure Produkte und Kunden und habt eine Marketingabteilung, die regelmäßig Kundenbefragungen macht. Das beschreibt euer System oder eure Box, in der ihr euch komfortabel fühlt und handlungsbefugt seid. Mit den heute vorgestellten Methoden wollen wir aber lernen, out-of-the-box und cross-functional übergreifend, also vor allem interdisziplinär zu denken und zu arbeiten.«

Ein Raunen geht durch den Raum. Fast jeder fühlt sich ein bisschen ertappt, die Spannung steigt.

Paul Grün fährt fort: »Steve Jobs mit dem iPhone wird oft als Beispiel angeführt, dass Kundenbefragungen nicht unbedingt hilfreich sind. Kein Kunde hätte das iPhone als Wunschprodukt benennen können. Genau darum geht es aber auch gar nicht. Was Jobs erkannt hat war, dass die Menschen angesichts der zunehmenden Mobilität das Bedürfnis haben, auf dem Weg zur Arbeit oder auf Geschäftsreisen all die Dinge zu machen, die sie zuhause tun können: ins Internet gehen, Musik kaufen und hören, fotografieren und Fotos bearbeiten, lesen. Das Entscheidende war, diese Bedürfnisse zu entdecken und dafür eine Produktidee oder Services anzubieten.«

Lange Zeit, um über das Gehörte nachzudenken, bleibt den Teilnehmern nicht. Im Anschluss an seinen Impulsvortrag erklärt Paul Grün die erste Aufgabe: »Wir starten mit einer qualitativen Recherche in Form eines Tiefeninterviews, ein Tool aus dem Design-Thinking. Dafür habt ihr zehn Minuten Zeit. Bildet Zweiergruppen und interviewt euren Gesprächspartner über seine Morgenroutinen vom Aufstehen bis zum Eintreffen am Arbeitsort. Ziel ist es, den Menschen besser zu verstehen, um daraus Ideen für neue Geschäftsmodelle zu entwickeln. Achtet auf die Zeit, die für jeden einzelnen Schritt dieser Aktivität zur Verfügung steht. Versucht auf fünf aufeinanderfolgende Antworten eures Gesprächspartners immer wieder die Frage ›Warum?‹ zu stellen.«

Jan Neuhofer liest in der Teilnehmerunterlage nochmals den Arbeitsauftrag nach und fängt gleich an, Lisa Mayer aus dem Marketing, eine Kollegin von Stefan Dehringer, zu interviewen.

»Mir ist es wichtig, mit dem Fahrrad zur Arbeit zu fahren«, berichtet Lisa.

»Okay, jetzt sind wir schon auf dem Weg zu Arbeit, aber gut. Kannst du mir sagen, warum dir das wichtig ist?«

»Na klar, da radle ich am Fluss durch den Kaiserpark.«

»Warum ist dir das wichtig?«

»Da riecht es gut nach geschnittenem Gras und Bäumen und mein Auge sieht eine Zeitlang nur Grün und keine Stadt.«

»Warum ist dir das wichtig?«

»Das entspannt und beruhigt mich. Morgens habe ich mit meiner Tochter, die in die Grundschule geht, richtig Stress: aufstehen, Frühstück richten, Kind wecken, noch mal wecken, antreiben, Gemecker wegen Pausenbroten aushalten – und dann geht es ab zur Arbeit. Wenn ich mit dem Fahrrad fahre, kann ich danach viel gelassener in den Arbeitstag einsteigen. Mir ist es dabei wichtig, nicht verschwitzt anzukommen. Ich habe dann ja keine Zeit mehr, um zu duschen.«

»Gibt es noch andere Gründe, warum du radelst?«

»Na klar, ich fühle mich wohl, habe ausreichend Bewegung und kann mir was Süßes am Nachmittag gönnen, ein Eis zum Beispiel.«

»Warum ist dir das wichtig?«

»Ich bleibe fit und mein Körper ist in Form. Ich nehme nicht zu und fühle mich wohler.«

Anschließend interviewt Lisa Jan und auch er beantwortet die Warum-Fragen: »Ich nutze den Weg zur Arbeit gerne, um Bücher und Fachartikel zu lesen. Mit der U-Bahn bin ich fast 30 Minuten unterwegs. Die Zeit will ich sinnvoll verbringen. Allerdings ist es oft sehr voll und die Menschen stehen dicht gedrängt. Dafür hätte ich gerne eine Lösung. Im Stehen klappt das Lesen nicht so gut.«

Die Zeit ist rum und Paul Grün leitet gleich den nächsten Arbeitsauftrag an: »Nun geht es darum, die Bedürfnisse eures Gegenübers zu interpretieren, dafür habt ihr fünf Minuten Zeit. Nehmt euch zuvor fünf Minuten Zeit, um eure Interviewnotizen durchzulesen. Schreibt dann Antworten auf die beiden folgenden Fragen auf. Erstens: Welche drei einzigartigen Aspekte bei den Morgenroutinen deines Gesprächspartners hast du erkannt? Und zweitens: Mit welchen drei Bedürfnissen ist dein Gesprächspartner jeden Morgen konfrontiert?

Jan notiert, was er wahrgenommen hat. Erstens: Stress mit Kind, Entspannung integrieren, die mit Bewegung und Naturerlebnis verbunden ist, zweitens: Bewegung, entspannt die Arbeit beginnen, etwas für sich selbst tun, guten Gewissens Süßigkeiten essen können, sich attraktiv fühlen.

Lisa schreibt auf, was ihr aufgefallen ist. Erstens: die Zeit auf dem Hinweg sinnvoll nutzen, um zu Lernen und sich weiterzubilden, aber auch zum Lesen und Entspannen, zweitens: Weiterbildung, Entspannung, Ruhe und Platz.

»Jetzt wartet kreative Arbeit auf euch«, erläutert Paul Grün den nächsten Arbeitsauftrag. »Es folgt ein Brainstorming von zehn Minuten. Du hast die Gelegenheit, dir zu überlegen, welche Lösungen die Bedürfnisse deines Interviewpartners abdecken könnten. Arbeite mit deinem Interviewpartner zusammen und skizziere zehn radikal neue Herangehensweisen, die bei den Morgenroutinen etwas verbessern. Strebe dabei nicht nach Perfektion. Zeichne deine Ideen schnell auf, um sie festzuhalten.

Jan überlegt eine Weile und kommt zum Schluss, dass bei Lisa zumindest der Weg zur Arbeit perfekt war. Lisa zeigt ihm die Skizze eines Extra-U-Bahn-Wagens mit Ruheabteil. Jan ist gleich begeistert: »Das würde mir wirklich gefallen.«

Paul Grün setzt an und erzählt die Geschichte von Charles Darwin, der als unbezahlter Naturforscher auf dem Vermessungsschiff Beagle mitfuhr und Informationen sammelte und sammelte. Darwin war unermüdlich in seinem Bemühen und dennoch brauchte er 20 Jahre, um sein Buch »Über die Entstehung der Arten durch natürliche Zuchtwahl« zu schreiben.

Als ihn die Teilnehmer fragend anschauen, reagiert Paul Grün so: »Warum erzähle ich euch das? Weil ich euch den gleichen Forschergeist wünsche. Auch wenn ihr keine 20 Jahre Zeit habt, um zu Ergebnissen zu kommen. Aber ihr könnt euch wie ein wissbegieriger Forscher im vorurteilsfreien Beobachten, Messen und Experimentieren üben. Eure Erfahrungen und die Vorbildung einmal beiseitelassen und die Dinge neu sehen. Nur so werdet ihr neue Fragen und Bedürfnisse entdecken, die Ausgangspunkt für Innovation sind. Es geht darum, was Menschen wirklich bewegt, nicht welches Produkt oder welche Lösung wir ihnen anbieten wollen. Lean Startup ist ein Ansatz, der wissenschaftliche Methoden von der Beobachtung bis hin zum Messen und Zählen für die Geschäftsfeldentwicklung nutzt. Als Vorgabe gilt dabei, so ökonomisch wie möglich vorzugehen und dafür iterative Feedbacks oder Lernschleifen einzubauen.«

Nach einer kurzen Pause stellt Paul Grün den Teilnehmern das Mindset für Lean Startup vor. Dazu benutzt er Aussagen wie »think big, start small« und »fail early, fail cheap«. Im Anschluss stellt er die Methoden vor, mit denen sich Innovationserfolge initiieren lassen, darunter interdisziplinäre Teams, Prototyping und Visualisieren. Es folgen Erklärungen zum Bauen-Messen-Lernen-Kreislauf, zum VPC und dem Lean Canvas. Und dann geht es um MVP und welche Varianten es davon gibt.

Das Seminar fasziniert Jan und ihm ist ein wenig schwindelig. Er hat das Gefühl, völlig neue Perspektiven kennenzulernen, und gleichzeitig möchte er dringend mit Paul Grün reden. Auf einmal ist er nicht mehr so stolz auf sein Vorgehen mit dem Innovations-Workshop und dem Pitch. So nutzt er eine kurze Pause und berichtet Paul Grün davon. Er ist sehr gespannt auf die Rückmeldung. Und Paul Grün lässt sich nicht lange bitten:»Aus meiner Sicht habt ihr einen typischen, vergleichsweise schmerzarmen Weg gewählt, den viele Organisationen bei der Beschäftigung mit den neuen Methoden gehen. Der Vorstand hält sich für innovativ, weil er einen Pitch durchführt. Und ja, er entscheidet sehr viel schneller über die nächste Phase als früher. Aber letztlich habt ihr, wenn ich dich richtig verstanden habe, zu all den Ideen kein echtes Kundenfeedback. Oder hast du schon mit Kunden gesprochen?«

»Doch, Kundenfeedback habe ich. Aber das sind Informationen vom Marketing. Darauf verlassen wir uns und auf die Einschätzungen der Mitarbeiter am Markt.«

»Das ist sinnvoll, wenn ihr den Ist-Zustand verbessern wollt. Aber wenn ihr etwas wirklich Innovatives anstrebt, ist das zu wenig. Für wirklich neuartige Ideen braucht ihr Einblick in die Werte und Prioritäten der Zielgruppe.«

»Wahrscheinlich denken wir alle hier zu sehr als Verkehrsbetrieb. Und wenn ich unsere Ideen mit denen im Lean Startup vergleiche, wird mir klar, dass es bei uns um kleine, nette Verbesserungen im Kundenservice geht. Lean

Startup beschäftigt sich aber mit Geschäftsfeldentwicklung, denkt also viel größer.«

»Du hast doch Ideen, an denen du arbeiten willst. Sie eignen sich hervorragend, um all die Methoden, die du hier lernst, anzuwenden. Ein ideales Feld, also.«

Jan will gleich Nägel mit Köpfen machen. Er ahnt, dass es mit Unterstützung leichter gehen wird: »Könntest du uns als Coach zu Verfügung stehen? Ich habe allerdings in meinem Verantwortungsbereich nur ein kleines Budget und mehr bekommen wir erst einmal nicht.«

»Okay«, antwortet Paul Grün »ich denke, wir finden eine Lösung. Ich melde mich Anfang der Woche bei dir.«

In den Tagen nach dem Seminar vereinbart Jan mit Paul, dass der ihn bei der Umsetzung als Transfer-Coach dabeihaben möchte. Ziel ist es, die Gruppe zu begleiten und zu unterstützen, damit sie in der Anwendung der Methoden und in ihrem Projekt schneller vorankommt.

Step 2: Transfer-Coaching I
Und schon kurze Zeit später sieht man sich wieder. Bei dem erneuten Treffen stellt Jan ein neues Teammitglied vor: »Das ist Ingo aus der IT-Abteilung. Da wir mit dem QR-Code und dem Smiley zwei mit der IT verbundene Themen haben, kann er uns mit fünf Stunden pro Woche unterstützen.«

Danach begrüßt Paul Grün Jan, Ingo und die Teammitglieder der Pitch-Winner-Ideen und steigt gleich ins Thema ein: »Schauen wir uns als Erstes doch mal eure Vorschläge an. Ihr haben hier die QR-Feedback-Idee. Wieso nicht. Wisst ihr schon, welche Erfahrungen die Bahn damit macht?«

Stefan antwortet: »Nein, aber das ist für uns eine echt coole Lösung, mit der ich Kundendaten gewinnen und auswerten kann.«

Paul Grün lacht und antwortet: »Das ist dein Nutzen, aber was hat der Kunde davon? Wieso sollte er den QR-Code einsetzen?«

»Na ja, wir eröffnen ihm einen schnellen Weg, um seine Unzufriedenheit oder sein Feedback an uns zu senden, damit wir etwas verbessern können.«

»Da sind wir doch gleich dabei, den VPC auszufüllen. Tragen wir dies beim Nutzen ein.« Paul Grün packt zwei große Canvas aus, die VPC und die Lean Canvas. »Ich empfehle, dass wir mit diesen beiden Canvas arbeiten. Habt ihr Klebezettel und Stifte?«

Jan greift zur Box mit dem Material, dass ihm Hannah aus der Personalentwicklung gegeben hatte.

»Welchen weiteren Nutzen hat der Kunde oder welchen Schmerz vermeidet er?«, fragt Paul Grün nach.

»Ich denke, er kann spontan seine Unzufriedenheit loswerden und muss nicht zu unserer Beschwerdestelle. Er spart also Zeit.«

»Der Schmerz wäre also der Ärger, den er mit sich trägt.«

So arbeitet sich die Gruppe nach und nach durch die VPC.

Step 2: Transfer-Coaching II
Zu Beginn des zweiten Coachings an einem Montag berichtet Lena: »Ehrlich, ich war am Wochenende bis in die Nacht unterwegs und bin dann mit dem Taxi nach Hause gefahren. Echt teuer. Aber der Nachtbus bringt mir nicht viel, der fährt gar nicht bis zu mir, obwohl ich sonst mit S-Bahn und U-Bahn zur Arbeit komme. Freunden von mir geht es genauso, die finden es blöd, dass sie noch weit laufen müssen. Und als Frau gehst du nachts nicht gerne allein durch die Straßen. Wieso gibt es dafür keine Lösung, außer mit dem eigenen Pkw zu fahren, wenn du überhaupt ein Auto hast?«

Paul Grün greift die Aussage auf: »Habt ihr gehört, was für ein Bedürfnis dahintersteckt?«

Alle nicken.

»Womit sollten wir jetzt arbeiten?«, fragt Paul Grün.

»Mit dem VPC«, rufen die anderen im Chor.

Gemeinsam arbeiten sie die Kundenbedürfnisse heraus: eine zuverlässige Verbindung (bis zur Haustür gerne auch mit Nachtbus ohne U- und S-Bahn), eine kostengünstige Variante (im Vergleich zum Taxi), Sicherheit als Frau.

»Das gibt es halt nicht«, meint Stefan.

Paul Grün interveniert: »Was bringt ein sauberer Bus, wenn er leer fährt? Was nutzt dir ein Bus, wenn er nur bis zur Endhaltestelle fährt und du noch drei Kilometer zu Fuß gehen musst? Ihr müsst größer denken. Was sind die Aufgaben, die dich beschäftigen, Lena?«

»Ich muss irgendwie nach Hause kommen – ohne lange Fußwege, ohne viel Geld auszugeben und ohne Fahrplansuche. Am liebsten wäre es mir, ich könnte meinen Rückweg per App buchen, wenn ich mir etwas wünschen darf.«

»Wer soll das bezahlen?«, meint Ingo.

»Jetzt habt ihr mehr Informationen, befüllt doch den VPC damit. Wir haben viel erfahren über die Aufgaben oder die Jobs to be done. Wie würdet ihr unsere Zielgruppe beschreiben?«

Stefan und Lena legen los: »Unsere Zielgruppe sind Nachtschwärmer, die gut nach Hause kommen wollen und nicht direkt an den Endhaltestellen der Nachtbusse wohnen. Die Infos zur Zielgruppe können wir doch in den Lean Canvas eintragen, oder?«

Paul antwortet: »Richtig. Und denkt daran, alles zu visualisieren und nicht nur darüber zu sprechen.«

Stefan macht weiter: »Infos zum Schmerz wären: nichts trinken können, wenn mit eigenem Auto unterwegs. Weniger ausgehen können, weil Taxi so teuer.«

Und Lena ergänzt: »Ich habe kein Auto, viele meiner Freunde haben auch keins. Aber Unsicherheit und Angst sind echt ein Schmerz.«

»Was wäre der Nutzen einer Lösung?«, fragt Paul Grün.

Die Antworten: »Sicher nach Hause kommen«, »günstiger als Taxi«, »verkehrsmittelübergreifend – direkter, schneller Anschluss«, »mobil verfügbar«.

»Denkt daran, eure Aussagen zu überprüfen, inwieweit sie eine Annahme sind oder eine gesicherte Information«, mahnt Paul Grün und fährt fort: »Wir sollten jetzt noch klären, was wir mit eurem QR-Code-Projekt machen? Eigentlich wollte ich euch dabei unterstützen. Aber bevor wir einsteigen: Ist euch der Unterschied zwischen QR-Code und sicher nach Hause kommen klar?«

»Ich denke schon«, antwortet Jan. »Der QR-Code ist ein Digitalisierungs-Projekt, liefert vielleicht spannende Informationen, aber ist nicht die Grundlage für ein neues Geschäftsmodell. Doch mit dem »Sicher-nach-Hause-kommen«-Ansatz kann unter Umständen etwas Neues entsteht, das über das Anbieten von Bus- und U-Bahn-Verbindungen hinausgeht.«

»Genau, so etwas zu entdecken und zu hinterfragen, darum geht es bei Lean Startup«, fasst Paul Grün zusammen. »Dann noch ein kurzer Blick auf den QR-Code. Ich will mit euch erst einmal überprüfen, was wir sicher wissen und was Annahmen sind. Stefan, du hattest das letzte Mal davon gesprochen, dass der Kunden schnell seine Unzufriedenheit loswerden könnte. Ist das eine Annahme oder wissen wir das?«

Stefan antwortet schnell: »Ehrlich gesagt, Annahme. Denn das hängt ja davon ab, wie umfangreich der hinterlegte Feedbackbogen ist. Und davon, was Kunden als schnell betrachten.«

Paul Grün lacht: »Ich sehe, du verstehst die Denke. Was halten ihr davon, ein MVP zu bauen und es einfach mal auszuprobieren?«

»Wir könnten schnell einen QR-Code generieren und gleichzeitig eine Umfrage mit so vielen Fragen hinterlegen, wie in einer Minute zu beantworten sind«, sagt Ingo. »Wobei wir nicht wissen, wie viele Fragen das sind.«

»Aber das können wir herausfinden, oder?«, meint Jan.

Paul fasst zusammen: »Eure zwei Hypothesen sind also: Ein QR-Code ist in öffentlichen Verkehrsmitteln wie Bus und U-Bahn ein geeignetes Instrument um Feedback einzuholen. Und: Nutzer der Verkehrsmittel sind bereit, sich eine Minute Zeit für Feedbacks zu nehmen.«

Step 2: Transfer-Coaching III
Jan berichtet zu Beginn des nächsten Treffens mit Paul Grün, was das Team so nebenbei geschafft hat: »Also, wir haben einen QR-Code-Aufkleber generiert und uns überlegt, dass wir nicht mehr als zehn Feedbackfragen stellen wollen. Heute steht also zum einen der Praxistest für den QR-Code an, zum anderen wollen wir unsere Differenzierung zu Annahmen und gesicherten Infos mit dir qualitätssichern.« Und er fügt an: »Zudem konnten wir nicht so intensiv an unseren Themen arbeiten, wie wir gehofft hatten, da kein offizielles Projekt mit entsprechenden Freistellungen besteht.«

Zusammen gehen sie die gesammelten Aussagen im VPC durch. Abschließend meint Paul Grün: »Jetzt habt ihr diese Annahmen hier. Welche wollt ihr als Erstes überprüfen und wie? Denkt daran: Zuerst die Hypothesen checken, die eure Idee am leichtesten zu Fall bringen kann.«

Es stellt sich heraus, dass es für alle im Team sehr anspruchsvoll ist, sich zu überlegen, wie die Hypothese formuliert werden muss. Und auch, daraus abzuleiten, was sie lernen oder erreichen wollen. Doch auch diesen Schritt meistern sie.

»Als Nächstes benötigen wir einen Interviewleitfaden. Einen Leitfaden, der uns hilft, die Gespräche zu führen und über all die relevanten Themen zu sprechen. Aber vor allem sollte er Fragen enthalten, die dazu führen, dass sich die Menschen öffnen und bereit sind, uns Feedback zu geben. Was könnten mögliche Eisbrecherfragen sein?«

Stefan antwortet nach einer kurzen Pause: »Wir könnten uns doch vorstellen und sagen, von welchem Unternehmen wir kommen, und dann fragen, ob sie einen Moment Zeit haben.«

»Und dann antworten die meisten mit Nein. Ich glaube, wir sollten es anders machen. Wir müssen das Interesse der Kunden wecken. Zum Beispiel, indem wir ihnen die Gelegenheit geben, ihren Ärger, den sie im Alltag mit uns erleben, zu formulieren: Wünschen Sie sich manchmal, Ihren Ärger und Frust mit dem Nahverkehr loswerden zu können?«

Paul interveniert: »Das geht in die richtige Richtung, aber ihr solltet offener starten. Stefans Idee mit dem Vorstellen ist gut, allerdings stellt sich die spannende Frage, was ihr über euch sagen wollt.«

Lena startet einen Versuch: »Wir kommen von den Dusendorfer Verkehrsbetrieben und uns interessiert, auf welche Art und Weise uns Menschen gerne Feedback über Ärgernisse, gerne auch Lob und andere Rückmeldungen geben wollen. Da Sie gerade den Nahverkehr nutzen, dachte ich, ich frage Sie einfach mal, was Sie uns hierzu sagen wollen.«

Paul fragt: »Würdet ihr euch darauf einlassen?«

»Ja, ich hätte nicht den Eindruck, dass hier Marktforschung betrieben wird«, sagt Stefan.

»Machen wir auch nicht, wir gehen raus, um zu lernen«, antwortet Jan. »Was würdet ihr sagen, wenn einer eure QR-Feedback-Idee für Blödsinn hält?«

Stefan reagiert schnell: »Ich würde ihm erklären, dass es eigentlich praktisch für ihn ist – oh, du schüttelst den Kopf, Paul, keine gute Idee?«

»Nein, du rechtfertigst eine Idee, du willst sie ihm verkaufen. Das wollen wir nicht, wir wollen ehrliches Feedback, aus dem wir lernen können. Also was macht ihr stattdessen?«

»Nachhaken, wieso das Blödsinn ist, und fragen, was er sich stattdessen wünschen würde«, schlägt Stefan vor.

»Ich denke, ihr habt verstanden, worum es geht. Viele offene, neugierige Fragen stellen, die Antworten aufnehmen und nachfragen, damit ihr sie auch richtig versteht. Denkt an Darwin. So wie er – ausdauernd und suchend – zieht ihr auch los, okay?« Paul Grün ergänzt gleich: »Und zwar jetzt. Wir fahren gleich mit dem QR-Code los. Ich schlage vor, in Richtung Stadtzentrum, um dort Personen bei der Zentralen Beschwerdestelle zu treffen, und auf dem Weg dorthin sprechen wir Fahrgäste direkt an.«

Stefan meint: »Du meinst, wir sollen heute rausgehen und Kunden befragen? Wir haben doch gar keine solche Aktion im Haus angemeldet. Ich weiß nicht, was die Öffentlichkeitsarbeit dazu sagen würde.«

Paul lächelt, schon oft hat er solche Zweifel und Scheu erlebt. Die Sorge, Kunden zu verärgern oder schädliche Gerüchte auszulösen: »Denkt daran, wir wollen lernen. Nur lernen. Das ist der einzige Grund, weshalb wir das tun. Stellt euch vor, ihr investiert euer eigenes Geld, und am Ende wäre alles auf Sand gebaut.«

»Okay, wir haben verstanden«, sagt Jan und fragt: »Begleitest du uns?«

»Klar komme ich mit.«

Die Gruppe zieht los im Bewusstsein, auf vielen Ebenen gerade Neuland zu betreten, die eigene Komfortzone verlassen zu müssen und dass noch ein längerer Weg vor ihnen liegt.

## 5.	Neugierig? Unsere Literaturtipps

Steve Blank: »Schneller Gründen«, in: Harvard Business Manager Juli 2013, http://www.harvardbusinessmanager.de/heft/index-2013-7.html

Steve Blank: »The Innovation Stack: How to Make Innovation Programs Deliver More Than Coffee Cups«, http://steveblank.com/category/customer-development

Steve Blank: »Why the Lean Startup Changes Everything«, in Harvard Business Manager Mai 2013, https://hbr.org/2013/05/why-the-lean-start-up-changes-everything

Christiane Gerigk: Lean Startup als Ansatz für die Unternehmensgründung, in: Hochschule Mainz, University of Applied Sciences, Fachbereich Wirtschaft (Hg.): Update 20, SS15, Mainz 2015, Seite 8–13

Ash Maurya: Running Lean: Iterate from Plan A to a Plan That Works, 2. Auflage, Sebastopol 2012

Alexander Osterwalder, www.strategyzer.com (Übersetzung Christiane Gerigk)

Eric Ries: »Evangelizing for the Lean Startup«, https://ecorner.stanford.edu/video/evangelizing-for-the-lean-startup-entire-talk

Eric Ries, http://theleanstartup.com

Eric Ries: The Lean Startup: How Today's Entrepreneurs Use Continuous Innovation to Create Radically Successful Businesses, New York 2011

Eric Ries: The Startup Way, München 2018

Story 7: Vorhang auf für mehr Diversity

1.   Das Thema: Kontinuierliches Wachstum und neue Zielgruppen

»Wenn wir unsere Zielvorgabe – Wachstum um zehn Prozent – ernst neh-
men, fällt mir auf, dass wir diese nicht in allen Bereichen und bei allen Pro-
dukten abbilden können«, erläuterte Brian Haller. Er als Vorsitzender der
Geschäftsführung bei Senso lud einmal im Jahr zur Zukunftskonferenz ein.
Die gesamte Geschäftsleitung war anwesend, zu diesem Zeitpunkt bestand
sie aus zehn Männern und zwei Frauen. Hannelore Mutig war Chief Human
Resources Officer (CHRO) und Claudia Hammermann verantwortete den
Finanzbereich.

Am Vormittag waren schon einige strategische To-dos besprochen worden,
unter anderem zum Thema Restrukturierung. Die Mittagspause war zu Ende
und alle hatten sich nach einem köstlichen Imbiss mit Thai-Food wieder im
Raum »New York« zusammengefunden.

Paul Grün, Anfang 50, begleitete die Veranstaltung der Senso GmbH als ex-
terner Moderator, wie er es schon oft bei Konferenzen und internen wichtigen Sitzungen getan hatte. Er war bereits seit vielen Jahren als Berater
für das Unternehmen tätig und hatte wegen seiner Kompetenz und seines
Status fast schon ein wenig Narrenfreiheit. Die Anwesenden vertrauten ihm,
dem alten Hasen, und Hannelore Mutig als HR-Chefin hatte die Konferenz
gemeinsam mit ihm vorbereitet und strukturiert. Hannelore schätzte an ihm,
dass er die Geschäftsführer stets gut abholte und sie manchmal ein wenig
zurückpfiff, wenn das nötig wurde. Außerdem war er sehr geschickt darin,

auch ihre Themen zu platzieren und ein wenig mehr die »weibliche Seite« im Unternehmen einzubeziehen. Die würde, wie sie fand, in Zukunft sowieso mehr von Belang sein, 50 Prozent ihrer Kunden waren ja schließlich Frauen.

Gerade hatte Paul Grün eine Diskussion zum Thema strategisches Wachstum angeregt und die Herren ließen sich nicht lange bitten. Die einzigen, die sich zurückhielten, waren Hannelore Mutig und Claudia Hammermann. Manchmal wurde der Tonfall auch etwas rauer und männlicher, heute schien es aber alles in allem sehr zivilisiert zu bleiben. Paul Grün griff sehr geschickt ein und lenkte das Ganze immer wieder in ruhigere Bahnen.

»Unsere Produktpalette reicht weit, jedoch müssen wir uns davor hüten, das Ganze einseitig zu betrachten. Über den Vertrieb und das Marketing ist mir zu Ohren gekommen, dass sich schon mehrere Kunden beschwert haben. O-Ton: Sie verkaufen immer das Gleiche! Wo findet bei Ihnen Weiterentwicklung statt?«, sagte der Vertriebschef Günter Rot.

»Genau. Und viele Kunden warten Ewigkeiten darauf, bis wir Hochleistungsgeräte auch an normale Endverbraucher verkaufen«, ergänzte der Innovationschef Markus Neuer.

Kein Problem mit Diversity?
»Moment mal, unser Kassenschlager, der Power70-Akkuschrauber, verkauft sich doch nach wie vor blendend«, konterte Tobias Worter, der Marketingchef. »Und hier haben wir alles richtig gemacht. Wir haben schließlich ein diverses Entwicklungsteam aufgesetzt, was wohl ziemlich schwierig war. So hatten wir nicht nur Männer als Zielgruppe im Blick. Der Schrauber passt sogar gut in Kinderhände!«

»Wir sind wahnsinnig stark in der Produktion! Doch wie schaffen wir es, weiteres Wachstum anzuregen? Unsere Manager sehen keinen Handlungsbedarf bei den Produkten. Kürzlich habe ich mit einigen Ingenieuren gesprochen und die konnten gar nicht verstehen, dass auch Frauen daheim Regale anbringen oder etwas zusammenschrauben wollen, ohne gleich einen Handwerker zu bestellen. Acht Ingenieure sagten wie mit einer Stimme, dass wir gar kein Diversity-Problem haben«, sagte Markus Neuer.

An dieser Stelle platzte Hannelore Mutig der Kragen: »Klar ist für die Diversity kein Thema, das sind ja allesamt Männer! Lassen Sie uns doch mal auf den Aspekt Gewicht schauen, zum Beispiel bei unseren E-Bikes. Kein Mensch kann die tragen, okay, keine Frau, Männer vielleicht schon. Aber genau das ist doch der Ansatzpunkt. Wir müssen uns mehr nach unseren Kunden richten, nicht nach unseren Entwicklern. Die stemmen die Räder samt Motor locker! Was wir gut können, sind Maschinen und Prozesse, wir sind aber kein Innovationsgeber oder Innovator! Und genau das müssen wir ändern. Und hier kommen auch weibliche Bedürfnisse ins Spiel, denn Frauen sind eine wichtige Kundenzielgruppe.«

»Unsere Kernkompetenz ist doch ganz klar das Gerätebauen. Und die dürfen wir nicht verlieren. Nach dem Motto: Schuster bleib bei deinen Leisten, oder?«, ergänzte Produktionschef Manfred Lensen.

»Ja, aber wir müssen unsere Produkte an unsere derzeitigen und neuen Zielgruppen anpassen. Wenn immer die gleichen Entwickler entwickeln, gibt es keine Innovationen und keine Durchmischung. Und heute sitzen wir hier, weil wir unsere Zukunft diskutieren wollen. Wachstum und Innovationen sind angesagt!«, konterte Markus Neuer.

»50 Prozent der Bevölkerung sind weiblich und das sind auch 50 Prozent unserer potenziellen Kunden. Das gilt bei Bikes genauso wie bei Werkzeugen. Gehen Sie mal nachmittags in den Baumarkt und schauen Sie, wie viele Frauen und Männer dort unterwegs sind!«, warf Claudia Hammermann ein.

»Ich erinnere mich noch an unseren größten Flop: den Sensino! Wir haben ewig herumgeforscht und ihn verfeinert bis zum Gehtnichtmehr. Alle waren total begeistert, am Ende wurde das fertige Produkt voller Stolz präsentiert und ging in den Handel. Nahezu alle haben es abgelehnt. Kaum ein Kunde hat es gekauft. Es gab einfach keinen Bedarf dafür. Die Kunden sagten damals, dass sie den Sensino nicht brauchen. Wir haben die Zielgruppe überhaupt nicht abgeholt. Der Köder muss dem Fisch schmecken und nicht dem Angler. Wir müssen die Kunden im Fokus haben und neue Produkte nicht erst testen, wenn sie hergestellt werden, also quasi schon in den Verkauf gehen sollen. Im Design-Thinking ist das normal, kleine Sprints zu machen und zu schauen, was die Kunden wirklich wollen. Und ob es überhaupt einen Bedarf oder ein Interesse gibt. Und ehrlich gesagt: Wir hätten das Ganze vermeiden können, wenn wir gemischte Entwicklerteams gehabt hätten, denn Frauen hätten es sofort anders gemacht«, führte Hannelore Mutig aus.»Und hören Sie mir auf mit dem Satz: Aber genau in diesen Bereichen gibt es doch fast keine Frauen. Wenn das stimmt, dann müssen wir eben die wenigen, die es gibt, auf dem Schirm haben und abholen.«

Brian Haller, mittlerweile sechs Jahre im Vorstand und ein Mann mit hervorragendem Sachverstand und gutem kognitivem Denkvermögen sagte: »Ich will Zahlen, Daten, Fakten sehen. Hören Sie mir auf mit dem Geschwätz über Diversity. Das Frauenthema ist schwierig, das wissen wir alle. Schauen Sie doch mal in andere DAX-Konzerne. Die sind alle nicht wirklich weiter. Und ich will auch keine Quotendiskussion führen. Die einzige Frage, die mich umtreibt, ist: Wie schaffen wir es, unseren Umsatz zu steigern?«

Paul Grün mischte sich ein: »Danke Ihnen für diese ausgiebige Diskussion. Offenbar gibt es viele sehr gute und einige schlechte Produkte bei Ihnen. Die Frage ist doch: Wie lässt sich sehr zeitnah herausfinden, ob ein Produkt gut ankommt oder nicht, also, bevor es floppt, oder? Und wie schaffen Sie es, immer wieder innovativ zu sein und neue rentable Produkte zu kreieren? Nun, Sie wissen ja, dass wir immer noch etwas in petto haben«, sagte er schmunzelnd. »Wir machen jetzt zehn Minuten Kaffeepause und dann lassen Sie sich überraschen.« Paul Grün freute sich insgeheim schon, denn sein Plan schien aufzugehen. Eingeweiht war nur Hannelore Mutig und sie nickte ihm lächelnd zu.

Szenen aus dem Alltag
Nachdem sich die Teilnehmer der Besprechung wieder eingefunden hatten, kamen vier Schauspieler, zwei Frauen und zwei Männer, in den Raum. Was die Geschäftsleitung da sah, war ganz anders als erwartet und ziemlich bewegend. Die Schauspieler waren von Paul Grün und Hannelore Mutig gebrieft worden und hatten zusätzlich ein paar Kunden im hiesigen Baumarkt befragt.

In der ersten Szene ging es um die Kunden. Eine Frau hantierte mit einem Kantenschneider herum und begann zu fluchen. Alle lachten. Doch irgendwie verstummte das Lachen, als sich das Ganze bei fünf weiteren Werkzeugen wiederholte. Die Funktionalität beziehungsweise das Nichtfunktionieren gaben die Schauspieler gekonnt wieder. Insbesondere fiel auf, wie unterschiedlich Männer und Frauen mit den Produkten umgingen. Abschließend unterhielten sich die beiden Schauspielerinnen über ihre Traumwerkzeuge und darüber, dass sie sich mehr Power70-Schrauber wünschten. Die Gesichter der Senso-Geschäftsleitung belegten, dass das eine sehr eindringliche Präsentation gewesen war.

Darauf folgten zwei Szenen aus dem Büroalltag. In der ersten ging es um die Einstellung neuer Mitarbeiter, man befand sich im Bewerbungsgespräch. Das Vorstellungsgespräch führten die beiden männlichen Schauspieler in der Rolle der Manager mit den Bewerberinnen. Beiden Frauen wurde abgesagt und die Männer sprachen darüber. Der erste Schauspieler sagte: »Es gibt einfach keine guten Frauen. Die Männer haben mich mehr überzeugt.«

»Ja, genau, wir wollen ja die besten nehmen und keine Frauen bevorzugen, oder?«, antwortete der zweite Schauspieler.

In der zweiten Szene fand ein Gespräch zwischen zwei Topmanagern des Unternehmens statt, es verlief ähnlich. Die Quintessenz fasste einer der beiden Schauspieler zusammen: »Ich habe nichts dagegen, dass mehr Frauen an die Spitze kommen, doch woher nehmen? Es gibt einfach keine oder zu wenig gute Frauen!«

Hinter dem Vorhang

Und?, dachte Brian Haller, so ist es halt. Seine Gedanken waren kurz abgeschweift, seine 21-jährige Tochter Emily war ihm in den Sinn gekommen. Sie war eine klasse junge Frau mit viel Potenzial und startete gerade ihr BWL-Studium. Ihr würde so etwas doch wohl nicht passieren, dachte er, als etwas geschah, das ihn flugs zurück zum Geschehen vor Ort brachte.

Die letzte Szene handelte davon, dass eine Geigerin vorspielte und immer wieder Absagen von den großen Orchestern erhielt. Die Jury war komplett männlich besetzt und alle wiederholten genau den Satz, der zuvor aus dem Mund der Manager gekommen war: Die männlichen Geiger seien einfach besser gewesen. Nach einem kleinen Szenenwechsel sagte die Geigerin: »Ganz plötzlich bekam ich, nachdem ich noch drei weitere Male vorgespielt hatte, drei Angebote. Was war anders gewesen? Was denken Sie?«, diese Frage stellte sie den Anwesenden.

»Keine Ahnung«, antwortete Brian Haller. »Wahrscheinlich war sie einfach besser geworden.«

»Nein«, sagte die Schauspielerin, »es lagen nur ein paar Tage dazwischen.«

»Hm, die Orchesterleitung hat vielleicht gewechselt«, riet Manfred Lensen.

»Nein, auch das war es nicht«, antwortete die Schauspielerin und lüftete das Geheimnis: »Man hatte einen Vorhang zwischen die Geigerin und die Jury gezogen, sodass man sie nur hören und nicht mehr sehen konnte.«

Nach einer kurzen Pause ergänzte sie: »Das war übrigens ein realer Fall, der sich bei den fünf besten Symphonieorchestern in den USA abgespielt hat, und zwar in den 1970er Jahren. Dort war man davon ausgegangen, dass es einfach keine guten weiblichen Geigerinnen gab. Man sprach Frauen die physischen Eigenschaften ab, die notwendig sind, um bestimmte Instrumente und Werke zu spielen. Heute beträgt der Anteil an Frauen in den weltbesten Orchestern mehr als 35 Prozent. Nur durch den Vorhang hat sich der Anteil der Frauen von fünf Prozent auf diesen Wert erhöht. Im Rahmen des ›blinden‹ Auswahlverfahrens entschied die Jury nach Tönen und nicht nach Geschlecht oder Hautfarbe.«

Nicht nur Brian Haller, der sofort wieder das Bild seiner Tochter vor sich sah, schaute etwas irritiert. Das ist ja unfassbar, sinnierte er. Ein Raunen ging durch den Raum. Und dann ergriff Hannelore Mutig das Wort: »Die Frage ist, was wir tun können, damit Frauen eine reelle Chance als Bewerberinnen und für ihre Entwicklung im Unternehmen bekommen. Was könnte bei uns der Vorhang sein? Welches System brauchen wir? Und: Wie schaffen wir es, das Diversity-Thema auch bei unseren Kunden respektive bei unseren Produkten zu berücksichtigen, um unser eigentliches Ziel, eine Umsatzsteigerung, zu erreichen.«

Senso goes to Innovation
Jetzt war Paul Grün dran: »Ich habe mir Gedanken gemacht und schlage Ihnen folgendes Konzept vor, um die Mitarbeiter und Führungskräfte für das Thema zu sensibilisieren und Lösungen zu entwickeln. Das Diversity-Thema ist ja kritisch, wie wir wissen. Deshalb ist nach meinem Eindruck die

Voraussetzung für echte Veränderungen, dass die Mitarbeiter selbst einen Change im Mindset erleben. Und das lässt sich nur mit einem partizipativen Vorgehen machen. Ich schlage daher einen Tages-Workshop mit Business-Theater und szenischer wie interaktiver Darstellung vor, so ähnlich, wie Sie es eben erleben konnten. Vorab interviewen die Schauspieler Kunden im Baumarkt, ebenso Mitarbeiter und Manager aus verschiedenen Ebenen. Das emotionale Erleben steht im Vordergrund. Wir lassen die Schauspieler wie gerade verschiedene Szenen spielen, Interaktionen mit dem Publikum sollen auch möglich sein. Im World-Café am Nachmittag entwickeln die Teilnehmer selbst Ideen, die wir später konsolidieren und anschließend strategisch umsetzen.

So holen wir alle Teilnehmer emotional und kognitiv ab und lassen sie mitmachen. So wird der Change leichter und der Widerstand verringert sich. Wir könnten mit einer Pilotierung starten und sieben Workshops mit je 30 bis 40 Teilnehmern aus verschiedenen Abteilungen abhalten. Die Mitarbeiter dürfen sich selbstständig melden unter der Überschrift ›Senso goes to Innovation‹.« Diesen Titel wählte Paul Grün, weil er wusste, dass Frankie goes to Hollywood eine der Lieblingsbands von Brian Haller war. »Was halten Sie von der Idee?«

Einstimmiges Nicken war die Antwort.

»Und wenn es läuft, rollen wir intern weiter aus! Es geht darum, zunächst die Menschen bei Senso zu sensibilisieren. Anschließend können wir weitere Workshops und Programme zum Thema Diversity implementieren und auch im Recruiting innovativer werden. Der Vorteil dieser Vorgehensweise besteht darin, dass Mitarbeiter und Manager einbezogen werden und gleich erste Ideen generieren«, sagte Hannelore Mutig abschließend und freute sich, dass ihr Plan aufgegangen war.

2.   Let's change: Theorie, Methodik und Didaktik

Erfahren Sie nun, wie die Interventionen Business-Theater und World-Café funktionieren und welche Prinzipien dahinterstecken.

2.1   Was ist Business-Theater?

Beim Business-Theater stellen Schauspieler Situationen aus dem Firmenalltag nach. Dabei kann es um konkrete Aufgaben oder aktuelle Veränderungen im Betrieb gehen oder um spezifische Momente mit Kunden oder Produkten. Das Portfolio umfasst in der Regel szenische Darstellungen und die Integration der Zuschauer in die Aufführung in Form von Improvisationstheater. Die einzelnen Sequenzen können ganz individuell auf das Unternehmen, eine Abteilung oder eine bestimmte Problematik zugeschnitten werden. Dazu finden vorab Interviews mit denjenigen Mitarbeitern statt, um deren Bereiche es geht.

Bei emotionsbehafteten Veränderungsvorhaben wird häufig auf das Business-Theater zurückgegriffen, da über die Improvisation Emotionen stellvertretend dargestellt werden können. Zudem können Handlungsalternativen angeboten werden, um den Zuschauern neue Perspektiven zu eröffnen oder einen Perspektivwechsel zu initiieren. Business-Theater erreicht wie viele andere kreative Methoden den Kopf, das Herz und die Seele der Menschen. Häufig wird dabei die vertraute Welt erschüttert, wobei die Schauspieler wie ein Katalysator schnellere Interaktionen bewirken. Es werden Bilder und Szenen geschaffen, die mehr als tausend Worte sagen und mit Humor angereichert werden. So kann Business-Theater eine sehr produktive Lernsituation schaffen. Unternehmenstheater kann als Lean-Methode angesehen werden, da meistens innerhalb kurzer Zeit ein großer Lerneffekt entsteht.

2.2   Was ist die Methode World-Café?

Das Format World-Café wurde von den US-amerikanischen Unternehmensberatern Juanita Brown und David Isaacs entwickelt. Es basiert auf der Annahme, dass kollektives Wissen und die Ideen von Mitarbeitern in Gruppen genutzt werden können, um Klärungsprozesse zu beschleunigen und konzentrierte Ergebnisse zu produzieren. Workshops in Form eines World-Cafés fördern den Austausch, es herrscht eine ungezwungene Kaffeehausatmosphäre, dennoch wird strukturiert vorgegangen. Die Teilnehmer sitzen an großen Tischen und dürfen während der vorgegebenen Diskussionszeit ihre Ideen auf die Tischdecken schreiben und malen, um sie festzuhalten.

Das Ziel besteht darin, die Menschen dazu zu bringen, über bestimmte Themen zu sprechen, die für sie und das Unternehmen relevant sind. Es gibt
mehrere Austauschrunden, anschließend werden die Ergebnisse präsentiert.
So kommen bei Change-Prozessen viele Beteiligte und Betroffene zu Wort
und können engagiert mitwirken. Dieser Ansatz unterstützt die Selbststeuerung und Selbstentwicklung der Teilnehmer und fördert die Selbstorganisation. Am Ende der Diskussionsrunden werden die wichtigsten Ergebnisse
und Ideen im Plenum in einer Vernissage vorgestellt. Die Ergebnisse aus dem
World-Café sind handhabbar und sofort verwertbar.

2.3 Leitfaden: Durchführung von Business-Theater und World-Café

Set-up für das Business-Theater
Je nach Umfang der Szenen werden zwei bis vier männliche und weibliche
Schauspieler gebraucht, außerdem ein Moderator, der die Sessions ankün-
digt und durch sie hindurchführt. Eine Bühne ist hilfreich, aber kein Muss. Ab
80 Teilnehmern sind Bühne oder Podest jedoch empfehlenswert, damit auch
die Anwesenden in den hinteren Reihen gut sehen können. Hinter der Bühne
oder dem Bühnenbereich sollte ein einfarbiger Hintergrund angebracht sein,
zum Beispiel eine weiße Leinwand oder ein schwarzer Vorhang, damit nichts
ablenkt und alles gut erkennbar ist. Zur Bestuhlung: Die Zuschauer sollten
wie in einem Theater sitzen können. Auf der Bühne befinden sich drei bis
vier Stühle für die Darsteller, gegebenenfalls ein Tisch und je nach Szenarien
einige wenige Requisiten. Ab 50 Zuschauer empfehlen wir Headsets für die
Schauspieler. Ein Schauspieler moderiert die Szenen. Musik kann, muss aber
nicht hinzukommen.

Um Veränderungsprozesse zu starten und in die Umsetzung zu bringen,
wählen wir die Formate Inszenierung, interaktives Theater und Spiegeltheater mit Reflecting-Sessions der Schauspieler. Beim Spiegeltheater spiegeln
die Schauspieler Verhaltensweisen und Reaktionen der Teilnehmer, die sie
während des Workshops wahrgenommen haben.

Set-up für das World-Café
Ein World-Café dauert je nach Thema und Fragestellungen 45 Minuten bis drei Stunden. Ein Moderator stellt die Fragen für die Diskussionsrunden und führt durch den gesamten Prozess.

Im Raum werden große Tische aufgestellt, an denen vier bis acht Teilnehmer sitzen können; hier finden die Diskussionsrunden statt. Auf den Tischen liegen weiße, beschreibbare Papiertischdecken oder Flipchart- oder Metaplanwandpapier und dicke Stifte oder Textmarker in verschiedenen Farben, sodass die Teilnehmer ihre Ideen gleich visualisieren können. Die Gruppe am Tisch bestimmt jeweils einen Gastgeber, der den Ablauf im Auge behält und die Café-Etikette überwacht, damit die Diskussionen nicht aus dem Ruder laufen und die Zeitvorgaben eingehalten werden. Eine Gesprächsrunde dauert 15 bis 30 Minuten, anschließend wechseln die Teilnehmer die Tische, sodass andere Gruppen entstehen. Je stärker die Durchmischung ausfällt, desto fruchtbarer sind die Diskussionsrunden. In jeder Runde treffen Wissen, Ideen und Erlebnisse der Teilnehmer in neuen Kombinationen aufeinander. Die Erkenntnisse werden dann wieder von Tisch zu Tisch weitergetragen.

Der Gastgeber bleibt die ganze Zeit an seinem Tisch sitzen und begrüßt die immer neuen Teilnehmer. Er fasst den vorherigen Austausch und die Ergebnisse daraus zusammen und sorgt so dafür, dass sich die Ideen und Erkenntnisse aus den unterschiedlichen Diskussionen verknüpfen.

Nach zwei bis drei Diskussionsrunden bestimmen die Teilnehmer an den Tischen ihre drei wichtigsten Handlungsempfehlungen. Sie befestigen dann die beschriebenen Papiertischdecken auf den dafür vorgesehenen Metaplanwänden und markieren die favorisierten Ideen mit einem Rahmen oder farbig. Anschließend stellt jede Gruppe ihre drei Topideen im Plenum wie bei einer Vernissage vor.

Step 1: Vor dem Spiel
Die Auftragsklärung mit dem Schauspielteam findet im Rahmen eines Briefinggesprächs statt, bei dem Ziele und Anliegen des Unternehmens erörtert werden. Danach wird das Schauspielformat gewählt, im Fallbeispiel Inszenierung, interaktives Theater und am Ende Spiegeltheater als Reflecting-Session. Anschließend begeben wir uns auf die Suche nach weiteren Infor-

mationen. Wir machen zum Beispiel Interviews mit den Mitarbeitern oder Führungskräften und bitten Kunden darum, uns relevante Dokumente zu überlassen. Während der Analysephase werden die Informationen geprüft, mit dem Auftraggeber sprechen wir ab, welche Inhalte aktuell relevant sind. Die ausgewählten Schauspieler und der Moderator einigen sich auf bestimmte »Wordings«, also unternehmensspezifische Ausdrücke, und auch auf Rituale und setzen sich mit den speziellen Themen auseinander.

Je nach szenischem Aufwand proben Spieler und Moderator ein- bis zweimal, um glaubwürdig und überzeugend mit den Zuschauern interagieren zu können. Abschließend ist Logistisches bezüglich Raumgröße, Requisiten, Musik etc. zu klären.

Step 2: Szenische Darstellung am Vormittag
Die Schauspieler schlüpfen stellvertretend für die Zuschauer entweder in deren Rollen oder in die Rollen von Kunden, sie visualisieren den Alltag und werden dabei von einem Moderator begleitet. Als Einstieg wählen wir eine bestimmte Szene, zum Beispiel mit Kunden, wenn es um ein bestimmtes Produkt geht, bei rein internen Themen werden Interaktionen zwischen den Mitarbeitern des Unternehmens nachgespielt.

Der Moderator stellt die Rollen vor und moderiert die Szenen zum Beispiel wie folgt an: »Werfen wir jetzt einen Blick auf Frau Müller. Sie ist Kundin und hat gerade ein neues Produkt erworben.« Und dann geht es los. Die Schauspielerin verdeutlicht, abhängig von der jeweiligen Fragestellung, dass beispielsweise ein Gerät zu kompliziert, zu schwer oder untauglich für sie ist. Eine solche Szene kann eine halbe Minute dauern oder auch ein paar Minuten. Manchmal treten weitere Personen in Erscheinung oder einer der Schauspieler spielt das Gerät selbst und damit seine Funktionsweise. Letzteres löst meist viele Lacher aus, aber auch Betroffenheit. Denkbar ist außerdem, dass die Zuschauer befragt werden, welche Kundensituation zu welchem Gerät sie gerne sehen wollen. So wird das Plenum einbezogen und es wird erkennbar, wo eventuell Probleme bestehen. Je nach Zeitfenster werden unterschiedliche Kundensituationen gezeigt und damit verschiedene Sequenzen gespielt.

Soll ein zweiter Themenkomplex erlebbar gemacht werden, etwa interne Szenen mit Führungskräften oder Mitarbeitern, läuft das Ganze auf gleiche Weise ab. Der Moderator kündigt zum Beispiel die Szene zwischen Produktentwickler und Manager an und dann folgt das Spiel. Die Zuschauer können so ihre interne Kommunikation mit einer gewissen Distanz von außen betrachten und werden dennoch mit konkreten Problemsituationen konfrontiert. Die Szenen müssen genau das Unternehmen und die kritischen Punkte treffen, die in den Interviews mit Mitarbeitern und Führungskräften vorab herausgearbeitet wurden. Die sorgfältige Vorbereitung ist daher immens wichtig.

In der Regel wird viel gelacht, das Nichtfunktionieren von Kommunikation oder Systemen sowie erstrebenswerte Veränderungen, die zuvor tabu waren, können auf humorvolle Art zum Vorschein gebracht werden. Durch das Lachen entwickelt sich eine gewisse Leichtigkeit bezüglich des kritischen Themas, die Zuschauer entfernen sich vom Problem und können anschließend assoziativ auf es eingehen und Lösungen entwickeln. Die Schauspieler bewegen sich auf der kognitiven und emotionalen Ebene und spiegeln die anstehenden Themen für die Teilnehmer. Ansatzpunkte für mögliche Veränderungen werden durch Übertreibung, Visualisierung und Emotionalität sehr deutlich.

Step 3: Der heiße Stuhl

Der heiße Stuhl

Bei diesem Schritt wollen wir es den Zuschauern ermöglichen, über die Schauspieler die Bedürfnisse von Kunden oder anderen Personen wie Mitarbeiter oder Chefs noch stärker wahrzunehmen. Dafür eignet sich der »heiße Stuhl«, bei dem eine Schauspielerin beispielsweise als Kundin Frau Müller auf einem Stuhl sitzt und hinsichtlich ihrer Wünsche und Bedürfnisse befragt wird. Der Moderator spricht zum Plenum: »Wollen Sie Frau Müller ein wenig besser kennen lernen? Dann bitten wir Sie, Frau Müller, auf den heißen Stuhl. Hier darf Frau Müller nur die Wahrheit und nichts anderes äußern.« Der Moderator fragt dann zum Beispiel: »Was erwarten Sie sich von dem gekauften Gerät? Weswegen sind Sie enttäuscht oder nicht zufrieden?«

Und dann plaudert »Frau Müller« aus dem Nähkästchen. Was sie sagt, beruht auf den im Vorfeld bei Interviews oder Kundenbefragungen gewonnenen Informationen. Die Zuschauer dürfen dem Schauspieler auf dem heißen Stuhl ebenfalls Fragen stellen. Wenn externe Kundenbedürfnisse das Thema sind, setzen wir am Ende gerne noch einen echten Mitarbeiter dazu, zum Beispiel den Produktentwickler. So wird wiederum die Nähe zum Unternehmen und zu den Kollegen hergestellt und Verständnis geweckt. Der Mitarbeiter kann zum Beispiel seinen Unmut, seine Demotivation oder andere Gefühle gut und glaubwürdig zeigen. Ein solches Feedback ist für die Zuschauer oft sehr bewegend, denn durch die Ehrlichkeit der Person auf dem heißen Stuhl entsteht eine besondere Beziehung zum Publikum. Diese Session regt die Teilnehmer sehr stark zur Reflexion und auch zur Diskussion an.

Step 4: Mini-Workshop – Coaching-Leitfaden fürs Spiel
Nun schließt sich ein 20- bis 30-minütiger Mini-Workshop an. Dabei fordern wir die Teilnehmer auf, in Kleingruppen auf Basis der vorangegangenen Szenen einen Leitfaden für ein Coaching der Rollenfiguren oder des Produkts zu erarbeiten. Folgende Fragestellungen sind hier hilfreich:

- Wie schaffen wir es, innovativer bei unseren Produkten zu sein?
- Wie gelingt es uns, Kundenwünsche und Bedürfnisse stärker einzubeziehen?
- Welche Einstellungs- und Verhaltensänderungen sind bei der Rollenfigur notwendig?
- Was ist sonst noch wichtig?

Die letzte Frage sichert ab, dass wirklich nichts, auch keine Idee, vergessen wird. Die Gruppen erarbeiten nun in der vorgegebenen Zeit einen Leitfaden. Der dient als Vorlage, um im nächsten Schritt die betreffenden Personen oder Produkte direkt zu coachen.

Step 5: Coaching der Rollenfiguren
Nun stellt jede Gruppe ihrer Rollenfigur auf der Bühne das Coaching vor. Zum besseren Verständnis kann der Schauspieler, der die Rollenfigur darstellt, entsprechende Fragen formulieren.

Danach wird die Zeit zurückgedreht, das heißt, die Schauspieler nehmen wieder ihre anfängliche Rolle als Kunde oder Mitarbeiter ein. Jetzt versuchen die Rollenfiguren, das Coaching zu beherzigen und umzusetzen. Das kann mit Widerstand verbunden sein oder mit Unverständnis – wie im realen Leben. Die Zuschauer sind angehalten, in solchen Momenten dem Schauspieler die Optimierungsideen noch einmal zu verdeutlichen. Der Schauspieler geht daraufhin zurück in eine zuvor gespielte Szene, zum Beispiel mit seinem Vorgesetzten, und wendet die Ideen an. Die gleiche Situation wird also mit einer neuen Haltung und neuen Kompetenzen erneut gespielt. So erleben die Teilnehmer einen echten Vorher-Nachher-Effekt.

Step 6: Erster Transfer
Bislang haben die Schauspieler als Stellvertreter agiert, die Zuschauer konnten das Ganze von außen mit einer gewissen Distanz und dennoch wie in einem Spiegel betrachten. Jetzt geht es darum, dass die Teilnehmer in einem ersten Transfer ihre Erkenntnisse für sich auf ihren Alltag übertragen. Da es am Nachmittag eine weitere Schauspielsession geben wird, bitten wir alle Teilnehmer, dass jeder für sich seine wichtigsten Punkte in fünf Minuten notiert. Wenn noch Zeit dafür bleibt, können sie sich mit ihren Nachbarn hierzu austauschen. Am Nachmittag werden die Ergebnisse dann im World-Café für den Abschlusstransfer zusammengebracht.

Step 7: Szenische Darstellung am Nachmittag
Im weiteren Verlauf bietet sich eine weitere Session mit szenischen Darstellungen an. Ging es am Vormittag zum Beispiel um das Thema Kunden, nehmen wir uns am Nachmittag gerne unternehmensinterne Szenen vor. Hier könnte etwa das Vorstellungsgespräch mit den beiden weiblichen Bewerberinnen aus unserem Fallbeispiel dargestellt werden. Oder auch die Auswahl von Talenten. Das Prozedere ist wie am Vormittag. Durch die szenische Darstellung werden die Anwesenden für das Thema sensibilisiert. Beim Thema Diversity kann auch auf die Szene mit der Geigenspielerin zurückgegriffen werden, da diese zu einem sehr starken Aha-Effekt führt.

Step 8: Der heiße Stuhl
Wie bei Step 3 können auch hier einzelne Personen, etwa ein Mitarbeiter oder eine Führungskraft eines bestimmten Bereichs, aus den Rollenspielen zuvor auf den heißen Stuhl gebeten werden. Dabei nehmen wir gerne auch

Mitarbeiter oder Vorgesetzte des Unternehmens in den Blick, bei denen eine Verhaltensänderung erwünscht wäre. Mit dieser Intervention können interne Kommunikationsprozesse, Stereotype, Glaubensmuster und Ähnliches gut aufgegriffen werden. Nachdem zwei bis drei wichtige Mitarbeiter oder Manager auf dem heißen Stuhl befragt wurden, geht es darum, das Erlebte zu reflektieren und zu diskutieren, um auf dieser Basis neue Ideen und Strategien zu generieren.

Step 9: World-Café

Wir bitten die Teilnehmer, sich zu verteilen, sodass an jedem vorbereiteten Tisch je nach Teilnehmeranzahl zwischen vier und acht Personen sitzen. Der Moderator erläutert die Session »World-Café« kurz, damit die Teilnehmer verstehen, was nun zu tun ist. Er kann die sogenannte Café-Etikette wie folgt beschreiben: »Fokussieren Sie auf das, was Ihnen wichtig ist. Sie tragen mit Ihren Ansichten und Sichtweisen zum Gesamtergebnis bei. Trauen Sie sich, mit Herz und Verstand zu sprechen und zu hören, und verlinken Sie Ihre Ideen.«

Set-up für das World-Café

Nachdem die Gäste jeweils einen Gastgeber pro Tisch bestimmt haben, erläutert der Moderator die erste von drei Fragerunden. Die Ergebnisse aus dem World-Café stehen und fallen mit den Formulierungen, daher müssen die Fragen zusammen mit dem Kunden gut vorbereitet werden. Die erste Frage sollte einen öffnenden und sammelnden Charakter haben, damit die Teilnehmer warm werden. Jeder von ihnen trägt Wissen, Ideen und Erkenntnissen in sich und all das soll einfließen. Im Fallbeispiel könnte diese Session ablaufen, wie im Folgenden beschrieben.

Was waren die wichtigsten Erkenntnisse für Sie aus den letzten Rollenspielen? Gemeint sind die internen Szenen. Diese Frage dient dazu, die Diskussion zwischen den Teilnehmern anzuregen und die Beteiligten zu öffnen. Ihre Aufgabe ist es, Erkenntnisse zusammenzutragen und zu sammeln. Wir ermuntern die Teilnehmer immer wieder, ihre Ideen mit den Stiften auf die Tischdecken zu kritzeln oder zu malen.

Mit der zweiten Frage docken wir unmittelbar daran an: Welche Erkenntnisse und Ideen haben Sie zum Thema Innovationsfähigkeit und Vielfalt, wenn Sie alle Rollenspiele und alles Erlebte reflektieren? Diese Frage bezieht sich auf alle Szenen, die die Teilnehmer bei diesem Workshop bislang gesehen haben. Sie verknüpft das Kundenthema mit den internen Themen zum Komplex Diversity und Innovationskraft.

Die dritte Frage sollte Handlungsoptionen eröffnen und daher praxisorientierter sein, um konkrete To-dos ableiten zu können, zum Beispiel: Welche Handlungen wollen wir vornehmen, um unsere Ideen umzusetzen? Oder: Welche nächsten Schritte sind zu tun? Oder: Was sind die nächsten konkreten Schritte für Sie, damit das Unternehmen innovativer wird?

Nach der dritten Runde fordern wir die jeweils letzte Tischgruppe auf, ihre Top Drei der Ideen und Handlungsoptionen festzulegen und auf ihrer beschrifteten Tischdecke erkennbar zu machen. Sie werden im Plenum präsentiert. Die Teilnehmer haben für die Vorbereitung der Präsentation 20 Minuten Zeit. Dann werden alle Tischdecken auf Metaplanwände gehängt und die Gruppen stellen ihre wichtigsten drei Ideen sowie die nächsten strategischen Schritte nacheinander vor. Um die Themen im Unternehmen weiter voranzutreiben, werden Arbeitsgruppen gebildet, die Teilnehmer dürfen sich hierzu freiwillig melden. Deren Ergebnisse schauen wir uns nach der Pilotie-rungsphase an und vereinbaren dazu ein gemeinsames erstes Treffen. Wenn wir – wie im Beispiel – mehrere Großgruppen-Workshops durchführen, wer-den anschließend die Ergebnisse evaluiert und das zukünftige Vorgehen ge-plant. Wichtig ist, dass die Arbeitsgruppen die nächsten Schritte angehen und weitere Maßnahmen folgen.

Sinnvolle Ergänzung: Spiegeltheater   **!**

In spielfreien Zeiten sitzen die Schauspieler im Publikum oder am Rand des Raums und beobachten die Teilnehmer. Auch in den Pausen stehen sie zwischen den Teilnehmern und beteiligen sich an der Arbeit in den Kleingruppen. Dabei nehmen sie die Atmosphäre wahr, zudem hören sie die Kommentare und Gespräche der Teilnehmer. Sie beobachten Kommunikationsstile, Verhaltensmuster, Rituale, Redewendungen, Wünsche und Bedürfnisse der Anwesenden. Zwischendurch ziehen sich die Schauspieler zurück, tauschen ihre Beobachtungen aus und kreie-ren einen Leitfaden für ihre letzte Aufführung am Ende des Workshops. In diesem Spiegeltheater fassen sie alles, was sie am Tag wahrgenommen haben, zusammen. Anschließend empfehlen wir, dass die Teilnehmer noch kurz im Plenum reflektie-ren, wie die Szenen auf sie gewirkt haben, bevor der Tag abgeschlossen wird.

3.   Unsere Erfahrungen

Das Business-Theater ist aus unserer Sicht eine wertvolle Reflexionsplatt-form, auf der Einzelnen ihre eigenen Verhaltensmuster oder Organisationen ihre Stärken und Schwächen bewusst werden. Ist ein Anfang gemacht, kön-nen Glaubenssätze und Einstellungen hinterfragt sowie Verhaltensänderun-gen und ein Change im Mindset eingeleitet werden. Die Teilnehmer können schnell wichtige Einsichten gewinnen und der heiße Stuhl fungiert als Labor, in dem Veränderungen ausprobiert und deren Konsequenzen live getestet werden können.

Wir haben gute Erfahrungen mit der Kombination aus den Mini-Workshops und dem World-Café gemacht. Sie ist besonders gut geeignet, um konkrete Veränderungen gemeinsam zu diskutieren und strategische Pläne für die Umsetzung zu entwickeln. Dieser interaktive Prozess führt durch die Beteiligung der Mitarbeiter und Führungskräfte zu einem sehr starken Commitment.

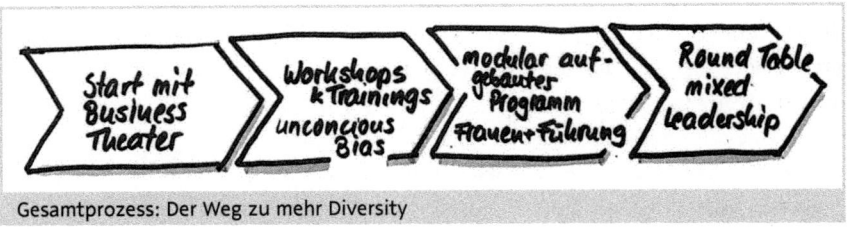

Gesamtprozess: Der Weg zu mehr Diversity

4. Praxistransfer: Business-Theater und World-Café bei der Senso GmbH

Step 1: Vor dem Spiel

»Wir haben insgesamt sechs Pilotgruppen zusammenbekommen«, sagt Hannelore Mutig stolz im Gespräch mit Franzi Engel aus dem Beraterteam der Glücks-Akademie, die die Moderation der Szenen und der Workshops inklusive World-Café bei Senso übernommen hat.

»Unser Kommunikationsplan ist aufgegangen, es gibt wirklich eine gute Durchmischung der Interessenten aus verschiedenen Bereichen und Levels«, ergänzt Franzi Engel. »Unsere Spieler haben Ihre internen Informationen schon ausgewertet und auch Kunden in fünf Baumärkten und Kaufhäusern zu Ihren Produkten befragt. Unsere Proben sind abgeschlossen und wir freuen uns auf den Start morgen mit der ersten Gruppe.«

Step 2: Szenische Darstellung am Vormittag

40 neugierige Teilnehmer warten im großen Saal der Senso auf die erste Szene der Schauspieler, nachdem Franzi Engel alle begrüßt und die kurze Agenda sowie Sinn und Zweck des Tages erläutert hat. Es fühlt sich für die Teilnehmer anscheinend ein wenig ungewohnt an, in solch einer Runde zusammenzukommen. Franzi Engel kündigt die erste Szene an und erklärt, dass Frau Groll zu sehen sein wird, eine Kundin, die gerade die neue Waschmaschine mit der Produktnummer 210 erworben hat und, nachdem das Gerät erfolgreich angeschlossen wurde, den ersten Waschgang starten will. »Wir

switchen jetzt zu Frau Groll in die Wohnung, sie ist alleinerziehend und ihre Waschmaschine steht im Bad«, kündigt Franzi Engel an. »Wir beamen uns jetzt zu Frau Groll ins Bad.«

Die Waschmaschine wird von einem männlichen Schauspieler gespielt. Frau Groll dreht und kurbelt an den Knöpfen herum und zerreißt irgendwann missmutig die Gebrauchsanweisung. Der Spieler als Waschmaschine dreht sich um, wackelt, kommt aber nicht wirklich in Gang. Ein sehr komisches, doch irgendwie auch unglückliches Bild bietet sich dem Publikum einige Minuten lang dar. Franzi Engel fragt ins Plenum: »Wollen Sie Frau Groll einmal näher kennenlernen und verstehen, warum sie so sauer oder unzufrieden ist?« Ein Ja ertönt aus dem Publikum.

Step 3: Der heiße Stuhl
»Hallo, Frau Groll, danke dass Sie sich zur Verfügung stellen und sich auf den heißen Stuhl begeben, um unsere Fragen ehrlich zu beantworten«, sagt Franzi Engel und bittet Frau Groll auf den Stuhl. »Was ärgert Sie denn so an diesem Gerät?«

Frau Groll entgegnet: »Das war ein totaler Fehlkauf. Die Beschreibung ist viel zu kompliziert und ich krieg das Gerät einfach nicht zum Laufen. Und sehen Sie mein Bad an. Ich hätte gerne eine Maschine, die farblich hineinpasst. Das Weiß ist doch total langweilig. Mein neuer Kühlschrank ist blau und sieht klasse in der Küche aus.«

»Danke für Ihre ehrlichen Hinweise. Was wünschen Sie sich denn noch?«

»Die Gebrauchsanweisung sollte mehr Symbole haben und nicht so viel Text. Ich will doch keine Doktorarbeit lesen«, fährt Frau Groll fort.

»Wollen Sie Frau Groll auch noch etwas fragen?«

»Ja«, ertönt es aus der ersten Reihe. Ein Produktingenieur fragt: »Eine bunte Waschmaschine, das ist doch nicht Ihr Ernst, oder?«

»Doch, wieso nicht? Nahezu alle Geräte gibt es in vielen Farben, nur Waschmaschinen sind immer weiß«, antwortet Frau Groll. »Meinem Freund ist das total egal, aber mir nicht!«

In einer weiteren Szene wird der Akkuschrauber Power70 vorgestellt, zu sehen sind glückliche Kunden und Kundinnen. In einer weiteren Szene kommt hingegen noch ein Gerät von Senso vor, das schwierig zu handhaben und für Frauen kaum anzuheben ist. Die Quintessenz der Schauspielerin: »Ich würde es ja kaufen, doch es müsste ein wenig leichter sein, damit ich es gut bewegen kann!«

Das Ende dieser Spielsequenz bildet der Dialog eines Produktentwicklers mit seinem Vorgesetzten. Hier kommen Statements wie »Das haben wir doch immer schon so gemacht!« vonseiten des Entwicklers. Und: »Die Prozesse in der Produktion sind doch gut und das Team auch.« Irgendwie wirkt der Ingenieur demotiviert, vor allem als zur Sprache kommt, die weiblichen Kundenstimmen mehr einzubeziehen. Auch hier ist der Widerstand des Entwicklers zu spüren. Und er behauptet, dass seiner Auffassung nach mehr Männer Geräte kaufen als Frauen. Über die Farbwünsche lacht er nur.

Step 4: Mini-Workshop – Coaching-Leitfaden fürs Spiel
Die Teilnehmer werden in Fünfergruppen eingeteilt, auch die Schauspieler mischen sich darunter. Sechs der acht Gruppen befassen sich mit dem Thema Produkte und Innovationen. Sie entwickeln Ideen und einen groben Leitfaden, wie sich innovativere Produkte entwickeln lassen. Die anderen beiden Gruppen befassen sich mit der Verhaltensänderung beim Ingenieur und entwickeln hierfür einen Coaching-Leitfaden.

Step 5: Coaching der Rollenfiguren
Um den Widerstand des Ingenieurs schmelzen zu lassen, bringt die eine Gruppe seine private Situation zur Sprache: »Sie haben doch eine Tochter. Wie sollten Geräte sein, damit auch sie diese bedienen kann?« Das löst beim Ingenieur die Bereitschaft aus, in seinem Verhalten etwas zu verändern. Bei den Produkten kommen Vorschläge wie: »Wir sollten die Entwicklerteams mehr durchmischen.« Und einer der Anwesenden kennt die Methodik des Design-Thinking, er schlägt vor, die Kunden viel früher einzubeziehen, insbesondere die weiblichen.

Step 6: Erster Transfer
Die Teilnehmer notieren jeder für sich die ersten Erkenntnisse und die To-dos im Rahmen dessen, was sie tun können. Anschließend kündigt Franzi Engel die Mittagspause an, sie wird 60 Minuten dauern.

Step 7 und 8: Szenische Darstellung am Nachmittag und der heiße Stuhl
Nach dem Essen eröffnet Franzi Engel den Nachmittag mit folgenden Worten:»Der Vormittag war Ihren Kunden gewidmet, nun wollen wir einen Blick ins Unternehmen werfen! Dazu werden wir eine klassische Bewerbersituation hier im Unternehmen sehen. Gespielt wird folgende Szene: Zwei Bewerberinnen erhalten eine Absage mit dem Argument, dass die männlichen Bewerber einfach besser sind.« Ein paar Teilnehmerinnen im Publikum regen sich sehr über diese Aussage auf.»Wir treffen jetzt Herrn Meister, Leiter der Produktion, und Herrn Müller, Manager in der Produktion, an der Kaffeemaschine. Die beiden unterhalten sich über die Entwicklung von Talenten«, schließt Franzi Engel ihre Einführung ab.

»Wir haben einfach keine guten Frauen, weder als Bewerberinnen noch intern für das höhere Management. Meine fünf Produktentwickler sind allesamt männlich und sie sagen, wir hätten kein Diversity-Problem«, sagt Herr Meister.

Herr Müller antwortet:»Außerdem – ein Programm für Frauen, das wäre doch nur ein Stöckelschuhseminar. Und anschließend rammen sie uns die Absätze in den Rücken. Entweder Frauen sind nett und inkompetent oder zickig und kompetent, oder?« Ein Raunen geht durch den Raum.

Nun wird Herr Müller auf den heißen Stuhl gebeten. Auf Nachfrage kommt heraus, dass er gewisse Ängste vor Frauen hat. In der Produktion gehe es halt etwas rauer und männlicher zu. Und es zeigt sich, dass er wirklich der Auffassung ist, dass es kaum geeignete Frauen gibt. Wobei er eingesteht, dass die Produkte schon häufig von Frauen gekauft werden, sodass es vielleicht nicht schlecht wäre, auch ein paar Frauen an Bord zu haben.

Es folgt die Szene mit der Geigerin und dem Vorhang, die einen großen Aha-Effekt bei den Zuschauern bewirkt.

Step 9: World-Café

Anschließend erfolgt der Umbau, aus dem Saal wird ein Kaffeehaus mit acht Tischen mit jeweils fünf Stühlen. In den drei Fragerunden diskutieren die Teilnehmer sehr ergiebig über ihre Erkenntnisse aus der letzten Szene und zum Thema Steigerung der Innovationskraft. Auch bei der letzten Frage zur Orchesterszene – »Was könnte unser Vorhang sein?« – kommen viele Ideen und Ergebnisse zusammen.

Eine Gruppe hat sich auf das Thema »Recruiting« konzentriert und will mit einem Pilotprojekt einführen, dass mit den Bewerbungen keine Bilder abgegeben werden dürfen. Ein weiterer Vorschlag ist, die Sprache der Stellenausschreibungen daraufhin zu prüfen, inwiefern sie männliche und weibliche Bewerber anspricht. Eine andere Gruppe hat sich als wichtiges To-do ein Programm für weibliche Talente vorgenommen, bei dem sich die Frauen selbst bewerben dürfen. Eine weitere Gruppe schlägt vor, sich eng mit der Produktion zu vernetzen und immer wieder die weibliche Sichtweise in die Produkte einfließen zu lassen. Spannend ist auch der Ansatz der Gruppe, die erläutert, dass die Generation Y die gleichen Bedürfnisse wie Frauen hat und man nicht zu sehr das Frauenthema in den Vordergrund stellen sollte. Sinnvoller wäre es, die Innovationen und die Ausrichtung so zu gestalten, dass sie Kandidaten aus den Generationen Y und Z ansprechen. Eine letzte Gruppe hat das Thema »unconscious Bias« auf dem Schirm, also Denkfehler, die tief verwurzelt sind und zu festen Urteilen führen. Sie schlägt vor, mit Mini-Workshops zu diesem Thema die Menschen im gesamten Unternehmen zu sensibilisieren, insbesondere denjenigen, die für das Einstellen und Entwickeln der Mitarbeiter zuständig sind. Es melden sich vier Freiwillige, die die Themen in einer Arbeitsgruppe weiter voranbringen wollen. Dabei werden sie eng mit der CHRO und dem CEO, der sich ebenfalls einbringen will, zusammenarbeiten.

Nachdem erste Treffen stattgefunden hatten, bildete sich die Arbeitsgruppe für weiterführende Maßnahmen. Das Business-Theater war ein voller Erfolg. Noch Monate danach fragten die Kollegen sich: »Na, was ist dein Vorhang?« Hannelore Mutig rief zudem etwas später ein Talentprogramm für Frauen ins Leben, das über fünf Jahre laufen wird. Zudem gibt es ein Programm für erfahrene Führungskräfte, bei dem auch mit Business-Theater gearbeitet wird, um bestimmte Verhaltensmuster zu verdeutlichen. Design-Thinking wurde eingeführt, in der Produktion wird es auch begeistert angenommen. Senso hat zudem den Recruiting-Prozess angepackt und wird sich insbesondere mit dem Thema Bias und Verzerrungseffekte befassen.

5.   Neugierig? Unsere Literaturtipps

Iris Bohnet: What Works. Gender Equality by Design, Cambridge 2016

Jörg Preußig: Improvisationstechniken: Das Unerwartete souverän meistern, Freiburg 2017

Story 8: Soft-Skill-Bootcamp – der Weg zur neuen Führungsrolle

Das Unternehmen   !

Kompositas Versicherung AG, deutsche Versicherung, 710 Mitarbeiter, ein Standort in Deutschland; Christoph Weiler, 41 Jahre, Abteilungsleiter für Kfz-Versicherung, führt acht Teamleiter.

1.   Das Thema: Change für die Führungskräfte

»Morgenstund hat Gold im Mund« und auch »Der frühe Vogel fängt den Wurm« – warum ihm diese Sprichwörter durch den Kopf geisterten, wenn er um 6:30 Uhr morgens zum Schwimmen ging, immer für 30 Minuten, wusste Christoph Weiler auch nicht so genau. Um 7:30 Uhr machte er sich frisch geduscht auf den Weg zur Arbeit. Da es mal wieder ein Tag voller Besprechungen werden würde, freute er sich, dass er gleich morgens etwas Sport getrieben hatte und nun wach und munter in den Tag starten konnte. Jetzt im Herbst begann ohnehin die anstrengendste Zeit des Jahres für ihn und seinen Bereich. Alle Kunden hatten Post von ihrer Kfz-Versicherung bekommen und diejenigen, deren Beiträge steigen sollten, waren nicht gerade erfreut. Leider brachten die neuen Kfz-Tarife, von denen sich alle so viel versprochen hatten, nicht wie geplant viele neue Kunden. Ein schwieriges Gespräch mit seinem Vorstand Norbert Waldner stand ihm heute noch bevor.

Morgendliche Erkenntnisse

Kurz vor 9:00 Uhr machte sich Christoph auf zur ersten Besprechung. Er wählte einen kleinen Umweg durchs Großraumbüro, um noch kurz bei einer seiner zwölf Teamleitungen, Jenny Gewandt, vorbeizuschauen und sie zu bitten, die Auswertung der Kundenbeschwerden bis morgen fertigzustellen. Als er um den Aufzugblock herumging, hörte er auf einmal die lautere Stimme seines Mitarbeiters Rudolph Stoltze. Der sprach anscheinend mit einem unzufriedenen Kunden und klang selbst sehr verärgert: »Nein, da kann ich nichts machen. Sie hatten in den letzten Jahren zu viele Schäden, da steigt dann halt auch mal der Beitrag für die Haftpflicht.« – »Klar können Sie wechseln, schauen Sie selbst, ob Sie einen günstigeren Kfz-Haftpflichtversicherer finden.« – »Auf Wiedersehen.« – »So ein Idiot«, sagte Rudolph jetzt zu seiner Kollegin Katja Schneider, »baut in zwei Jahren vier Unfälle und beschwert sich dann, dass sein Beitrag steigt. Den interessiert noch nicht mal der Grund, der legt gleich mit einer Lautstärke los, unglaublich. Wenn der wechselt, auch gut.«

»Da hast du recht – was sich manche Kunden rausnehmen. Einfach anrufen, laut werden und sich beschweren, das geht ja gar nicht«, antwortete sie.

Christoph kam ins Grübeln, eigentlich hatten die Mitarbeiter doch Kommunikations- und Telefontrainings und weiß der Hugo was für Seminare absolviert, damit sie mit genau solchen Situationen umgehen können. Und dann war das das Ergebnis? Wieso setzten die Mitarbeiter das Gelernte nicht um? Oder hatten sie gar nichts gelernt? Das kann doch nicht sein, dachte er. Und war gespannt, wie der Teamleiter Michael Eisen auf das Telefonat reagieren würde. Da er dank seiner Größe gut über die Trennwände blicken konnte, schaute er hinüber zum Arbeitsplatz von Michael. Der saß direkt hinter den beiden Mitarbeitern und war – wie Christoph erkennen konnte – auch schon anwesend. Michael arbeitete an seinem Bildschirm und machte keine Anstalten, auf das Telefonat zu reagieren.

Christoph machte sich gedanklich eine Notiz, an diesem Thema dranzubleiben, und ging weiter. Als er bei Jenny ankam, stand sie einen Arbeitsplatz weiter, vertieft in ein Gespräch mit ihrer Mitarbeiterin Lea Martens: »Ich habe mir gestern stichpunktartig einige Akten gezogen und mir sowohl den Schriftverkehr als auch die Dokumentation angesehen. Dabei ist mir Folgendes aufgefallen …«

Mehr bekam er erst einmal nicht mit, weil ihn Martin Frohgemut ansprach: »Na, kommt ihr auch am Samstag zum Kinderflohmarkt im Kindergarten?« Martins Sohn und seine beiden drei und fünf Jahre alten Töchter gingen in denselben Kindergarten.

»Ja klar, wir haben auch wieder viel zu verkaufen. In dem Alter wachsen die Kinder ja so schnell aus den Klamotten raus«, sagte Christoph.

»Dann bis spätestens Samstag«, antwortete Martin.

Inzwischen hatte auch Jenny das Mitarbeitergespräch beendet und war auf dem Weg zu ihrem Arbeitsplatz. »Kannst du mir bitte die Auswertung der Kundenbeschwerden schon bis morgen fertigstellen?«, bat Christoph sie. Sie führten intern eine Statistik, in der die telefonischen und schriftlichen Kundenbeschwerden systematisch erfasst wurden. »Mach ich, aber du siehst ja auch, was hier los ist. Seitdem die Briefe mit den neuen Tarifen an die Kunden rausgegangen sind, tobt hier der Bär«, antwortete Jenny.

»Vielen Dank. Sag mal, eine Sache habe ich noch. Wie gut klappen denn aus deiner Sicht die Umsetzung und der Transfer aus den Trainings zur schriftlichen und mündlichen Kommunikation?«

Jenny antwortete nachdenklich: »Es klappt dann gut, wenn der Mitarbeiter motiviert ist und einen Nutzen für den Alltag erkennt. Allerdings ist die Macht der Gewohnheit sehr stark und zurück am Arbeitsplatz geht schon das eine oder andere verloren. Bei der schriftlichen Kommunikation habe ich den Eindruck, dass sich viel verbessert hat. Hier können die Mitarbeiter auch immer bessere Vorlagen verwenden. Gerade habe ich mit einer Mitarbeiterin wieder über Formulierungen gesprochen, die ich nicht optimal finde. Aber wir haben uns ja entschieden, mehr Freiräume zu lassen und nicht wie früher jeden Brief freizugeben. Das schätze ich auch als Führungskraft sehr. Hier hat sich insgesamt etwas verbessert. Bei den Telefonaten sieht es nicht so gut aus: Der Transfer funktioniert eher nicht – leider. Aktuell gibt es ja eine Menge unzufriedener Kunden, damit tun sich viele Mitarbeiter schwer.«

Christoph schaute auf seine Uhr. Er merkte, dass er schon zwei Minuten zu spät war, und verabschiedete sich schnell von Jenny. »Ich würde das gerne die Tage noch mal vertiefen, stell uns bitte einen Termin mit weiteren drei bis vier Teamleitern ein.«

Während der Besprechungen am Vormittag ging ihm immer wieder die Aussage von Jenny durch den Kopf, dass die schriftliche Kommunikation viel stärker gesteuert und kontrolliert wurde, während bei Telefonaten außer Trainings noch nicht viel passiert war. Es stellte sich ohnehin die Frage, was man da tun konnte.

Der Vorstand sieht rot

An Nachmittag stand der Termin mit dem Vorstand Norbert Waldner an. Dort bekam er zu hören: »Christoph, die Zahlen aus Kfz gefallen mir gar nicht. Wir sind zehn Prozent hinter unseren Erwartungen.«

»Ich bin auch unzufrieden und für dieses Jahr wird es mit Sicherheit nicht besser werden. Unser Tarif ist am Markt, die Konkurrenz hat auch ihre Hausaufgaben gemacht und jetzt auf Vermittler zuzugehen, um sie für uns zu gewinnen, und Bestände zu übertragen, das kann auch leicht nach hinten losgehen. Am Schluss fangen wir uns wieder eine so schlechte Schadenquote ein, dass wir nur drauflegen – wie zuletzt beim Bestand des Vermittlers BXD.«

»Das weiß ich alles, ich erwarte hier noch mehr Ideen von dir«, forderte Norbert.

»Meine Beobachtung ist, dass wir noch großen Nachholbedarf im Umgang mit unzufriedenen Kunden haben«, berichtete Christoph abschließend.

Und es geht weiter …

Als Christoph sich nach dem Vorstandstermin wieder auf den Weg zu seinem Arbeitsplatz machte, beschäftigte ihn die Frage, welche Ideen er wohl liefern könnte. Norbert war nicht wirklich gut auf die Zahlen zu sprechen. Wie fast immer, hatte Christoph einen kleinen Umweg durch das Großraumbüro zu seinem Arbeitsplatz genommen. Sein Wunsch war es, ein wenig mehr mitzubekommen, womit sich seine Mitarbeiter täglich beschäftigten. Seit heute Morgen war er sensibilisiert für Kundengespräche und einfach neugierig.

Auch am späten Nachmittag waren noch viele Mitarbeiter am Telefonieren. Kein Wunder, riefen doch viele Kunden erst bei ihrer Versicherung an, wenn sie wieder zuhause waren. Wieder hörte er eine lautere Stimme, diesmal die von Vera Klein: »Ich kann das verstehen, aber da können wir nichts machen.« – »Wie ich Ihnen schon sagte, wir können da nichts machen. Sie hatten in der Kaskoversicherung letztes Jahr zwei Schäden, das müssen Sie verstehen, da steigt der Beitrag.« – »So ein unverschämter Kunde, der will trotz der Schäden nicht mehr zahlen«, sagte Vera Klein nach dem Telefonat zu ihrem jungen Kollegen Max Stern, einem ehemaligen Auszubildenden, den das Unternehmen direkt nach der Ausbildung übernommen hatte. Innerlich versetzte sich Christoph spontan in die Rolle des Kunden und fragte sich, ob er nach diesem Gespräch noch länger Kunde bleiben wollte. Mal unabhängig von dem höheren Beitrag – wenn mit ihm so gesprochen würde, würde er sich zu wenig emotional abgeholt fühlen, selbst wenn Vera Klein inhaltlich recht hat. Ja, dachte Christoph, ich würde jetzt sicher über einen Versicherungswechsel nachdenken. Nach kurzem Abwarten stellte er fest, dass die Teamleiterin Katharina Maurer, wie heute am Morgen Michael, nicht reagierte.

Anregungen im Privaten
Abends nach dem Volleyballtraining kam Christoph mit Thomas Wunsch ins Gespräch. Thomas arbeitete bei einer privaten Krankenversicherung als Versicherungsmathematiker. »Wir müssen uns jetzt auch viel mehr ins Zeug legen in Sachen Kundenbindung und haben viele neue Projekte aufgesetzt. Wie ich gehört habe, sollen auch unsere Führungskräfte in den Vertrags- und Leistungsbereichen sich mehr um Kundenorientierung kümmern. Du kennst das ja auch: Wenn es um größere Summen geht, können wir nicht immer alles bezahlen – und der Kunde ist unzufrieden. Vor allem die in den letzten Jahren neu Versicherten können jetzt leichter wechseln. Später wird es schwieriger wegen der angesammelten Altersrückstellungen. Du bist doch auch schon lange privat versichert, du kannst eigentlich gar nicht mehr wechseln und bist deinem Versicherer doch ausgeliefert, oder?«, meinte Thomas und lachte dabei.

»Und was macht ihr konkret?«, fragte Christoph neugierig nach.

»Wenn ich es richtig verstanden habe, sollen sich unsere Führungskräfte jetzt auch verstärkt um die Qualität der Telefonate kümmern. Darauf haben sie echt keine große Lust, wie mir ein Kumpel erzählt hat.«

»Das kann ich mir denken«, antwortete Christoph und fügte in Gedanken hinzu, so würde es bei mir auch erst einmal sein.

Am nächsten Morgen kam er ins Gespräch mit seiner Frau. »Die private Krankenversicherung hat nur einmalig Physiotherapie bewilligt mit der Begründung, dass bei dem Krankheitsbild mehr medizinisch nicht sinnvoll sei. Dabei hat der Arzt doch weitere Stunden für angebracht erklärt. Bei meinem Anruf wurde mir unfreundlich erklärt, dass die bewilligten Stunden ausreichen würden. Es ginge doch darum, dass vor allem die Übungen zuhause weiter durchgeführt würden. Unverschämtheit, oder? Lassen einen im Regen stehen und sind auch wenig verständnisvoll. Verhalten sich deine Mitarbeiter auch so am Telefon?«

»Willst du eine ehrliche Antwort? Wenn du Pech hast, wahrscheinlich schon«, musste Christoph zugeben.

»Dann unternimm doch da mal was, aus Kundensicht finde ich das wirklich wichtig«, sagte nun seine Frau.

Was für ein Start in den Tag, dachte Christoph.

In der Teamleiterbesprechung

Für die von Jenny terminierte Teamleiterbesprechung im kleinen Kreis hatte Christoph noch den Personalentwickler Jan Vollmer gewinnen können. Als nun alle zusammensaßen, eröffnete er die Runde mit seinen Beobachtungen aus den letzten Tagen: »Mir ist aufgefallen, dass es immer wieder lautere Telefonate gibt, aber von den Teamleitern spricht anschließend keiner mit seinen Mitarbeitern. Gleichzeitig kümmert ihr euch um die Verbesserung des Schriftverkehrs, hier haltet ihr Rücksprache. Ist uns gelungener Schriftverkehr wichtiger als der gute persönliche Kontakt zum Kunden?«

»Dafür fehlt uns die Zeit«, antwortete Michael spontan, zwei andere nickten. »Was sollen wir denn noch alles machen?«

»Okay, wenn ich dich richtig verstehe, ist es vor allem ein Zeitproblem?«, fragte Christoph zurück.

»Vor allem das, ja genau.«

»Angenommen, wir lösen das Problem mit der Zeit, was würde euch noch daran hindern?« Christoph war sehr froh, dass er aktives Zuhören, lösungsorientiertes Fragen und andere Gesprächstechniken in seinen Führungsseminaren gelernt hatte, diese Techniken interessierten ihn persönlich sehr.

»Na ja, da müsste ich noch mal überlegen«, antwortete Michael.

»Mal ehrlich, ich kann das mit den Telefonaten auch nicht so gut. Ich fühle mich unsicher und außer zu sagen, dass wir so nicht mit den Kunden sprechen sollten, fällt mir auch erst mal nichts ein«, erläuterte Jenny ihre Sicht.

»Aber das ist ja auch nicht unsere Aufgabe«, ergänzte Michael.

»Da ist was dran«, die anderen nickten und stimmten zu.

»Also ich höre, dass ihr euch nicht so sicher fühlt, eure Mitarbeiter in Bezug auf besseres Telefonieren zu unterstützen, richtig? Was dies für eure Rolle bedeutet, darüber denke ich noch mal nach. Wie ihr mitbekommen habt, arbeitet unsere IT zunehmend mit agilen Methoden wie SCRUM. Dadurch ändert sich auch die Rolle der Führungskraft. Herr Vollmer, wollen Sie noch ein paar Worte hierzu sagen?«

70-20-10 Regel
Jan Vollmer, der die IT-Change-Prozesse mit begleitet hatte, ergänzte: »Die wesentliche Änderung ist loszulassen. Das kennen Sie doch, im Schriftverkehr kontrollieren Sie auch nicht mehr jeden Brief, Sie machen Qualitätskontrollen über Stichproben und geben dem Mitarbeiter Feedback. Es geht um mehr Vertrauen in die Fähigkeiten der Mitarbeiter und vor allem darum, mehr ein Coach für den Mitarbeiter zu sein, um ihn in seinem und für sein Arbeitsfeld fit zu machen. Gleichzeitig arbeitet unsere IT eigentlich nur in Projekten, während der Kfz-Bereich als Linienorganisation und hauptsächlich nach Weisung und Kontrolle arbeitet – was aber anscheinend an manchen Stellen aufweicht.«

»Dafür schicke ich die Mitarbeiter ins Seminar«, warf Michael ein.

Darauf entgegnete Jan Vollmer: »Seminare sind gut. Betrachten wir aber das Lernen ganzheitlich, dann gilt die 70-20-10-Regel. Das bedeutet, nur zehn Prozent einer Fähigkeit werden in Seminaren gelernt, weitere 20 Prozent durch den Austausch mit Kollegen und Führungskräften. Oft kommen wir gar nicht zu den 70 Prozent, dem On-the-Job-Lernen, also der Anwendung am Arbeitsplatz. Zudem reden wir über Gesprächstechniken, also komplexe

Verhaltensmuster, die nur durch üben, üben, üben auch im Kontext des Arbeitsplatzes in den Transfer kommen. Und erlauben Sie mir noch eine Anmerkung: Wenn ein Mitarbeiter ein aus unserer Sicht nicht wirklich kundenorientiertes Telefonat geführt hat und Sie als Führungskraft nicht darauf reagieren, was lernt der Mitarbeiter daraus? Und wenn Sie zeitgleich Rücksprache wegen des Schriftverkehrs halten, was ich sehr begrüße, was lernt der Mitarbeiter?«

»Wahrscheinlich, dass uns der Schriftverkehr wichtiger ist als persönliche Telefonate und dass seine Telefonate schon irgendwie okay sind«, meinte Jenny.

»Die Frage ist, ob das weiterhin unsere Botschaft an die Mitarbeiter sein soll«, sagte Jan Vollmer daraufhin.

Jenny entgegnete: »Eigentlich nicht, aber …«

Christoph ergriff das Wort: »Lasst uns die möglichen Bedenken bitte kurz zurückstellen, wir werden sie noch genauer betrachten. Im Moment will ich festhalten, dass wir uns grundsätzlich einig sind, dass dies nicht die Botschaft an unsere Mitarbeiter sein soll. Gleichzeitig haben wir festgestellt, dass es euch an Fähigkeiten und Zutrauen fehlt, um das Telefonverhalten der Mitarbeiter zu steuern. Und es ist unklar, inwiefern euch als Führungskräfte diese Inhalte auch betreffen und ihr sie umzusetzen habt. Richtig?«

Alle stimmten zu.

»Dann müssen wir hierfür einen Ansatz finden«, sagte Christoph abschließend.

Personalentwicklung, dein Freund und Helfer
Nach dem Meeting blieben Christoph und Jan Vollmer noch zusammen sitzen. »Mir scheint mit Ihnen, Herr Vollmer, habe ich den richtigen Ansprechpartner gefunden, um ein wichtiges Thema für uns im Kfz-Bereich voranzutreiben. Unsere Kundenorientierung und unser Verhalten am Telefon sind aus meiner Sicht verbesserungsbedürftig, wenn wir uns am Markt behaupten wollen. Gute Produkte und Tarife sowie eine stärkere Automatisierung der Prozesse allein reichen nicht aus.«

»Wird nicht ganz einfach, der Widerstand hat sich ja schon in dieser Runde gezeigt.«

»Dann lassen Sie uns doch zunächst ein Grobkonzept erarbeiten. Und dann will ich meine Teamleiter so schnell wie möglich integrieren und beteiligen«, schlug Christoph vor.

»Ich habe schon eine Idee, werde mich aber auch noch in meinem Personalentwickler-Netzwerk umhören.«

Grobkonzept mit Glücks
Aus diesem Netzwerk kannte Jan Vollmer Paul Grün von der Glücks-Akademie. Bei einem ersten Treffen schilderte er ihm die Situation

»Also, die Teamleiter sollen insgesamt bei der Lösungsentwicklung mehr eingebunden werden, wir brauchen also einen Co-Creation-Ansatz. Gleichzeitig sollen sie Sicherheit dabei gewinnen, ihren Mitarbeitern zu geführten Telefonaten Feedback zu geben. Die Rolle der Teamleiter soll ebenfalls ein wenig neu justiert werden, korrekt?«, fasste Paul Grün die Schilderung zusammen.

»Genau. Meine Idee ist, dass die Teamleiter einen ersten Rollenwechsel erleben, wenn wir eine Großgruppenveranstaltung mit den Mitarbeitern durchführen«, ergänzte Jan Vollmer.

»Das passt doch. In Co-Creation entwickeln wir zusammen mit den Teamleitern ein halb- bis dreivierteltägiges Soft-Skill-Bootcamp für die Mitarbeiter. Denen wird eine Auffrischung der Gesprächstechniken auch nicht schaden, oder? Das wird die Großgruppenveranstaltung. Anschließend, und das wird die nächste Herausforderung, müssen wir dafür sorgen, dass die Teamleiter im Alltag lernen, ihren Mitarbeiter zu Telefonaten Feedback zu geben – on the Job sozusagen. Wahrscheinlich müssen sie begleitet werden, um zu lernen, wie sie dies optimal aus der Coach-Rolle heraus hinbekommen. Das wird dann der Part ›Coaching on the Job‹. Damit haben wir unser Grobkonzept. Das muss jetzt nur noch Herrn Weiler und wahrscheinlich dem Vorstand gefallen. Und dann wäre die Frage zu klären, was davon ihr aus der Personalentwicklung leisten könnte und wobei ihr Unterstützung braucht. Und wann das Ganze losgehen soll.«

Überzeugungsarbeit

Christoph war angetan von dem Grobkonzept. »Das geht genau in die richtige Richtung. Meine Führungskräfte sollen zukünftig auch für die Entwicklung des Telefonverhaltens verantwortlich sein und sich darum kümmern. Dafür brauchen sie Sicherheit. Wir können nur jetzt in der Hochphase im Herbst nicht damit starten, aber Ende des ersten Quartals könnten wir loslegen.«

Vor dem Gespräch mit Norbert Waldner hatte Christoph sich überlegt, wie er den Vorstand für das besprochene Vorhaben gewinnen könnte. Da dieser ein sehr zahlenorientierter Mensch war und Fakten liebte, hatte er schnell einen Ansatzpunkt gefunden.

»Christoph, du hast dir ein paar Gedanken gemacht?«, fragte Norbert Waldner ohne große Umschweife.

»Unsere Zahlen werden in diesem Jahr nicht für das gewünschte Ergebnis sprechen. Unser Tarif ist gut, ändern können wir daran nichts. Meines Erachtens brauchen wir einen anderen Hebel. Wir müssen viel stärker auf Kundenorientierung setzen. Und die beginnt am Telefon. Unsere Standardbriefe haben wir kundenorientierter gestaltet, aber die individuellen Briefe und der persönliche telefonische Kontakt führen nicht unbedingt zu einem positiven Kundenerlebnis. Hier haben wir tatsächlich Nachholbedarf.

Stell dir mal bitte folgendes Bild vor: Ein Kunde ruft an und ist mehr oder weniger unzufrieden. Unsere Mitarbeiter schaffen es, am Telefon dafür zu sorgen, dass sich der Anrufer verstanden, also auf der Beziehungsebene abgeholt fühlt. Dieser Kunde wird uns mit hoher Wahrscheinlichkeit erhalten bleiben, selbst wenn er auf der Sachebene nicht unbedingt das bekommt, was er will. Zurzeit kümmern wir uns um unsere unzufriedenen Kunden viel zu wenig. Und deren Unmut verstärkt sich sogar noch, wenn der Kunde anruft und unsere Mitarbeiter mit den Beschwerden nicht umgehen können. Wir haben hier einen größeren Change vor uns, da auch unsere Führungskräfte die Telefonate zu wenig auf dem Schirm haben.

Mein Konzept sieht vor, dass wir mit unseren Führungskräften beginnen. Deren Rolle wird sich in den folgenden Jahren wegen der zunehmenden

Automatisierung weiter verändern. Daher ist ein Change auch in dieser Beziehung erforderlich. Sie werden zukünftig noch mehr in Projekten arbeiten und gleichzeitig fachliche Ansprechpartner, vor allem aber Coaches für ihre Mitarbeiter sein. Wir starten jetzt und binden die Führungskräfte gleich ein, der Rollout erfolgt im Frühjahr. Inhaltlich machen wir Folgendes: ...«

Norbert Waldner reagierte spontan: »Strategisch stimme ich dir bei der zukünftigen Ausrichtung zu. Gleichzeitig wünsche ich mir noch ein paar kurzfristige Aktivitäten zum Gegensteuern hinsichtlich unserer Zahlen. Ansonsten hast du ein Okay für das Konzept.«

2. Let's change: Theorie, Methodik und Didaktik

Erfahren Sie nun, was es mit dem Ansatz Bootcamp auf sich hat. Dabei gehen wir insbesondere darauf ein, wie er sich in Verbindung mit Co-Creation für eine Veränderung bei der Führungsrolle nutzen lässt.

2.1 Was ist die Methode Bootcamp?

Im Beratungs- und Trainingskontext bezeichnet der Begriff »Bootcamp« zeitlich begrenzte, intensive und umsetzungsorientierte Trainings zu Soft Skills (zum Beispiel Kommunikation, Gesprächsführung), die durch eine hohe Erlebnisorientierung und Spaß das Lernen erleichtern. Für uns besteht der Unterschied zu einem »üblichen« Training, dass wir das Bootcamp als intensives Großgruppenformat einsetzen. Diese Methode ist wunderbar dazu geeignet, Führungskräfte in eine neue Rolle (als Trainer oder Coach) zu bringen, sodass diese selbst einen Change erleben. Auch die Vorbereitung des Trainings findet in Co-Creation in Form von Sprints mit den Führungskräften statt. Sprints stammen aus der agilen Software-Entwicklungsmethode SCRUM. In der Regel dauert ein Sprint bis zu vier Wochen. Vorgegeben ist, welches Ergebnis erreicht werden soll, welche Ressourcen zur Verfügung stehen und wie der Ablauf ist. Wir übertragen die Bezeichnung auf diesen Kontext.

Während der Umsetzung leiten die Führungskräfte an ihren Stationen im Vorfeld abgestimmte und erarbeitete Übungen an, zum Beispiel zur mündlichen oder schriftlichen Kommunikation. Dabei vermitteln sie im ersten Schritt mit vorab von ihnen angefertigten Flipcharts oder Pinnwänden die relevanten Inhalte. Im zweiten Schritt führen sie dazu eine Übung mit der Gruppe durch. Die Führungskräfte werden in einem Soft-Skill-Bootcamp mit Sicherheit vier bis fünf Übungen anleiten. Reicht die Anzahl der Führungskräfte aus, bietet es sich an, Tandems zu bilden, sodass zwei gemeinsam die Übungen durchführen und sich gegenseitig unterstützen können.

Wenn das Bootcamp einen ganzen Tag dauert und beispielsweise mündliche wie schriftliche Kommunikation als Themen geplant sind, empfehlen wir, die Kleingruppen zwischendurch neu zu kombinieren. Wir hatten so wegen des Zuschnitts der Übungen einmal zwölf Gruppen für den Part mündliche Kommunikation/Gesprächstechniken und anschließend zehn Gruppen für den Part schriftliche Kommunikation/modern formulieren.

! **Hinweis**

Für die Sprints zur Vorbereitung werden etwa zwei bis drei Wochen angesetzt. Meist finden vier Sprints statt, es können aber wegen noch durchzuführender Analysen mehr sein.

Ein Soft-Skill-Bootcamp kann einen halben bis einen Tag dauern und als Einzelereignis durchgeführt werden. Wir garantieren einen extrem hohen Erlebnis- und Spaßfaktor für die Teilnehmer und gleichzeitig einen sehr hohen Lernerfolg bei den Führungskräften, was die zu vermittelnden Inhalte und die Sicherheit in der neuen Rolle angeht. Um die erworbenen Skills im Alltag auch bei den Mitarbeitern weiter zu festigen, sollten die Folgeprozesse unbedingt auf dem Bootcamp aufbauen.

2.2 Leitfaden: Bootcamp und Trainings on the Job

Set-up für das Bootcamp
Abhängig von der Gruppengröße werden passend große Räumlichkeiten benötigt, und zwar ein Raum fürs Plenum und eine entsprechende Anzahl von Räumen für die Gruppenübungen. Teilweise können zwei Gruppen parallel in einem Raum arbeiten.

Wir planen pro Kleingruppe maximal sechs Teilnehmer ein. An jeder Übungs-station brauchen wir ein Flipchart und eine Pinnwand. Darüber hinaus werden verschiedene Arbeitsblätter und andere kreative Übungsmaterialen (Fotos, Karten, Stifte) benötigt.

Set-up für das Bootcamp

Step 1: Die Vorbereitung beginnt – Sprintplanung und Sprint 1
Nachdem die Ziele für das Bootcamp geklärt sind, kann der erste Sprint be-ginnen. Zunächst wird festgelegt, wer von den Mitarbeitern und Führungs-kräften mitmachen wird, um die Gruppengröße zu bestimmen. Anschließend werden zusammen mit den Teilnehmern Informationen dazu gesammelt, welche Probleme zum Beispiel in der schriftlichen und/oder mündlichen Kommunikation auftreten und welche Techniken oder Einstellungen hilf-reich wären, um dem zu begegnen. Je nach Kenntnisstand und Erfahrung der Beteiligten sind verschiedene Ergebnisse möglich, beim ersten Sprint zum Beispiel diese:

- Die Rahmenbedingungen für die Organisation (Einladung, Hotelgröße, Teilnehmer, mögliche Termine etc.) werden festgelegt.

- Es ist klar, welche Probleme in der schriftlichen und/oder mündlichen Kommunikation bestehen oder wie sich dies durch Analysen (Beobachtung/Interview) herausfinden lässt.
- Erste Übungen konnten definiert werden oder es wurden entsprechende Rechercheaufträge vergeben.
- Es steht fest, wer für welche Aktivität verantwortlich ist.

Gerne stellen wir den Führungskräften Material zur Verfügung, das unsere Erfahrungen, Best-Practice-Projekte, Informationen zu Analysen und Übungen sowie weiterführende Literatur enthält. Auch haben wir gelernt, dass fast alle Teilnehmer zuvor schon verschiedene Kommunikations-, Kundenorientierungs- oder Führungsseminare absolviert haben. Ihnen steht daher (verschüttetes) Wissen zur Verfügung, das sich zeigt, sobald sie sich mit diesen Themen (wieder) beschäftigen.

Das Ziel besteht darin, baldmöglich zu entscheiden, welche Techniken oder Haltungen geübt beziehungsweise reflektiert werden sollen. Im Folgenden konzentrieren wir uns auf die Entwicklung der inhaltlichen Übungen und die damit verbundenen Präsentationen. Eines der Ergebnisse des ersten Sprints im Fallbeispiel war zudem: Ein anderes Projekt hatte gezeigt, dass vorab ein Seminar zum Thema schriftliche Kommunikation für die Führungskräfte stattfinden musste.

Step 2: Präsentation der ersten Ergebnisse – Sprintplanung und Sprint 2
Die Führungskräfte präsentieren im Kreis aller an den Sprints Beteiligten die Ergebnisse aus dem ersten Durchlauf. Das bedeutet, sie vermitteln, wie sie die Inhalte (zum Beispiel aktives Zuhören, das Formulieren von Ich-Botschaften, Feedbackgeben, Du-Botschaften) später allen teilnehmenden Mitarbeitern präsentieren und welche Übungen sie dazu planen. Hier geht es um erste Rohentwürfe.

Meistens fordern wir dazu auf, die Übungen nicht nur theoretisch vorzustellen, sondern sie auch direkt durchzuführen. Das Feedback der Führungskräfte, die abwechselnd anleiten und mitmachen, aus den Perspektiven Teilnehmer und Referent/Trainer ist sehr wertvoll. Alle lernen auf diese Weise sehr viel über ihre neue Rolle als Referent/Trainer und den Umgang mit den damit verbundenen Unsicherheiten. Zudem beschäftigen sie sich intensiver mit den Inhalten.

Ergebnisse des zweiten Sprints:
- Die Erfahrung in der neuen Rolle ist reflektiert.
- Die Führungskräfte gewinnen in der neuen Rolle erste Sicherheit.
- Die Ausgestaltung der Übungen sowie der Inhalte und der Anleitungen nimmt Form an.
- Die weitere Aufgabenverteilung steht fest.

Step 3: Gestaltung der Inhalte und mehr Sicherheit – Sprintplanung und Sprint 3

Wie in Step 2 werden die Ergebnisse präsentiert, es gibt Feedback zu den Anleitungen und die Übungen werden hinsichtlich der Lernziele geschärft. Zugleich werden die bisherigen Präsentationen und Übungen weiter durchgespielt.

Ergebnisse des dritten Sprints:
- Die Führungskräfte gewinnen noch mehr Sicherheit in der neuen Rolle.
- Die Führungskräfte können die Übungen sicherer anleiten.
- Es konkretisiert sich,
  - wie viele verschiedene Übungen insgesamt,
  - wie oft einzelne Übungen (auch parallel) und
  - wie viele verschiedene Übungen pro Führungskraft mit entsprechender Zeitkalkulation im Soft-Skill-Bootcamp
  durchgeführt werden.

Step 4: Sicheres Präsentieren und Anleiten

Ziel beim vierten Step ist es, die Sicherheit beim Anleiten der Übungen und bei den Kurzpräsentationen der Inhalte noch einmal zu verbessern.

Ergebnisse des vierten Sprints:
- Die Führungskräfte werden in der neuen Rolle noch sicherer.
- Die Führungskräfte fühlen sich sicher, wenn sie die Übungen anleiten und ihre Kurzpräsentationen halten.
- Auf organisatorischer Ebene ist klar, was alles noch vorbereitet werden muss:
  - Anzahl der Teilnehmer,
  - Aufteilung in Gruppen,
  - Fitness-Parcours für jede Gruppe: Welche Teilnehmergruppe ist wann an welcher Station und wie und wo findet sie die Station am Veranstaltungsort?

Step 5: Auf ins Soft-Skill-Bootcamp – die Großgruppe startet durch

Gleich zu Beginn des Soft-Skill-Bootcamps geben wir dem Auftraggeber die Bühne, damit er Sinn und Zweck der Intervention darlegt. Dann übernehmen wir und erläutern die konkreten Ziele für den Tag sowie den Ablauf.

Anschließend werden die Beteiligten in Kleingruppen eingeteilt. Sinnvoll ist es, die Zuordnung vorzubereiten, und beim Unterschreiben der Teilnehmerliste farbige Markierungspunkte auszugeben. So können sich die Gruppen leichter zusammenfinden. Die Gruppen erhalten dann noch einen Ausdruck ihres Fitness-Parcours und die Führungskräfte gehen zu ihren vorbereiteten ersten Stationen.

Step 6: Auf dem Fitness-Parcours

Die Gruppen starten und durchlaufen ihren jeweiligen Fitness-Parcours. Wir als Moderatoren der Gesamtveranstaltung sind die Wächter der Zeit. Wir achten darauf, dass die Übungen in den Kleingruppen nach Zeitplan und damit möglichst synchron ablaufen. Aus der Ferne begleiten wir die Führungskräfte, wir halten Kontakt zu ihnen. Sie können zwischendurch kurze Rückfragen stellen, wir sind zur Stelle, wenn sie Unterstützung brauchen.

Step 7: Abschluss – Auswertung im Plenum Großgruppe

Am Ende geben wir ein kurzes mündliches Feedback zum Verlauf, zur Stimmung und zu den Learnings. Dabei nutzen wir großgruppenkompatible Methoden, zum Beispiel Murmelgruppen in den Kleingruppen, und in der Großgruppe werden jeweils ein bis zwei Statements aus den Kleingruppen geteilt. Die Methode »Murmelgruppen« ist eine Variante der Gruppenarbeit, die auch in Großgruppen oder vor größerem Plenum bei Präsentationen einsetzbar ist. Eine Frage wird nicht offen vor allen, sondern mit den Sitznachbarn (bis zu vier Personen) ausgetauscht. Nach diesem Schritt wird der Auftraggeber (wenn er dabeigeblieben ist) von seiner Seite ein Resümee ziehen und einen Ausblick geben. Unser schriftliches Feedback erhalten unsere Kunde auf Wunsch gleich vor Ort oder wir reichen es später nach.

3. Unsere Erfahrungen

Ein Bootcamp ist ein Großgruppentraining mit vielen spielerischen und erlebnisorientierten Anteilen. Als besonders spannend empfinden wir es, ein Bootcamp in Co-Creation mit den Führungskräften des betreffenden Unternehmens zu erarbeiten. Die Führungskräfte werden dadurch zusätzlich gefördert, vor allem wenn sie in eine neue Rolle hineinwachsen sollen.

Der Transfer in den Alltag sollte auf jeden Fall unterstützt werden, zum Beispiel durch ein Coaching on the Job. Dabei übernehmen die Führungskräfte zunehmend Coaching-Funktionen und entwickeln die Mitarbeiter hinsichtlich der telefonischen Kommunikation. Voraussetzung dafür ist eine gewisse Sicherheit in den Kommunikations- und Gesprächstechniken seitens der Führungskräfte. Das Coaching on the Job wird in mehreren Modulen direkt am Arbeitsplatz durchgeführt. Alles in allem ist das Soft-Skill-Bootcamp mit den Führungskräften eine sehr hilfreiche Methode, das gilt sowohl für Führungskräfte als auch für die Mitarbeiter.

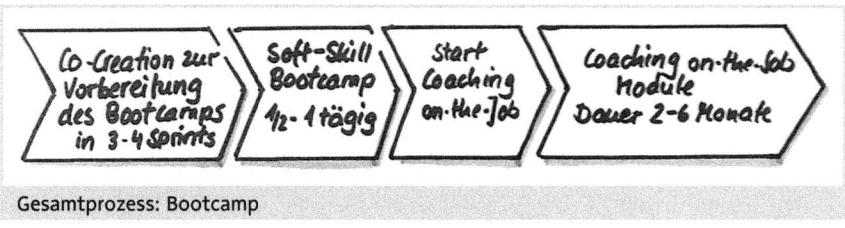

Gesamtprozess: Bootcamp

4. Praxistransfer: Soft-Skill-Bootcamp bei der Kompositas Versicherung AG

Step 1: Die Vorbereitung beginnt – Sprintplanung und Sprint 1
Paul Grün und Jan Vollmer leiten das Treffen für den ersten Sprint, Christoph Weiler kommt extra dazu. Es gibt noch eine Menge Klärungsbedarf und auch Widerstände bei den insgesamt sieben Teamleitern und ihren sieben Stellvertretern. Michael Eisen äußert sich stellvertretend für viele skeptisch: »Wie sollen wir das hinkriegen? Ich bin kein Trainer. Die Personalentwicklung sitzt doch hier mit am Tisch, die können das doch besser als wir.«

Christoph antwortet: »Sicherlich ist das eine große Herausforderung für viele von euch, bei der ihr euch auch noch nicht so sicher fühlt. Das ist mir klar und das sehe ich auch. Gleichzeitig ist mir wichtig, an dem festzuhalten, was wir erreichen wollen. Wie ich euch schon in unserem letzten Meeting erklärt habe, bin ich zutiefst davon überzeugt, dass sich eure Rolle als Teamleiter langsam, aber sicher verändern wird. Der zweite Punkt ist, dass wir uns in der Kundenorientierung bislang vor allem auf das Formulieren und Kontrollieren von Briefen konzentriert haben, in Zukunft werden wir aber mehr Wert auf die persönliche Kommunikation legen. Um diese kümmert ihr euch bislang kaum. Hier wollen wir ansetzen: Bisher haben wir die Mitarbeiter in Seminare geschickt und gehofft, dass sie alles gut umsetzen. Mehr tun wir bisher nicht. Das wird sich ändern und daher ändert sich eure Rolle. Ein erster Schritt in diese Richtung ist das Bootcamp, bei dem ihr als Führungskräfte erstmals in der Trainer- oder Coach-Rolle agieren werdet. Nach dem Bootcamp startet die Praxisphase mit einem Coaching on the Job. Die Sprints vorab zusammen mit euch dienen auch dazu, dass ihr bezüglich der Inhalte und eurer neuen Rolle Sicherheit gewinnt. Bitte lasst euch einfach darauf ein.«

Am Ende der Sprintplanung 1 steht fest, welche Gesprächstechniken für das Bootcamp geeignet sind: aktives Zuhören, Ich-Botschaften, Feedback geben, Du-Botschaften (Nutzenargumentation) und positives Formulieren. Entschieden wurde auch, welche drei Führungskräfte oder Stellvertreter hierfür jeweils Kurzpräsentationen und Übungen erarbeiten. Dazu werden Flipchartpapier, Stifte, Wachsmalblöcke sowie Literatur und Seminarunterlagen zur Verfügung gestellt. Bei Nachfragen können sich die Teilnehmer an Jan Vollmer und Paul Grün wenden.

Die Anzahl der Übungen steht fest und teilnehmen werden etwa 80 Mitarbeiter, daher wird das Bootcamp halbtägig angesetzt. Der genaue Zeitplan wird im nächsten Sprint erstellt.

Step 2: Präsentation der ersten Ergebnisse – Sprintplanung und Sprint 2
Das Auftakttreffen zur zweiten Sprintplanung beginnt mit der Präsentation erster Übungen. Jenny Gewandt und Andrea Harms präsentieren die Inhalte zum Thema Ich-Botschaften. Sie haben sich eine spielerische Variante einfallen lassen. Metaplankarten wurden mit »Sie-Botschaften« bedruckt und die

Teilnehmer des Bootcamps sollen diese Aussagen schnell in Ich-Botschaften umwandeln. Diese Idee kommt sehr gut an und das Team »Nutzenformulierungen«, bestehend aus Michael und Sabine Glanz, übernimmt diese Idee. Sie präsentieren auf den Karten typische Situationen wie »Kunde macht am Telefon Druck, dass er schnellstmöglich kündigen will, hat uns aber bislang noch keine schriftliche Kündigung eingereicht«. Die Sammlung wird durch die gesamte Gruppe ergänzt und qualitätsgesichert. Schwerer tun sich die Teamleiter mit der Anleitung zum aktiven Zuhören. Da diese Übung von allen Teamleitern durchgeführt werden soll, einigt man sich sowohl an diesem Tag als auch beim nächsten Treffen darauf, sie häufiger durchzuspielen.

Step 3 und 4: Gestaltung der Inhalte und mehr Sicherheit – Sprintplanung und Sprint 3/sicheres Präsentieren und Anleiten
Nach und nach werden die Übungen und Präsentationen fertiggestellt. Die Teamleiter gewinnen immer mehr Sicherheit in dem, was sie tun, vor allem beim Anleiten der Übungen. Es zeigt sich, dass mit der Sicherheit auch mehr und mehr humorvolle Anmerkungen bei den Treffen geäußert werden.

Step 5: Auf ins Soft-Skill-Bootcamp – die Großgruppe startet durch
Heute soll es endlich losgehen, Christoph ist sehr aufgeregt. Vier Monate Konzeption, Planung und Vorbereitung liegen hinter ihm und den Teamleitern. Das Jahresgeschäft ist durch, insgesamt kann die Versicherung damit leben, auch wenn nicht alles so gut gelaufen ist, wie man es sich erhofft hatte. Christoph weiß: Noch nie hat jemand in der Geschichte der Versicherung solch einen Event durchgeführt. Auch für ihn selbst ist es Neuland, und so hat er in den Wochen zuvor immer wieder Rücksprache mit Jan Vollmer, Paul Grün und seinen Teamleitern gehalten. Dabei hat er sich ständig über die Fortschritte bei der Vorbereitung des Soft-Skill-Bootcamps und beim Ausbau der Fähigkeiten seiner Teamleiter informiert. Bis auf sehr wenige Mitarbeiter, die krank sind, wollen alle zum Bootcamp kommen, die eingeladen wurden. In der Abteilung ist schon länger eine gewisse Neugier spürbar und er weiß, dass alle mit einer positiven Spannung kommen. Und was ihn besonders freut: Die Mitarbeiter wissen nicht, dass ihre Teamleiter die Übungen anleiten und die Präsentationen halten.

Pünktlich um 9:00 Uhr eröffnet Christoph die Veranstaltung: »Herzlich willkommen zu unserem ersten Soft-Skill-Bootcamp. Sie fragen sich sicherlich, was das bedeutet und wieso wir das machen. Wir kämpfen hart um jeden Kunden; wir entwickeln jedes Jahr neue Tarife, die im harten Wettbewerb bestehen. Ich bin zutiefst überzeugt, dass wir außer bei unseren Tarifen vor allem in der Kundenorientierung noch zulegen können. Unsere Briefe haben wir moderner und kundenorientierter gestaltet. Wo also können wir uns konkret steigern? Ich denke, Sie alle haben die Erfahrung gemacht, dass es nicht nur nette Kundentelefonate gibt; Sie alle kennen jede Menge Beispiele anstrengender Telefonate. Heute nehmen wir uns Zeit, um uns mit unserer Kommunikationskompetenz zu beschäftigen. Wie machen wir das?

Sie alle werden einen Kommunikations-Fitness-Parcours in Kleingruppen durchlaufen und dabei vielfältige Übungen miteinander machen – und hoffentlich viel Spaß haben. Ihre Fitness-Trainer oder -Coaches sind dabei nicht wie sonst üblich externe Trainer oder die Personalentwicklung, sondern ihre Teamleiter. Herzlich begrüßen darf ich zudem Paul Grün als externen Berater, der zusammen mit Jan Vollmer und den Führungskräften die Veranstaltung geplant hat.«

Step 6: Auf dem Fitness-Parcours
Anschließend erläutert Paul Grün die Gruppeneinteilung und jede Gruppe erhält ihren Parcours-Guide, der zeigt, welche Fitness-Stationen sie nach und nach aufsuchen soll. Er wacht als Moderator über die Zeit und checkt durch Besuche bei den Teamleitern, ob die Planung noch passt. Christoph hält sich im Hintergrund, besucht verschiedene Gruppen und beobachtet das muntere Treiben. Sein Eindruck ist, dass die Mitarbeiter sehr viel Spaß haben.

Step 7: Abschluss – Auswertung im Plenum Großgruppe
»Das hat wirklich Spaß gemacht«, »Wir waren die ganze Zeit mit Aktivitäten beschäftigt, es war keine Sekunde langweilig«, »Es war klasse in gemischten Teams und nicht in den Teams wie in der Firma unterwegs zu sein, so hat man andere Kollegen besser kennengelernt«, »Gemeinsam mit den Kollegen so entspannt so viele Übungen zu machen, das war wirklich gut und hat mir etwas gebracht«, »Sie hatten recht heute Morgen, als sie sagten, unsere Kommunikationskompetenz kann noch verbessert werden«, »Ich bin gespannt, was wir davon im Alltag umsetzen«, »Unseren Teamleitern hätte ich nicht zugetraut, dass sie das können – ehrlich klasse gemacht!«. So und ähnlich lauten die Rückmeldungen aus den Gruppen der Mitarbeiter. Christoph

ist zufrieden. Das Thema Transfer steht im nächsten Schritt an, der mit dem Coaching on the Job umgesetzt wird. Aber das ist eine andere Geschichte.

Drei Wochen nach dem Soft-Skill-Bootcamp lädt Christoph alle Beteiligten inklusive Jan Vollmer und Paul Grün zu einem kleinen Umtrunk ein, um sich noch einmal persönlich für die tolle Leistung bei der Vorbereitung und Durchführung des Bootcamp zu bedanken.

5.   Neugierig? Unsere Literaturtipps

Claudia Bingel/Christian Berndt: Präsentationstrainings erfolgreich leiten. Der Seminarfahrplan, 2.Auflage, Bonn 2018

Thomas Schmidt: Kommunikationstrainings erfolgreich leiten: Der Seminarfahrplan, 11.Auflage, Bonn 2017

Friedemann Schulz von Thun: Miteinander reden, Band 1, Störungen und Klärungen. Allgemeine Psychologie der Kommunikation, 48.Auflage, Reinbek 2010

Friedemann Schulz von Thun: Miteinander reden, Band 2, Stile, Werte und Persönlichkeitsentwicklung, Differentielle Psychologie der Kommunikation, 32.Auflage, Reinbek 2010

Friedemann Schulz von Thun: Miteinander reden, Band 3, Das »Innere Team« und situationsgerechte Kommunikation, 25.Auflage, Reinbek 2013

Story 9: Alles agil oder was?

Das Unternehmen

Waldmeister AG, gegründet 1957, Familienunternehmen, Mittelstand, 250 Mitarbeiter; Spezialmaschinenbauer, Produktentwickler und Hersteller von Werkzeugen und Verbrauchsmaterial; Vorstand: Thomas Winter, 49 Jahre.

1.   Das Thema: Haben wir das richtige Führungs- und Organisationssystem?

Thomas Winter lächelte. Die Zahlen sprachen für sich. Im ersten Quartal hatten sie das Umsatzziel knapp übertroffen. Er konnte zufrieden sein. Das Unternehmen war weiterhin auf Wachstumskurs und wenn es so weitergehen würde, würden sie das Jahresziel gut erreichen. Sein Vater hatte die Waldmeister AG 1957 mit 50 Mitarbeitern gegründet. Das Unternehmen war gewachsen, inzwischen zählte es 250 Mitarbeiter. Thomas hatte stets ein gutes Händchen für Zahlen und neue Produkte gehabt, doch seit er in den Vorstand gewechselt war, war er nicht mehr so nah dran an seinen Mitarbeitern. Als sein Vater noch im Unternehmen gearbeitet hatte, hatte Thomas einige Abteilungen durchlaufen und Teams geführt. Das hatte ihm große Freude bereitet, denn so hatte er das Unternehmen durch und durch kennengelernt. Vor ein paar Jahren hatte sich sein Vater aus dem Unternehmen zurückgezogen, obwohl ihm das sehr schwer gefallen war. Doch er hatte weiterhin seinen Sohn als Mentor unterstützt, bis er im vergangenen Jahr an Krebs verstorben war. Seither stand Thomas an oberster Stelle im Unternehmen und sein großes Ziel war es, das Erbe seines Vaters erfolgreich fortzuführen und dabei die offene und vertrauensvolle Unternehmenskultur weiter auszubauen.

In einer Stunde sollte das Meeting beginnen, Thomas Sekretärin Amalie Plötz brachte gerade frischen Kaffee und die Agenda für die anstehende Sitzung. Thomas war schon gespannt, was seine Leute aus den verschiedenen Bereichen berichten würden. Einmal im Monat traf er sich mit allen Bereichsleitern, um wichtige Dinge zu diskutieren. Oft war das Meeting etwas langatmig und die üblichen Verdächtigen erläuterten in epischer Breite, was gerade lief.

Ein Meeting mit Folgen

An diesem Tag startete sein Vertriebsleiter und was der erzählte, beschäftigte Thomas noch lange. Werner Brabant war Anfang 40, sehr eloquent und immer an seinen Mitarbeitern interessiert. Morgens, bevor er an seinen Arbeitsplatz ging, machte er seine Morgenrunde und sprach, wenn auch nur kurz, mit jedem seiner drei Teamleiter. Diese Brabant'sche Fragerunde hatte sich bewährt und die Teamleiter machten es mit ihren Mitarbeitern ebenso. Kurz und interessiert gingen sie in den Austausch. Und dabei war an den Tag gekommen, was Werner Brabant berichtete:»Die Mitarbeiter arbeiten zwar prinzipiell gerne und engagiert im Unternehmen. Doch gerade die Jungen wollen mehr Freiräume und mehr mitgestalten. Charlotte Brunner zum Beispiel, Anfang 30, Vertrieblerin und eine ausgezeichnete Kraft mit viel Potenzial. Sie sagte mir kürzlich, dass sich aus ihrer Sicht schon etwas verändern könnte. Das Unternehmen wäre oft träge und sie persönlich würde sich ihre Arbeitszeit gerne besser und eigenverantwortlich einteilen. Das würde sie sicher motivieren. Es hätte schon so viele Anregungen im Team gegeben, doch wegen der To-dos wäre gar keine Zeit, die Ideen auch mal weiterzuspinnen.« Werner Brabant war in Fahrt gekommen und fuhr fort:»Ja, und zwei meiner Teamleiter sagten mir, sie hätten wegen der vielen Arbeit zu wenig Zeit, ordentliche Gespräche mit ihren Mitarbeitern zu führen.«

Stimmt, dachte Thomas, wir hatten viel zu tun. Das Rollout und die Vermarktung des neuen Doppelschneckenextruders hatten viele Überstunden in Vertrieb und Produktion erfordert. Werner Brabant ergänzte vorsichtig: »Unsere Mitarbeiter sind in der Vergangenheit teilweise unzufrieden gewesen und haben mir klar signalisiert, dass sie mehr und schnelleres Feedback zu ihren Leistungen wollen. Und auch die Teammeetings fanden sie in letzter Zeit eher langweilig, weil sie immer dem gleichen Prozedere folgen. Die Zusammenarbeit in den Teams läuft prinzipiell gut, zum Beispiel, als an einem Abend die Software nicht funktionierte und ich als Chef nicht erreichbar war, weil ich einen privaten Termin hatte. Das Team hat in dieser Situation selbst eine ausgezeichnete Lösung gefunden. Dieses selbstgesteuerte Arbeiten hat allen große Freude gemacht, wobei die beteiligten Mitarbeiter bis auf einen Kollegen alle unter 40 waren. Und letzte Woche war ich auf einer Vertriebsleitertagung, bei der es unter anderem um die Themen agile Führung, Mitarbeitermotivation und neue Organisationsformen ging. Einer der hippen Speaker erzählte, wie andere Unternehmen sich gerade umbauen und welche Organisationsstruktur zu welchen Kulturen und Unternehmen passt. Er sagte, die Zeit sei jetzt reif und wer den richtigen Moment verpasse, würde in ein paar Jahren das Nachsehen haben. Die Menschen wollten dort arbeiten, wo sie so weit wie möglich mitbestimmen und mitgestalten könnten. Co-Creation wäre angesagt. Und die Mitarbeiter wären nur motiviert, wenn sie eigenverantwortlich handeln könnten, ohne sofort reglementiert zu werden. Nur anzuweisen wäre Führungsschwäche. Die neue Führung wäre eine Art Dienstleistung für die Mitarbeiter. Der Weg ginge weg von der Führungskraft hin zur Führungspersönlichkeit, die Teamleiter würden dann mehr als Coach agieren und Stärken stärken und Selbstorganisation fördern.« Mit diesen Worten schloss Werner Brabant sein langes Plädoyer für mehr Eigenverantwortung im Unternehmen.

Die anderen Bereichsleiter hörten geduldig zu, ohne nennenswerte Reaktionen zu zeigen, und erläuterten anschließend ihre Themen. Zuletzt war Dr. Anke Palme an der Reihe, die Personalchefin im Unternehmen und eine Juristin mit hervorragendem Sachverstand. Sie kam auf die Ausführungen von Werner Brabant zurück und fragte: »Was stellen Sie sich denn vor? Eine erneute Mitarbeiterbefragung? Um zu sehen, wie zufrieden die Mitarbeiter sind? Ihre Überlegungen betreffen doch nur einen kleinen Teil der Belegschaft. Die anderen Bereichsleiter haben Ihnen nicht beigepflichtet. Wir dürfen die Entwicklungen nicht überbewerten. Dieses ganze Gerede über Agilität ist doch nur Geschwätz. Ich kenne aus meinem Netzwerk kein Unternehmen, das wirklich agil arbeitet. Alle reden nur darüber. Man sollte vorsichtig sein und die propagierte Schwarmintelligenz nicht überbewerten. Das Ganze kann auch nach hinten losgehen und dann als Schwarmdummheit enden.« Dr. Anke Palme nahm nie ein Blatt vor den Mund, zeigte sich eher konservativ orientiert und hielt nicht viel von neumodischem Kram.

Thomas dachte kurz nach und sagte dann: »Nein, die letzte Mitarbeiterbefragung ist gut ausgefallen.« Natürlich hatte er auch schon viel von der Digitalisierung gehört, doch eigentlich hatte er gemeint, dass sein Betrieb super läuft, die Zahlen waren ja hervorragend. Und auch was die technische Entwicklung betraf, war er zufrieden. Sie waren zwar keine Vorreiter, konnten aber gut mithalten. Nach dem Meeting erledigte Thomas noch ein paar Dinge und fuhr dann in Gedanken über Mitbestimmung und Agilität versunken nach Hause.

New Work am Abend

Beim Abendessen – seine beiden erwachsenen Söhne Moritz und Sebastian waren zu Besuch – hatte Thomas ein Déjà-vu. Moritz, 23 Jahre, der im fünften Semester an der hiesigen TU Mechatronik studierte, sagte auf die Frage von Thomas, wie es in der Uni so liefe: »Weißt du, Papa, ich will auf keinen Fall fünf Tage die Woche arbeiten, wenn ich fertig mit dem Studium bin. Ich verzichte auf einen Firmenwagen und habe stattdessen lieber freitags frei, um Roboter zu bauen oder meine Freizeit zu genießen. Für mich sind die Zusammenarbeit mit Kollegen, die Sinnhaftigkeit meines Tuns und der Wert, den die Produkte schaffen, viel wichtiger als das Gehalt. Und außerdem«, ergänzte er, »kreisen viele Unternehmen nur um sich, anstatt den Kunden im Fokus zu haben.«

Thomas kam das bekannt vor, er spitzte die Ohren und fragte nach: »Was meinst du genau damit?«

»Ich will selbst entscheiden, wann ich was mache, Papa. Die alten Formen der Hierarchie haben doch schon längst ausgedient! Auch der Job auf Lebenszeit ist steinzeitlich. Die besten Ideen haben doch sowieso die Mitarbeiter in den Unternehmen – wenn man sie nur ließe. Wir hatten da eine interessante Vorlesung zu New Work und neuen Organisationsformen. Wissen vermehrt sich, wenn man es teilt. Die alten Silos müssen doch abgebaut werden. Und Papa, du weißt doch, Motivation ist ein Kind der Freiheit!«

Daraufhin schaute Thomas wohl recht verdutzt, sodass Sophie, seine Frau, ihn liebevoll anstupste. »Mag jemand Nachspeise?«, fragte sie.

Thomas fing sich wieder: »Danke, Schatz, sehr gerne.«

Sebastian, der jüngere der beiden Söhne, ging in die Küche und brachte köstliche Mousse au Chocolat und schon bald kreisten die Gespräche um andere Themen.

Als er im Bett lag, dachte Thomas noch über die Ereignisse des Tages nach. Sophie schlummerte schon lange neben ihm, da war er immer noch wach und überlegte, ob er etwas verändern sollte und welche Schritte als Nächstes anstehen könnten. Doch ihm fiel nichts Rechtes ein. Ach, vielleicht ist das ganze agile und selbstverantwortliche Gerede wirklich nur ein kurzlebiger Modetrend, dachte er, bevor er endlich einschlief.

Wechsel zur Konkurrenz

Als Thomas am nächsten Morgen aufwachte, schien die Sonne. So stand er auf, um noch vor dem Frühstück 40 Minuten durch den Wald zu joggen. Diese Zeit für sich genoss er sehr. Er ließ seine Gedanken wandern und beschloss, erst einmal zu beobachten, was passieren würde, und das Ganze nicht zu wichtig zu nehmen.

In der Firma angekommen, wurde er gleich eines Besseren belehrt. Bereits um 9:05 Uhr stand Dr. Anke Palme vor seinem Schreibtisch. »Herr Winter, zwei Topmitarbeiter, Herr Freitag und Frau Mohn, haben heute gekündigt. Und auf meine Frage nach dem Wieso, sagten sie, sie gingen zur Konkurrenz. Dort hätte man flexible Arbeitszeiten und würde fortschrittlicher und innovativer zusammenarbeiten. Zu den Aufgaben der Führungskräfte gehöre es, den Teams Zeit und Ressourcen für Entwicklungen zu geben – und auch mehr Verantwortung. Die Mitarbeiterjahresgespräche hätte man durch eine kontinuierliche Feedbackkultur ersetzt. Beim Vorstellungsgespräch wurden die Bewerber dem Team vorgestellt und die Mitarbeiter trafen dann die Entscheidung, die Kollegen einzustellen.«

Dr. Anke Palme wirkte etwas verstört, denn die Mitarbeiter, die gekündigt hatten, zählten zu den Toptalenten und sollten in den nächsten Jahren Führungsaufgaben übernehmen. Sie empfand das alles als äußerst ärgerlich. Die Waldmeister AG gehörte zu den besten Fünf der Schneckenextruderhersteller am Markt und die Konkurrenz lag eigentlich nur auf dem achten Platz. Thomas bedankte sich bei seiner Personalleiterin, dass sie ihn sofort informiert hatte. Als sie schon fast den Raum verlassen hatte, drehte sie sich kurz um und sagt leise: »Vielleicht ist das alles doch keine Modeerscheinung.« Und dies aus dem Mund von Anke Palme, dachte Thomas.

Er schaute aus dem Fenster. Draußen schien immer noch die Sonne, es war ein warmer Frühlingstag. Er beobachtete zwei Vögel beim Nestbauen, sah zu, wie diese geschickt kooperierten, sämtliche Bestandteile aus der Natur anbrachten und das Nest langsam wuchs. Zweige, Blätter, kleine Hölzer und noch mehr kleine und filigrane Äste wurden verarbeitet. Bald würde der Nachwuchs kommen. Seine Gedanken kehrten zum Unternehmen zurück und plötzlich hatte Thomas eine Idee. Warum nicht wieder einmal direkt mit den Mitarbeitern kommunizieren? Er beauftragte Amalie, mit den beiden, die zur Konkurrenz wechseln wollten, einen Termin zu vereinbaren.

Der verunsicherte Jan Freitag

Um 14:00 Uhr stand Jan Freitag, ein junger Mann von Mitte 30, in Thomas Büro. Er blickte etwas unsicher umher und war sichtlich aufgeregt angesichts der Einladung des Vorstands. Sollte er sofort freigestellt werden? Nein, diese Botschaft hätte Dr. Anke Palme ihm auch selbst übermittelt, ging es ihm durch den Kopf. Doch was sollte er hier in diesem Büro? Er musste nicht mehr lange darüber nachdenken, denn Thomas, ein Mann der Tat, kam sofort zur Sache. »Ich habe gehört, dass Sie gekündigt haben und zur Konkurrenz wechseln. Können Sie mir erklären, warum?«

Jan Freitag, der etwas eingeschüchtert wirkte, antwortete: »Die Anfahrt dorthin ist günstiger und kürzer für mich und man hat mir ein höheres Gehalt angeboten.«

Das war nur die halbe Wahrheit, denn in Wirklichkeit war ihm das Geld gar nicht so wichtig. Ihm ging es mehr darum, dass er in dem anderen Unternehmen seine Arbeitszeit flexibler gestalten könnte und dass dort agiler zusammengearbeitet wurde bzw. man dabei war, diese Entwicklung zu gestalten. Doch Thomas hatte ihn mit seiner Frage so überfahren, dass Jan Freitag sich nicht getraut hatte, ehrlich zu antworten. Er war vorher noch nie im Vorstandsbüro gewesen. Allein das fühlte sich schon komisch an. Und so war er froh, als er wieder an seinen Arbeitsplatz zurückkonnte.

Frau Mohn war leider am gleichen Tag nicht verfügbar, sie musste eine wichtige Produkteinführung als Projektleiterin begleiten. Amalie hatte mit ihr daher einen Termin für den kommenden Tag verabredet. Thomas erledigte also seine üblichen Tätigkeiten und als er sich am Abend von Amalie verabschiedete, dachte er beim Hinausgehen noch über das Gespräch mit Herrn Freitag nach. Komisch, Anfahrt und Gehalt, das waren doch ganz andere Argumente als von Dr. Anke Palme zuvor beschrieben.

Sophie Winters gutes Gespür

Am Abend war Thomas etwas abwesend und nicht sehr gesprächig. Seine Frau Sophie, die eine sehr gute Intuition hatte, merkte sofort, dass etwas nicht stimmte. »Was hast du? Du wirkst so in dich gekehrt?«, fragte sie ihn.

Thomas erzählte von seinem Gespräch mit Jan Freitag. Sophie hakte nach: »Du hast das Gespräch so geführt, wie du es mir eben geschildert hast?«

»Ja, wieso?«, entgegnete er. »Das war doch ganz sachlich.«

»Genau das war es«, sagte seine Frau. »Aber vielleicht hat Herr Freitag auch deswegen so reagiert, wie er es getan hat. Kannst du dir vorstellen, dass es für einen 35-Jährigen aufregend ist, wenn er nach einer Kündigung in dein Büro gerufen wird. Wie oft hast du sonst mit ihm zu tun?«

»Eigentlich nie. Wenn dann eher mit seinem Teamleiter oder direkt mit dem Bereichsleiter, wenn es um die Produktentwicklung geht«, antwortete Thomas etwas leiser.

»Okay, du hast noch nie mit ihm gesprochen und zitierst ihn nach seiner Kündigung zu dir ins Büro. Was denkst du, wie er sich dabei fühlt?«, bohrte Sophie nach.

Ach so, dachte Thomas. So langsam dämmerte es ihm.

»Wahrscheinlich hatte er Angst, dass du ihn zur Schnecke machst«, sagte seine Frau. »Bestimmt war er deshalb verunsichert und hat sich nicht getraut, dir ehrlich zu antworten. Zumindest musst du das in Erwägung ziehen.«

»Stimmt Schatz, du hast, wie so oft, recht«, entgegnete Thomas. »Morgen habe ich einen Termin mit Frau Mohn, auch sie hat gekündigt und will gehen.«

»Gut«, sagte Sophie, »was glaubst du, wäre günstig, damit sie für ein solch etwas ungewöhnliches Gespräch offen wäre?«

»Hm, ich könnte ihr erläutern, warum ich an ihrer Meinung interessiert bin, damit sie die Scheu verliert«, sagte Thomas.

»Gute Idee«, befand seine Frau. »Und sprich vielleicht ehrlich mit ihr über euer Bereichsmeeting und welche Gedanken zur Organisationsform und zum agilen Arbeiten aufgekommen sind. Und sag ihr, dass du sie für ihren tollen Job schätzt, das hat dir doch ihr Teamleiter gesagt, oder?«

»Sehr gute Idee«, erwiderte Thomas. In dieser Nacht schlief er tief und fest und wachte gut erholt am Morgen auf.

Tina Mohns Offenheit
Um 10:00 Uhr klopfte es an der Tür und Tina Mohn trat langsam ins Vorstandsbüro. Auch sie wirkte etwas verunsichert. Thomas lächelte sie freundlich an, bot ihr einen Platz an und eröffnete das Gespräch.

»Frau Mohn, Sie fragen sich vielleicht, warum ich Sie zu mir ins Büro gebeten habe. Von Frau Dr. Palme habe ich erfahren, dass Sie gekündigt haben, und ich möchte gerne mit Ihnen darüber sprechen, was Sie dazu bewegt hat. Ihre Arbeit schätzen wir sehr. Auch im letzten Projekt haben Sie mit Ihren Ergebnissen einen extremen Nutzen für uns erzielt. Wirklich exzellente Arbeit. Und wissen Sie, wir bei der Waldmeister AG denken darüber nach, ein paar Veränderungen anzugehen. Wir wollen prüfen, inwieweit wir moderner zusammenarbeiten können, und agile Elemente aufnehmen. Daher ist mir Ihre Sichtweise wirklich wichtig«, so eröffnete Thomas das Gespräch.

Die anfängliche Unsicherheit wich aus ihrem Gesicht und Frau Mohns Gesichtszüge entspannten sich. Man hätte schon fast ein Lächeln erahnen können. »Ach so, das will ich gerne schildern. Eigentlich habe ich immer gerne hier gearbeitet. Doch in den letzten Monaten ist uns im Team alles über den Kopf gewachsen. Neues System, viele Überstunden. Dann noch die Projektleitung ›nebenher‹. Wissen Sie, ich kann mich am Abend super konzentrieren und hätte zum Beispiel die Projektberichte gerne im Home-Office geschrieben. Das war aber leider nicht möglich. Die Arbeitszeiten sind hier sehr starr«, führte Tina Mohn aus.

Thomas schaute sie weiterhin freundlich an und Tina Mohn fuhr fort: »Ich möchte auch gern mal Ideen spinnen und etwas Neues ausprobieren – und nicht immer nur auf Anweisungen meines Teamleiters reagieren. Auch fände ich es gut, mehr Verantwortung auf das Team zu übertragen. Im neuen

Unternehmen wird in drei Bereichen agiles Arbeiten eingeführt und ich bin schon gespannt, wie das funktioniert. In den anderen Bereichen wird gearbeitet wie gehabt. Das finde ich total spannend.«

Die Entscheidung
Thomas bedankte sich bei Frau Mohn für ihre Offenheit und Ehrlichkeit. Nachdem sie sein Büro verlassen hatte, starrte er ein paar Minuten lang auf sein Telefon. Dann wählte er entschlossen die Nummer von Dr. Anke Palme. »Ich will mehr über agiles Arbeiten wissen und verstehen, wo es Sinn macht und wo nicht. Und inwieweit es zu unserer Kultur passt. Und ich möchte gerne alle Mitarbeiter befragen, wie sie das sehen, aber nicht mit einer klassischen Mitarbeiterbefragung. Was fällt Ihnen dazu ein? Welche Ideen haben Sie? Und dann möchte ich, dass wir unseren eigenen Transformationsprozess angehen, wie er zu uns als Maschinen- und Werkzeugbauer passt«, sprudelte es aus Thomas heraus.

Anschließend sprach er mit Werner Brabant. Der hörte gespannt zu und seine Augen fingen an zu leuchten. »Wir sollten alle einbeziehen und unser Sommerfest im Juni dazu nutzen«, sagte er begeistert. Er schlug vor, tagsüber einen Workshop mit allen Mitarbeitern zu veranstalten und abends die legendäre Waldmeister-AG-Grillparty zu starten.

Dr. Anke Palme war zwar anfangs skeptisch, ließ sich jedoch durch die guten Argumente von Werner Brabant überzeugen. »Wir brauchen ein Beratungsunternehmen, das mit uns zusammen diesen Tag gestaltet und uns bei der bevorstehenden Transformation begleitet«, stellte sie fest.

Wer das Sommerfest organisieren sollte, war schnell klar. Das Team bestand aus Werner Brabant, Dr. Anke Palme, zwei weiteren HR-Mitarbeitern und Charlotte Brunner sowie einem neuen Mitarbeiter aus dem Produktionsbereich. Thomas selbst war dieses Mal auch mit von der Partie. Das Beraterteam von der Glücks-Akademie hatte die Projektgruppe ausgesucht, Frau Engel und Herr Grün erklärten beim ersten Treffen, dass es sich bei einem solchen Vorgehen um Co-Creation handelt. Dabei würden alle Mitarbeiter mit einbezogen und so die Ideen, Bedürfnisse und das Wissen der gesamten Belegschaft genutzt. Diese Aufgabe wollten die Berater im Rahmen einer Großgruppenaufstellung mit dem sogenannten Haufe Quadranten angehen.

Dr. Anke Palme fragte ungläubig: »Wie? Da sollen 250 Mitarbeiter auf einem Quadrat herumstehen?« Die Berater erläuterten das Verfahren genauer. Dr. Anke Palmes Neugier war geweckt und sie ließ sich Schritt für Schritt von den Argumenten der Berater, insbesondere was Zeit- und Nutzenfaktor des Vorgehens anging, überzeugen.

2. Let's change: Theorie, Methodik und Didaktik

Sie erfahren nun, was eine systemische Aufstellung mit dem Haufe Quadranten ist und wie diese Methode als Großgruppenaufstellung funktioniert.

2.1 Was ist eine systemische Aufstellung?

»Eine systemische Strukturaufstellung ist die langweiligste Party der Welt«, das hat zumindest der Wissenschaftstheoretiker Matthias Varga von Kibéd einmal gesagt. Hintergrund dieser Aussage ist, dass die Menschen als Repräsentanten in einer Aufstellung quasi erst einmal auf einer Fläche still »herumgehen« und dann »herumstehen«. Dabei entstehen in ihnen Wahrnehmungen, die sie dann bei der Befragung durch den Berater äußern. Für einen Beobachter von außen mag das ein merkwürdiges Bild abgeben.

Grundsätzlich ist eine Aufstellung ein Verfahren, bei dem mithilfe einer Gruppe von Menschen ein System genauer angeschaut werden kann. Häufig geht es dabei um eine bestimmte Fragestellung, zum Beispiel: Wie sieht unsere derzeitige Organisation aus? Die Frage kann sich auf ein Organisationssystem im Unternehmenskontext beziehen, aber auch auf private Zusammenhänge oder ein Familiensystem. Ihre Antworten geben die Teilnehmer, indem sie sich je nach Thema und Fragestellung an einem bestimmten Platz im Raum positionieren, also »aufstellen« (in unserem Fallbeispiel im Haufe Quadranten). So entsteht, indem sich die Teilnehmer platzieren, ein äußeres Bild, das ihrem inneren Bild entspricht. Normalerweise entwickeln sich bereits klare Körperempfindungen und Wahrnehmungen bis hin zu Stimmungsveränderungen, während die Teilnehmer sich zu »ihrem« Platz hinbegeben oder kurz nachdem sie dort angekommen sind.

Die an der Aufstellung Beteiligten stehen für das System – hier das Unternehmenssystem –, daher wird auch von repräsentierender Wahrnehmung gesprochen. Und genau über diese werden die Teilnehmer befragt. Dazu finden Interviews statt, in denen es um ihr Befinden oder um Unterschiede in ihren Haltungen, Emotionen und Wahrnehmungen vor und während der Aufstellung geht. In den meisten Fällen ergibt sich ein bemerkenswert verlässliches Bild von den Beziehungen und ihren Veränderungen im abgebildeten System. Durch verschiedene Interventionen, zum Beispiel neue Fragestellungen, Rückmeldungen der Teilnehmer oder Stellen des Ist- und Zielbildes, wird nach Antworten auf die gestellten Fragen gesucht, die es den Teilnehmern erlauben, in ihren Ressourcen zu bleiben; so können sie ihre Kraft und Energie in das System einbringen. Jeder wird gehört und darf seine Wahrnehmungen äußern.

Systemische Strukturaufstellungen sind eine sehr effiziente und effektive Methode, um bei Fragestellungen zu Organisationsstrukturen – wie im Fallbeispiel –, viele Menschen einzubinden und sehr schnell das Gesamtbild eines Unternehmens entstehen zu lassen. Die Ergebnisse daraus lassen sich gezielt einsetzen, um Ideen zu generieren und Lösungen zu finden. Diese Methodik ist innovativ und lösungsorientiert und damit genau richtig für die Waldmeister AG. Der Haufe Quadrant dient hier als Rahmen und Vorgabe für das gestellte System. Der Ist- und Soll-Status wird viele Hinweise geben, Muster aufzeigen und Erkenntnisse ermöglichen, die im weiteren Beratungsprozess nützlich sein werden. Strukturaufstellungen in Organisationen greifen auf die Kraft und Stärke der Einzelnen sowie die Dynamik der Gruppe zurück, sind wertschätzend und ressourcenorientiert und festigen das Gemeinschaftsgefühl – eine gute Basis, um zu neuen Ufern aufzubrechen und Transformationsprozesse demokratisch zu starten: Co-Creation par excellence.

2.2 Constellation im Haufe Quadranten

Der Haufe Quadrant dient als Modell, um Ist- und Zielbild eines Organisationsdesigns sowie die Rolle der Mitarbeiter im systemischen Kontext abzubilden.

Set-up – Aufstellungen im Haufe Quadranten

Der Haufe Quadrant besteht aus vier Feldern, die verschiedene Organisationsformen abbilden. Die vier Quadrate teilen sich auf in »Weisung & Kontrolle«,
»Agiles Netzwerk«, »Überlastete Organisation« und »Schattenorganisation«.
Die Rolle der Mitarbeiter reicht vom reinen »Umsetzer« bis hin zum »Gestalter«
und die Organisation kann von »sehr starr« bis »sehr agil« aufgebaut sein.

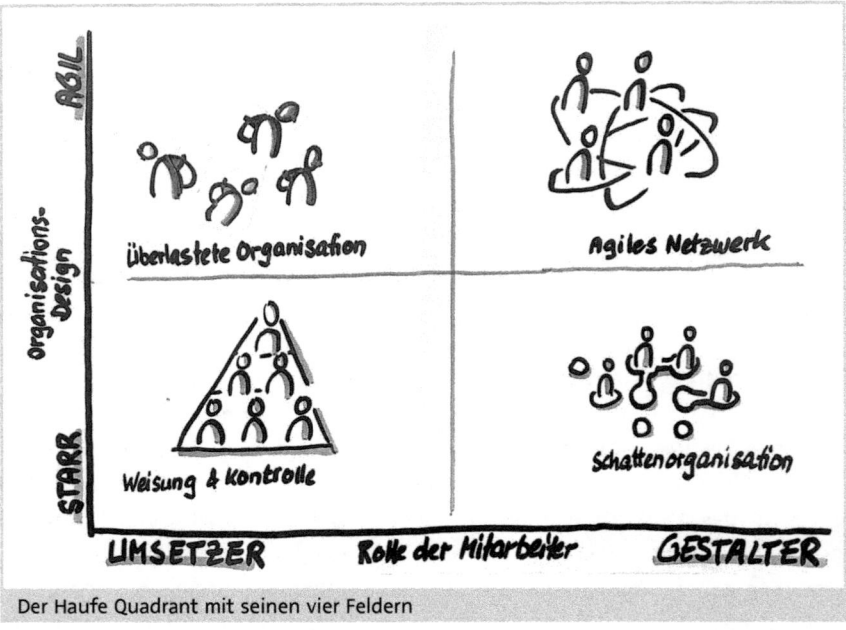

Der Haufe Quadrant mit seinen vier Feldern

Für die praktische Anwendung werden vier Felder auf dem Boden gekennzeichnet, beispielsweise mit Kreppband abgeklebt, sodass sie wie in der Abbildung oben erkennbar sind. Die Größe der Felder bemisst sich darnach, wie
viele Teilnehmer die Aufstellung mitgestalten. Ihre Bedeutung:

- Der Quadrant Weisung & Kontrolle bildet eine klassisch hierarchisch
  geführte Organisation ab, in der die Mitarbeiter rein nach Anweisung
  arbeiten. In der Vergangenheit und damit in der alten Welt war dieses
  Führungssystem sehr erfolgreich. Die Verantwortung wird nach oben
  und das Verschulden meist nach unten delegiert. Fehler werden nicht
  geduldet. Diese Struktur fördert das Silodenken, da Wissen Macht bedeutet und diese bei wenigen einzelnen liegt.

- Das genaue Gegenteil zeigt die Arbeitsform agiles Netzwerk: Die Mitarbeiter sind selbstorganisiert tätig, sie arbeiten eigenständig und eigenverantwortlich. Die Verantwortung wird von den Teams übernommen und auch wieder abgegeben. Viele Mitarbeiter wissen viel, während Silos abgebaut werden. Wissen wird geteilt. Die dahinterliegende Fehlerkultur kennt kein Verschulden, sondern nutzt Fehler, um zu lernen. Eine solche Organisation begünstigt Innovationen.
- In der überlasteten Organisation wollen die Menschen mehr nach Anweisung arbeiten, doch wird von ihnen erwartet, dass sie sich im hohen Maß selbst und eigenständig organisieren. Die Mitarbeiter sollen eigenverantwortlich handeln, ohne dass sie es von ihrer Kompetenzen her können. Das ist weder effektiv noch sehr effizient.
- In der Schattenorganisation wollen die Mitarbeiter mehr, als sie dürfen. Daher werden viele Dinge – oft auch gute – außerhalb der geführten Organisation entwickelt und erledigt, aber eben nicht angeleitet und kontrolliert. Diese Struktur lebt stark vom Engagement der Mitarbeiter.

Keiner dieser Quadranten ist per se gut oder schlecht. Es geht allein darum, was in der jeweiligen Unternehmenskultur und im jeweiligen Bereich effektiv und effizient erscheint. Und natürlich sind Mischformen innerhalb eines Unternehmens je nach Aufgabengestaltung und Abteilung richtig und zulässig. So können Fließbandarbeiter wohl kaum agil arbeiten, da sonst die Produktion unter Umständen still stehen würde. Die Mitarbeiter könnten jedoch zum Beispiel ihre Dienstpläne gemeinsam festlegen und auf diese Art beteiligt werden.

Die stärkste Partizipation findet im agilen Netzwerk statt. Doch auch hierzu müssen sowohl die Führungskräfte als auch die Mitarbeiter befähigt werden. Führungsinstrumente und die meisten Tools im Personalmanagement, darunter Mitarbeitergespräche, Leistungsbeurteilungen und Bewerbermanagement, sind nahezu alle im Quadranten unten rechts angesiedelt. Organisationen müssen sich neu denken, wenn sie dem Ruf nach Partizipation folgen und auch zukünftig in der neuen Welt erfolgreich sein wollen.

Die Aufstellung mit dem Haufe Quadranten erfordert, dass sich alle anwesenden Mitarbeiter in das System der vier Quadrate begeben, das auf dem Boden zu sehen ist. Sie stellen sich dort in einem der vier Bereiche auf, der ihrer Wahrnehmung bezüglich der Organisations- und Führungskultur entspricht. Dadurch entsteht ein Gesamtbild des Systems und von dem Status quo aller Mitarbeiter. Diese Aufstellung kann in einer Großgruppe von mehreren Hundert Menschen genauso wie in einem kleinen Team ab vier Mitarbeiter durchgeführt werden.

Das Ziel dieser Maßnahme besteht darin, alle Teilnehmer für das Ist- und das mögliche Zielbild zu sensibilisieren. Hypothesen werden erarbeitet und Muster beobachtet, in Gruppen Lösungen und konkrete nächste Schritte entwickelt sowie weitere Fragestellungen diskutiert. Anschließend wird festgelegt, welche Steps für die geplante Transformation notwendig sind. So können neben externen agilen Coaches, die unterstützen, beispielsweise Change-Maker als Begleiter eingesetzt werden, das sind Führungskräfte und Mitarbeiter, die die Transformation der Organisation gemeinsam mit externen Beratern vorantreiben.

2.3 Leitfaden: Aufstellung in einer Großgruppe

Sie erfahren nun, wie wir die Organisationsaufstellung und die damit zusammenhängenden Workshops in Großgruppen durchführen.

Ablauf: Aufstellung und Workshops

Step 1: Großgruppe – Aufstellung des Ist-Zustands

Als Erstes erklären wir den Teilnehmern, was die einzelnen Felder des Quadranten sowie die beiden Achsen »Rolle der Mitarbeiter« und »Organisationsdesign« bedeuten, und vergewissern uns, dass sie alles gut verstanden haben. Dabei lassen wir Fragen zu, damit am Ende jeder weiß, was zu tun ist und worum es geht. Haben die Teilnehmer die Theorie hinter den Quadranten kennengelernt, bitten wir sie, sich nach ihrer ganz persönlichen Wahrnehmung zu ihrer derzeitigen Rolle und zum damit verbundenen Organisationsdesign auf ein Feld im Quadranten zu aufzustellen. Wir lassen ihnen genügend Zeit, sich zu bewegen und Positionen auszuprobieren, bis sie den favorisierten Platz gefunden haben. Die Teilnehmer sollen eine Position einnehmen, die sie für sich intuitiv im System als richtig empfinden. Wenn sich alle Teilnehmer aufgestellt haben, starten wir die Befragung.

Je nach Gruppengröße werden einzelne Teilnehmer oder sogar alle befragt. Dabei beginnen wir bei einem Quadrat im Quadranten und fragen nach den Wahrnehmungen der Teilnehmer. Mögliche Fragen:

- Welche Wahrnehmungen haben Sie hier?
- Wie ist es dort für Sie?
- Was nehmen Sie wahr?
- Was hat sich in Ihrer Wahrnehmung verändert, bis Sie an dem Punkt angekommen sind, wo Sie jetzt stehen?

Wichtig   **!**

Wir fragen nach Wahrnehmungen, denn das kann alles Mögliche sein: Gefühle, Gedanken, Bilder, Körperempfindungen. Damit vermitteln wir den Teilnehmern, dass sie alle Sinne einbeziehen dürfen, wenn sie ihre Antworten formulieren. Oft reagieren die Teilnehmer mit Gefühlsbekundungen, aber nicht immer. Wenn wir jedoch direkt nach Gefühlen fragen, werden oft nur diese angegeben. Das wäre eher eine Einschränkung, denn jegliche Wahrnehmung soll hier Raum bekommen.

Die Aussagen werden auf Karten notiert und anschließend an Metaplanwände, die den Feldern zugeordnet sind, geheftet. Mit dieser ersten Intervention erhalten wir den Ist-Zustand, den gefühlten Status quo der Mitarbeiter.

Abwandlung: Schon die erste Gruppe wird in aktive Teilnehmer und passive Beobachter aufgeteilt. Die aktiven Teilnehmer machen bei der Aufstellung im Quadranten persönlich mit, während die Beobachter am Rand sitzen und ihre Wahrnehmungen, Hypothesen und erkannten Muster notieren. Diese Notizen werden auf die Metaplanwände zu den Stimmen der aktiven Teilnehmer dazugeheftet.

Step 2: Midi-Gruppen – Ermittlung des Soll-Zustands und Zielbildes

Im nächsten Schritt werden die Anwesenden nach sinnvollen Arbeitsbereichen im Unternehmen in kleinere Gruppen von circa 30 bis 60 Mitarbeitern aufgeteilt und in verschiedene Räume geschickt. Dort ermitteln sie mit der nächsten Intervention den Soll-Zustand, also den gewünschten Zustand. Wir orientieren uns bei der Aufteilung an den Arbeitsbereichen, da es auch innerhalb des Unternehmens verschiedene Formen der Zusammenarbeit im Sinne von Weisung & Kontrolle bis hin zu agil geben kann. So hat sich zum Beispiel gezeigt, dass die Produktion eher weniger danach strebt, agil zu werden, dort jedoch agile Elemente in die Abläufe einfließen können.

In jedem Raum wartet ein Moderator von uns mit einem Flipchart, auf dem Fragestellungen notiert sind. Jede Gruppe stellt anschließend das Soll-Bild des Unternehmens, das die gewünschte Zielstruktur abbildet. Dazu wird das Ist-Bild benutzt, dass sich bei Step 1 mit dem Haufe Quadranten ergeben hat. In jeder Gruppe werden je nach Gruppengröße vier bis acht Mitarbeiter gebeten, diese nächsten Aufstellungen von außen zu betrachten. Sie als Beobachter erhalten die Aufgabe, Muster und Ideen aufgrund ihrer Wahrnehmungen zu notieren.

Sobald sich die Gruppen zusammengefunden haben und die Beobachter jeweils am Rand der Gruppe sitzen, beginnen die nächsten vier parallel ablaufenden Aufstellungen, die von uns mit folgender Fragestellung angeleitet werden: »Welches Zielbild der Organisation unter Betrachtung der Führungskultur und auch Ihrer persönlichen Rolle ist für Sie notwendig und richtig, damit Ihr Unternehmen weiterhin erfolgreich ist? Geben Sie Ihrem Impuls nach.«

Die Mitarbeiter setzen sich in ihrer jeweiligen Gruppe in Bewegung und das Bild verschiebt sich in der Regel. Meistens zeigt sich eine klare Tendenz in Richtung agiles Arbeiten. Unserer Erfahrung nach stehen mindestens zehn bis 20 Prozent der Mitarbeiter und mehr auf diesem Feld. Oft leeren sich die überlastete Organisation und die Schattenorganisation. Wir befragen wiederum abhängig von der Gruppengröße alle oder exemplarisch einige Teilnehmer wie beim ersten Schritt. Die Beobachter sprechen über Muster und Hypothesen, die sie erkannt haben.

Meist verteilen sich die Teilnehmer eher in der Mitte des Quadranten, viele stehen im agilen Netzwerk.

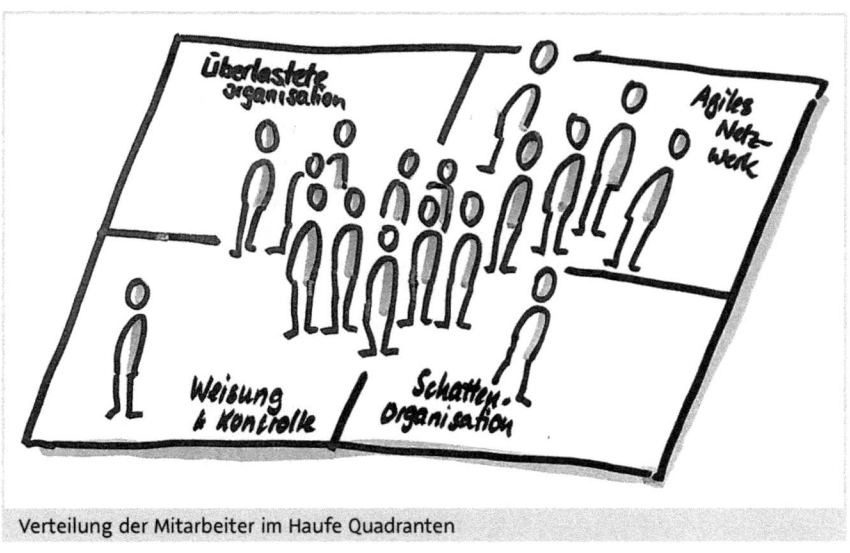

Verteilung der Mitarbeiter im Haufe Quadranten

Wir schließen diese Sequenz damit ab, die Stimmen der Teilnehmer und der Beobachter auf den Flipcharts zu notieren, und fassen das Zielbild kurz zusammen. Am Ende weisen wir auf den nächsten Schritt hin, bei dem wir Wege und Ideen skizzieren und Antworten auf offene Fragen suchen wollen.

Step 3: Mini-Gruppen – Fragen, Ideen und Lösungen

Im dritten Schritt fordern wir die Teilnehmer auf, in Mini-Workshops mit fünf bis sechs Teilnehmern weitere Ideen aufbauend auf Step 1 und 2 zu sammeln. Wir weisen darauf hin, dass dabei alles erlaubt ist: noch offene Fragen, Austausch mit den Beobachtern, Sammeln erster Lösungen auf dem Weg zum Ziel, Ideen und neue Fragen. Die Teilnehmer haben 45 Minuten Zeit für diesen Step.

Wir erläutern, was der Mini-Workshop bezweckt und wie er ablaufen soll, und vergewissern uns wieder, dass die Teilnehmer alles richtig verstanden haben. Dann schicken wir sie an verschiedene Orte, wo sie sich ungestört austauschen können. Mögliche Fragen, die wir den Teilnehmern dafür mit auf den Weg geben:

- Welche Fragen zum Zielbild sind bei Ihnen noch offen?
- Welche Ideen haben Sie, wenn Sie an die letzte Aufstellung denken?
- Welche konkreten Schritte auf dem Weg zum Ziel fallen Ihnen ein?
- Welche Antworten tun sich auf?
- Welche Lösungen kommen noch in Ihnen hoch?
- Was dürfen wir nicht außer Acht lassen?

Step 4: Midi-Gruppen – Konsolidierung der Ergebnisse aus den Mini-Workshops
In der nächsten Runde bitten wir die Teilnehmer, wieder in ihre Bereichsgruppen zu gehen und sich über die Ideen, Fragen sowie Lösungsangebote der Mini-Gruppen auszutauschen. Gemeinsam finden die 30 bis 60 Teilnehmer heraus, wo sich etwas überschneidet, welche Ideen und Lösungen bleiben und was noch zu klären ist. Mögliche Fragen, die wir zur Anregung mitgeben:

- Welche Redundanzen ergeben sich, welche Ideen kommen mehrmals vor? (Redundante Ideen und Mehrfachnennungen beseitigen wir nicht, sondern markieren sie, um die Wichtigkeit hervorzuheben.)
- Welche Lösungen haben Sie ermittelt?
- Welche Fragen sind noch offen?
- Was haben Sie sonst noch beobachtet?
- Was ist noch wichtig?

Bei diesem Step dürfen die Gruppen gerne Interessenten benennen, die einen proaktiven Part bei der folgenden Transformation übernehmen wollen.

Die Teilnehmer haben für Step 4 wiederum 45 Minuten Zeit. In dieser Runde unterstützen wir den Prozess, indem wir die Gruppen moderieren.

Bei Veränderungen des Organisationsdesigns, die sich auch auf die Rolle der Mitarbeiter auswirken, ist ein Thema zentral: der Umgang mit Angst vor und Widerstand gegen die bevorstehende Transformation. Ganz wichtig ist hier, dass Dinge, die im alten System gut laufen, gewürdigt werden. Das hört sich banal an, ist allerdings immens wichtig. Veränderungen bedeuten immer auch, dass das Bestehende kritisiert wird. Deswegen muss Gutes erwähnt, mitgenommen und behalten werden und einen angemessenen Platz bekommen.

Ein weiteres wichtiges Thema ist, wie die Mitarbeiter Wissen und Kompetenzen zum agilen Arbeiten erhalten. Um das zu ergründen, helfen zum Beispiel diese Frage:

- Wie können die Mitarbeiter das Wissen und die Kompetenzen aufbauen, die sie brauchen, um die neuen Ziele zu erreichen?
- Wo kann agiles Arbeiten sinnvoll sein und welche Mittel gibt es?
- Was passt zum jeweiligen Unternehmen und zum jeweiligen Bereich?

Oft haben Mitarbeiter selbst schon viele Ideen, wie die ersten Schritte zu gehen sind. Auch diese Vorschläge werden gesammelt. Alle Themen, Fragen und Ideen bereiten die Gruppen am Ende so auf, dass sie in der Großgruppe vor allen präsentiert werden können.

Step 5: Großgruppe – Konsolidierung und Abschluss

Im letzten Schritt stellen wir die gesammelten und konsolidierten Gruppenideen, Fragen und Hinweise im Gesamtplenum vor. Wir lassen auch hier wieder genügend Zeit für Fragen. Abschließend muss es unbedingt einen Call-to-Action geben, damit im Unternehmen auch wirklich etwas passiert. Zum Beispiel sollten die Change-Gruppe und die Game-Changer benannt sein, die das ganze Vorhaben weiter vorantreiben und eine Project-Map, also einen konkreten Plan, erstellen. Der Termin für das nächste Treffen und die Teilnehmer sollten feststehen.

Wichtig !

Jede Transformation beginnt mit dem ersten Schritt. Wichtig ist, dass die Ergebnisse am Ende dokumentiert werden und die nächsten Schritte samt Maßnahmenplan feststehen. Die Aufstellung mit dem Haufe Quadranten inklusive Workshops bildet einen guten Start, da alle Mitarbeiter eingebunden und abgeholt werden. Das schafft eine positive Aufbruchstimmung.

3. Unsere Erfahrungen

Wir haben nur sehr gute Erfahrungen mit Aufstellungen anhand des Haufe Quadranten gemacht. Dieses Instrument ist in einer Großgruppe genauso anwendbar wie in einem Team oder einer ganzen Abteilung. Sie kann eingesetzt werden als Kick-off bei einem Change-Prozess hin zu mehr Agilisierung, als Bild einer Abteilung in einem Strategieprozess oder bei Fragen zum Führungssystem oder zur Unternehmenskultur. Fragestellungen und Interventionen lassen sich je nach Thema variieren. Systemisches Hintergrundwissen und systemische Coaching- bzw. Beratungserfahrung sind bei der Anwendung von Vorteil.

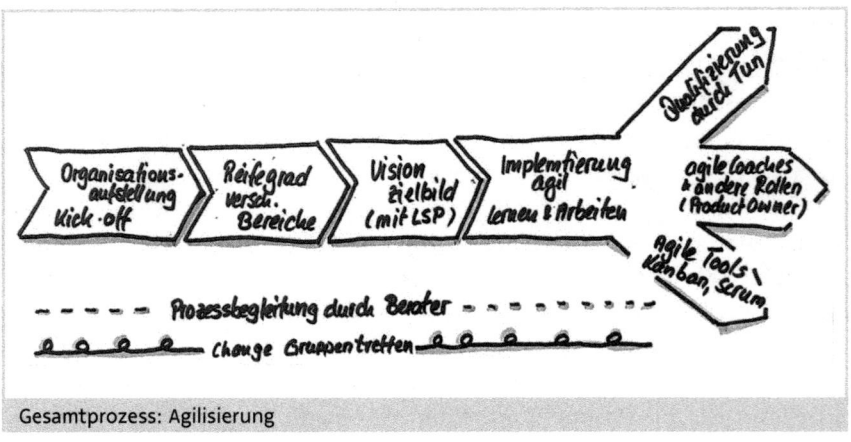

Gesamtprozess: Agilisierung

4. Praxistransfer: Großgruppenaufstellung bei der Waldmeister AG

Heute ist es soweit. Bei herrlichen 22 Grad startet der Workshop mit anschließendem Sommerfest bei der Waldmeister AG. Nach den begrüßenden Worten von Thomas Winter spricht eine Rednerin über neue Arbeitswelten, informiert über agiles Arbeiten und darüber, warum dieses Thema überhaupt von Interesse und wichtig ist. Es herrscht eine neugierige Stimmung als die externen Berater Franzi Engel und Paul Grün zusammen mit zwei weiteren Beratern der Glücks-Akademie übernehmen und die erste große Aufstellung anleiten. Auf einer Grünfläche von etwa 800 Quadratmetern kann man die Felder des Haufe Quadranten erkennen.

Step 1: Großgruppe – Aufstellung des Ist-Zustands

Es herrscht viel Trubel, als sich alle 230 anwesenden Mitarbeiter auf ein Feld innerhalb des Quadranten begeben. Folgendes Bild zeichnet sich ab: Knapp 60 Prozent der Anwesenden stehen auf dem Quadrat Weisung & Kontrolle mit der Tendenz zur Überlastung. Der Rest verteilt sich nahezu komplett auf dem Quadrat überlastete Organisation, nur wenige Mitarbeiter sind zur Schattenorganisation gewandert. Ein paar Mitarbeiter befinden sich in dem Quadrat agiles Netzwerk. Die vier Berater fragen etwa 20 Mitarbeiter, wie es dort, wo sie gerade sind, für sie ist und was sich verändert hat, seit sie auf dem Feld stehen und was sie wahrnehmen.

- Einige der Antworten auf dem Feld Weisung & Kontrolle: »Hier fühlt es sich bekannt an und auch irgendwie langweilig.« »Ich finde es hier gefährlich starr und eher überreguliert.« »Mir geht es hier auf dem Bereich Weisung & Kontrolle nicht so gut, ich kann kaum mitgestalten.« »Ich sehe einen Abgrund. Hier geht es nicht weiter.« »Ich sehe vor lauter Klein-Klein das Gesamtprodukt nicht.« »Hier muss etwas verändert werden.« »Ich bekomme wenig Wertschätzung.« »Ich bin betroffen. Hier ist kein Raum für Kreativität.« »Ich fühle mich unterfordert.« »Der Bereich ist auch wichtig, um Effizienz zu gewährleisten.« »Wir verhalten uns hier nach unseren Vorbildern. So wie jetzt ist es immer schon gewesen.«
- Teilnehmerstimmen auf dem Quadranten überlastete Organisation: »Ich stehe hier steif und die Last erdrückt mich.« »Mir wird irgendwie alles zu viel. Dauernd neue Produkte. Dauernd neue Deadlines.« Viele Teilnehmer stehen da mit hängenden Köpfen. »Ich kann kaum abschalten, der Druck wird immer stärker.« »Hier bin ich sehr angespannt.« »Mit der verordneten Freiheit kann ich nicht viel anfangen.« »Mir wird alles zu viel.« »Ich schaue auf das agile Netzwerk. Das interessiert mich. So kann es nicht weitergehen. Wir haben fast schon einen Organisations-Burnout!«
- Bei der Schattenorganisation: »Ab und an tue ich etwas anderes als geplant. So habe ich schon mal einen Prozess optimiert.« »Hier bin ich auch ab und zu.« »Hier kann ich tun, was ich will.« »Hier bin ich kreativ und erlaube mir selbst, eigenverantwortlich zu handeln.« »Hier fliehe ich hin und mache zeitweise, was ich will.« »Ich bin ab und an hier und mache, was ich will.«

- Beim agilen Netzwerk: »Hier fühle ich mich frei, doch nach welchen Regeln wollen wir arbeiten?« »Ich fühle mich locker und will hier gerne mehr sein.« »Vernetzung ist wahnsinnig wichtig.« »Hier tauschen wir uns mehr aus und die Silos werden abgebaut.«

Die Antworten werden auf einer der 20 aufgestellten Metaplanwänden notiert. Anschließend haben die Anwesenden Gelegenheit, ihre Notizen noch zu erweitern. Ungefähr 50 Mitarbeiter verteilen sich um die Metaplanwände und ergänzen etwas zu den Wahrnehmungen, die sie bei der Aufstellung hatten.

Das Ist-Bild der Waldmeister AG ist für alle sichtbar. Thomas zeigt sich beeindruckt. Wow, so viele Stimmen seiner Mitarbeiter in nur 60 Minuten. Ja, und auch kritische sind darunter, das ist gut, denn es soll sich ja etwas verändern. Nach 20 Minuten Pause geht es gegen 11:15 Uhr weiter.

Step 2: Midi-Gruppen – Ermittlung des Soll-Zustands und Zielbildes
Sobald sich die Gruppen zusammengefunden haben und die Beobachter jeweils am Rande der Gruppe sitzen, beginnen die nächsten vier parallelen Aufstellungen, angeleitet von je einem Berater der Glücks-Akademie mit folgender Fragestellung: »Welches Zielbild der Organisation und Führungskultur ist für Sie notwendig und richtig, damit die Waldmeister AG weiterhin erfolgreich ist? Geben Sie Ihrem Impuls nach.«

Die Mitarbeiter setzen sich in ihrer jeweiligen Gruppe in Bewegung und das Bild wandelt sich. Jetzt ist eine klare Tendenz in Richtung agiles Arbeiten erkennbar. Zehn bis 20 Prozent der Mitarbeiter stehen auf diesem Feld. Das Feld Weisung & Kontrolle verändert sich ebenfalls, die restlichen Mitarbeiter bewegen sich mehr in Richtung agiles Netzwerk und halten sich dennoch im Weisungsfeld am oberen Rand auf. Die Befragung der Teilnehmer ergibt folgende Antworten:
- Auf dem Feld Weisung & Kontrolle: »So passt es für mich, dann sind wir flexibler hier oben am Rand.«
- Auf dem Feld des agilen Netzwerks: »Hier ist es spannend, doch was ist agil?« »Ist das gleich demokratisch?« »Ich habe hier ein großes Fragezeichen, wenngleich ich mehr mitbestimmen will.« »Ich habe so viele Ideen, die möchte ich gerne einbringen.« »Hier fühle ich mich total wohl.

Ich darf und kann Verantwortung übernehmen.«»Das ist richtig für mich hier. Aber ist das wirklich richtig für uns?«»Hier fühle ich mich freier, doch was kommt da überhaupt auf uns zu?«»Mir geht es gut, doch wie sieht die Führung hier aus?«

- Nur ganz wenige Mitarbeiter stehen am Rand der überlasteten Organisation:»In Zukunft möchte ich mich mehr weg von hier bewegen.«»Ab und an an die Grenzen gehen ist okay.«
- Die Schattenorganisation ist auch nahezu leer.

Die Berater fassen die Stimmen kurz zusammen und bitten auch die Beobachter darum, ihre Wahrnehmungen zu äußern. Die Berater schließen diese Intervention nach 60 Minuten. Sie gehen davon aus, dass dieses Bild ein gutes Ziel ist. Im nächsten Schritt geht es darum, wen Weg dorthin und Ideen dafür zu skizzieren. Nach der Mittagspause geht es weiter.

Step 3: Mini-Gruppen – Fragen, Ideen und Lösungen
Frisch gestärkt fordern die Berater die Teilnehmer nun auf, in Mini-Workshops mit fünf bis sieben Teilnehmern zu gehen und weitere Ideen zu sammeln. In den kleinen Gruppen gehen rege Diskussionen los.»Wir sollten für verschiedene Bereiche neue Arbeitszeitmodelle andenken und Home-Office anbieten. Das kann helfen, Fachkräfte zu finden.«»Wir haben eine Zero-Fehler-Kultur, wie geht das mit agilem Arbeiten zusammen, bei dem Fehler erlaubt sind?«»In welchen Bereichen können wir agil arbeiten und wo macht Weisung und Kontrolle Sinn?« Vielfach kam auch Angst vor Veränderungen zur Sprache.»Ich möchte schnell Feedback haben und das MAG (Mitarbeiterjahresgespräch) einmal im Jahr können wir abschaffen, das bringt eh nichts. Ich habe da mal etwas von OKR (Objectives Key Results) gehört. Wir brauchen mehr Informationen.« In der Produktion wurde besonders viel Skepsis laut, ebenso wurde über die Angst gesprochen, wegen der Digitalisierung den Arbeitsplatz zu verlieren.»Wir sollten uns noch anders vernetzen.«»Ein Kundenprojekt kann als Pilot für das agile Arbeiten mit den jeweiligen Methoden dienen.«»Wir brauchen eine Vision, wo es hingehen soll.«»Budget vom Management ist notwendig und auch Ressourcen in Form von Zeit.« »Bürokratie abbauen. Zum Beispiel Formulare und Rechnungen modernisieren und an die neuen Kunden anpassen.«»Wir müssen anders Lernen, andere Lernformen schaffen und uns als lernende Organisation verstehen.« »Wir müssen unsere Silos abbauen.«»Wir brauchen ein Netzwerk-Kernteam,

das die Regeln unseres Spiels verändert und bei der Umsetzung hilft – so etwas wie Game-Changer.«

Step 4: Midi-Gruppen – Konsolidierung der Ergebnisse aus den Mini-Workshops
Nach einer kurzen Kaffeepause werden die Ergebnisse aus den Mini-Workshops zusammengetragen. Dabei kristallisieren sich verschiedene Fragestellungen und Ideen heraus: Umgang mit Angst und Widerstand ist ein Thema. »Wie erhalten wir mehr Wissen und Infos über die Ziele und neuen Wege?« »Agile Coaches als erfahrene Berater sollen Organisation und Teams dabei unterstützen, agile Werte und Rollen zu leben sowie Methoden und Werkzeuge zu entwickeln.« »Ein sogenanntes Bewahrerteam soll aufgestellt werden, das aufpasst bei den Dingen, die es zu halten und zu bewahren gibt, weil sie gut laufen.« »Wie viel Agilität kann in den Bereichen erlangt werden und was passt zu uns?« »Wir sollten schneller und flexibler werden und uns in Richtung selbstlernende Organisation entwickeln.«

Step 5: Großgruppe – Konsolidierung und Abschluss
Im letzten Schritt werden die konsolidierten Gruppenideen im Gesamtplenum vorgestellt und es wird ein Change-Team gebildet. Franzi Engel gibt einen Ausblick: »Das Change-Team wird sich zusammen mit der Geschäftsführung als Erstes damit befassen, wie wir dazu kommen, agiler zu arbeiten. Die Ergebnisse des heutigen Tages dienen als Basis. Anschließend wird es darum gehen, die vorhandene Struktur der Waldmeister AG in eine agile Struktur umzubauen. Agile Coaches werden uns dabei unterstützen. Zudem werden wir uns damit befassen, welche Rollen wir benötigen, zum Beispiel SCRUM-Master, Product-Owner und vieles mehr. Es wird auch darum gehen, welche agilen Tools Sie hier in der Waldmeister AG nutzen wollen und was genau zu Ihnen passt.« Alle sind begeistert und es herrscht Aufbruchstimmung.

Um 17:00 Uhr ist der Workshop zu Ende, doch die Mitarbeiter diskutieren auch bei der Grillparty noch weiter. Sie finden es klasse, Teil des beginnenden Veränderungsprozesses zu sein, auch wenn noch vieles unsicher ist. Thomas fährt an diesem Abend mit einem Lächeln im Gesicht nach Hause. Ein Anfang ist gemacht.

5.   Neugierig? Unsere Literaturtipps

Renate Daimler: Basics der Systemischen Strukturaufstellungen: Eine Anleitung für Einsteiger und Fortgeschrittene – mit Beiträgen von Insa Sparrer und Matthias Varga von Kibéd, München 2008

André Häusling: Agile Organisationen. Freiburg 2017

Jörg Preußig: Agiles Projektmanagement: Scrum, Use Cases, Task Boards & Co., Freiburg 2015

Insa Sparrer: Einführung in die Lösungsfokussierung und Systemische Strukturaufstellungen, Heidelberg 2010

Insa Sparrer: Systemische Strukturaufstellungen: Theorie und Praxis, Heidelberg 2016

Story 10: New Leadership – Kompetenzen, Rollen und Herausforderungen

Das Unternehmen   !

Progesund BKK, gegründet 1977, 900 Mitarbeiter; Ilona Gutgeist, Vorstand,
54 Jahre, Dr. Carsten Blau, stellvertretender Vorstand, 45 Jahre, Balduin Brummer,
Personalleiter, 49 Jahre, Irmgard Taschenbier, Bereichsleiterin, 44 Jahre.

1. Das Thema: Wir brauchen neue Management- und Führungskompetenzen

»Aber das haben wir doch immer schon so gemacht«, tönte es aus dem Mund von Balduin Brummer, dem Personalleiter bei der Progesund BKK, »und es lief doch bisher gut! Genau das wird unsere Führungsmannschaft sagen. Wir müssen aufpassen, dass wir nicht alle überfordern und Widerstand schüren. Die Gefahr ist sehr groß!«

»Das ist richtig«, sagte Ilona Gutgeist, erster Vorstand neben Dr. Carsten Blau, dem stellvertretenden Vorstand und Leiter des Ressorts Entwicklung. »Und doch ist bei uns einiges veraltet und läuft sehr bürokratisch ab. Wenn wir jetzt nichts tun, verpassen wir den Anschluss.«

Digital und agil

Es ging um die schon fast leidigen Themen Digitalisierung und agile Arbeitsmethoden. Alles in allem war die BKK noch immer sehr hierarchisch strukturiert. Seit Ilona und Carsten Blau sich diesem Thema gemeinsam mit Balduin Brummer, dem Personalchef des Unternehmens, widmeten – zugegebenermaßen erst seit einem knappen halben Jahr –, war das Wort »agil« fast schon zum Schimpfwort für Chaos und Nichtsteuerung geworden. Balduin Brummer war seit fast 40 Jahren im Unternehmen und an sich offen für neue Strukturen und Methoden, doch er kannte seine Bereichs-, Abteilungs- und Gruppenleiter. Und mit einem Durchschnittsalter von 51 Jahren bei den Mitarbeitern waren die Belegschaft der BKK sowie die gesamte Kultur eher konservativ geprägt und ausgerichtet.

»Eine Kultur zu verändern ist wie komplett neue Gewohnheiten, Muster und Rituale zu bauen. Wir alle wissen sicherlich aus eigener Erfahrung, wie schwierig es ist, alte Gewohnheiten loszulassen und neue erfolgreich umzusetzen«, erläuterte Balduin Brummer. »Ich tue mich schon schwer bei meinen eigenen Vorsätzen, zum Beispiel zweimal die Woche zu joggen und immer die Treppe zu nehmen, statt den Fahrstuhl. Wie soll es unseren Leuten bei diesem Change gehen?«

»Da haben Sie recht«, entgegnete Carsten Blau. »Die Frage ist, wie wir die Widerstandsquote reduzieren können. Wie immer werden ungefähr 30 Prozent der Mitarbeiter offen sein und mitgehen, 40 Prozent neutral bleiben und 30 Prozent werden definitiv nicht wollen. Die Neutralen dürfen nicht umkippen und die, die sich wehren oder passiv im Widerstand sind, müssen wir versuchen gut einzufangen.«

Ilona schloss die Sitzung mit diesen Worten: »Lassen wir das Ganze jetzt erst mal so stehen, wir brauchen keine sofortige Lösung. Ich bitte Sie, nochmals in Ihre Bereiche hineinzuspüren. Bei der nächsten Sitzung überlegen wir, wie wir vorgehen und womit wir starten. Wichtig ist, dass wir mit den Führungskräften beginnen, die Frage ist nur wie und mit welchen Themen. Danke, meine Damen und Herren. Frohes Schaffen weiterhin.«

Ilona wollte schnurstracks in ihr Büro gehen, doch es kam anders als geplant. Irmgard Taschenbier passte sie nach der Sitzung gleich auf dem Gang ab. Sie war eine von drei Bereichsleitungen, die abwechselnd der Vorstandssitzung beiwohnten, um dann die anderen Kollegen zu informieren. Irmgard Taschenbier war eher introvertiert und hörte somit mehr zu, als dass sie in den Besprechungen etwas von sich gab. Doch heute hatte sie zumindest das große Bedürfnis, ihrer Chefin etwas mitzuteilen. Über Monate war man schon an den Themen Agilität und Führung dran und in den Teams und Bereichsrunden standen sie auch längst auf der Agenda.

Agil bei der Krankenkasse?
»Wissen Sie«, sagte Irmgard Taschenbier etwas aufgebracht, »meine Abteilungs- und Gruppenleiter denken, wenn sie mit anderen Bereichen und Servicestellen zusammenarbeiten, also so wie eh und je, ist das schon eine agile Vernetzung.« Und sie fährt fort: »Oft wird auch gelacht, denn wie sollen wir

als BKK so neumodisch ›agil‹ sein? Sollen wir die Anträge der Versicherten bearbeiten, wann wir wollen?«

»Spott und Ironie sind wie eine Waffe und eine ziemlich starke Form des Widerstands«, entgegnete Ilona. »Aber noch schlimmer ist es, wenn sich gar kein Widerstand regt, dann ist definitiv etwas faul. Und wir müssen uns über eines im Klaren sein. Es gibt keinen Widerstand ohne Grund«, fuhr sie fort in dem Versuch, ihre Bereichsleiterin zu beruhigen. »Gehen Sie zu Ihren Leuten, hören Sie gut zu und fragen Sie auch die neuen und die jüngeren Mitarbeiter. In der nächsten Sitzung sehen wir weiter.« Sie ergänzte noch: »Ich muss mich entschuldigen, der nächste Termin wartet schon.« Sie drehte sich um und ging endlich wie geplant in ihr Büro.

Drei Formen des Widerstands
Beim wöchentlichen Jour fixe saß Ilona mit dem Personalleiter zusammen, Balduin Brummer war pünktlich gewesen und hatte seine Unterlagen auf dem Tisch ausgebreitet. Sie waren mitten im Gespräch.

»Gefährlich ist nicht der Widerstand, sondern die Ungeduld der Geschäftsführer und Entscheider«, sagte Balduin Brummer, der schon einige Veränderungen in der BKK miterlebt hatte, lächelnd. Er pflegte einen loyalen und dennoch sehr ehrlichen Umgang mit seiner Chefin. »Wir dürfen die drei Formen des Widerstands nicht aus den Augen verlieren. ›Ich verstehe das nicht‹ geht mit ›Ich kann das nicht‹ einher, das ist die erste. Hier hilft Aufklärung und gute Kommunikation, gegebenenfalls auch die Befähigung der Mitarbeiter und Führungskräfte. Es handelt sich eher um sachlichen Widerstand. ›Ich mag das nicht‹ geht einher mit ›Ich will das nicht‹ und ist die zweite Form, die auf emotionalen Widerstand hinweist. Hintergrund sind oft Ängste und die Anforderungen an die Mitarbeiter, den Veränderungen gerecht zu werden und die Komfortzone verlassen zu müssen. Die dritte Form – ›Ich mag dich nicht‹ – beschreibt die stärkste Form des Widerstands auf der persönlichen Ebene. Der Person, die als Leitfigur der Veränderung gilt, wird nicht oder nicht mehr vertraut.«

Nach einer kurzen Pause fuhr er fort: »Wir brauchen Ansätze für alle drei Formen und vor allem für jede verschiedene.« Balduin Brummer hatte sich in das Thema Widerstand eingefuchst, da es bei allen Veränderungen in der Vergangenheit immer das schwierigste gewesen war.

»Gut, was schlagen Sie vor?«, fragte Ilona.

»Ich denke, wir sollten mit den Führungs- und Managementkompetenzen starten. Einiges kann bleiben, wie es ist, wir brauchen aber auch neue Fähigkeiten. Und wir brauchen erstklassige Berater, die es verstehen, unsere Leute zu motivieren und abzuholen«, antwortete Balduin Brummer.

»Wir haben doch schon einige Workshops dazu gemacht. Ob das wirklich etwas bringt?«, entgegnete Ilona.

Die beiden hatten noch ein paar andere Dinge zu besprechen, die ihnen schnell von der Hand gingen. Doch für das wichtigste Thema hatten sie noch keine Lösung gefunden. Ilona fuhr sehr nachdenklich nach Hause.

Eine Vernissage für neue Gewohnheiten
Am Abend war Ilona mit ihrer Freundin Irene verabredet. Ein befreundeter Galerist hatte zu einer Vernissage und einer Führung zu den Werken von Paul Klee eingeladen. Sie trafen sich vor dem Eingang der Galerie Langen und wurden dort sofort von Herrn Langen und der Kunsthistorikerin Anne Gerdens, die durch die beeindruckenden Ausstellung führte, begrüßt. Im Lauf des Abends vergaß Ilona komplett ihre Probleme in der Arbeit.

»Klee war der erste Hausmann, der Anfang des 20. Jahrhunderts zuhause auf seinen Sohn Felix aufpasste, um malen zu können. Er kochte, übernahm weitgehend die Kindererziehung und malte, da seine Frau Lily als Musikerin und Klavierlehrerin das Geld für die Familie verdiente. Mit der Malerei schaffte er es damals noch lange nicht«, erklärte Anne Gerdens.

»Ach das war ja mal ein moderner Ansatz«, flüsterte Irene.

Paul Klee überraschte die beiden an diesem Abend gleich mehrfach. »Welch ein Ausnahmetalent«, sagte Ilona bewundernd, »und dann Sklerodermie, so eine schlimme Krankheit am Ende. Ein Maler und Musiker, der weder malen noch musizieren konnte, wie schrecklich.«

Beim letzten Werk von Klee bekam Ilona Worte zu hören, die sie sehr bewegten. Die Kunsthistorikerin zitierte: »Freiheit des Schaffens bedeutet so verstanden ›freie Bewegung innerhalb ihrer strengen gesetzmäßigen Begrenzung‹.«

Sie sprach vom Tanz, der Sinnbild für den Ausgleich von Polaritäten wird. Genau, dachte Ilona Gutgeist, Bewegung als Ausgleich. Polaritäten verbinden, Raum für freie Bewegung schaffen und dennoch die systemischen Schranken einhalten. Das war's. Doch tanzen lassen können wir die Führungskräfte nicht, wir brauchen eine innovative Methode, die Bewegung reinbringt und die Menschen auch emotional abholt. Nicht einfach.

Ilona hatte wohl recht abwesend gewirkt, denn Irene stupste sie an und fragte: »Ilona, worüber denkst du denn gerade nach?«

»Ach, in der Firma stehen wir vor Veränderungen und der letzte Satz hat mich gepackt.« Sie erläuterte ihrer Freundin kurz die Situation in der BKK.

»Verstehe. Denk dir nichts, wir haben alle ähnliche Probleme. Bei uns sieht es nicht anders aus. Wir haben alles Mögliche ausprobiert – mit mehr oder weniger Erfolg. Doch immer war eine Sache wichtig: Es ging darum, Gewohnheiten zu ändern. Und zwar nicht alle auf einmal, sondern eine Schlüsselgewohnheit in einer Zelle, so heißt das in der agilen Sprache, zu verändern, die dann alle ansteckt«, erläuterte Irene so ganz in ihrem Element.

Ilona wunderte sich mal wieder, was ihre Freundin alles wusste.

»Eines kam bei uns sehr gut an: Mit Lego Serious Play bauen, da durften die Leute mitgestalten und waren mit Begeisterung dabei.«

Davon hatte Ilona schon gehört, doch hatte sie damals schon gleich gedacht: Ob das überhaupt etwas für die BKK wäre? Und so sprach sie ihre Zweifel aus: »Die Führungskräfte würden sicher sehr skeptisch fragen, was wir da veranstalten.«

»Ja, diese Bedenken hatten wir als konservativer Finanzdienstleister auch. Wir sind nicht gerade hip. Ich war mal bei einer Session dabei und ich kann dir sagen, dass sich alle gerne und mit Energie eingebracht haben.«

»Okay, ich denk mal darüber nach«, meinte Ilona. Sie schätzte den Austausch mit ihrer Freundin sehr. Zwar kam Irene aus einer ganz anderen Branche, doch als CHRO hatte sie immer gute Ideen, zudem ein großes Wissen und langjährige Erfahrung. Den Rest des Abends verbrachten die beiden Freundinnen bei ihrem Lieblingsitaliener am Dom, aßen leckere Pasta und gönnten sich ein köstliches Glas Primitivo.

Langsam wird es Licht: der Plan steht
In der nächsten Vorstandssitzung wurde das Thema Agilisierung und Führung erneut aufgegriffen. »Ich bin nach wie vor dafür, mit den Management- und Führungskompetenzen anzufangen. Das zum Start und daran schließen wir dann an«, sagte Balduin Brummer.

Ilona kam eine Idee: »Ja genau, es geht um unsere Schlüsselgewohnheiten, die wir zuerst verändern. So fangen wir an, eine neue Kultur zu formen. Was halten Sie von innovativen Methoden, um die noch fehlenden Kompetenzen zu finden? Ich denke da an Lego Serious Play. Darüber habe ich nur Gutes gehört. Was meinen Sie?«

»Lego bauen mit unseren Leuten, ist das Ihr Ernst?«, fragte Irmgard Taschenbier. Ihr Gesicht verriet, was sie dachte, und die sonst so zurückhaltende Dame war gerade dabei, rot anzulaufen.

»Ich kann mir das auch nicht vorstellen«, sagte der stellvertretende Vorstand Dr. Carsten Blau. »Was soll das denn bringen? Machen wir uns da nicht lächerlich vor unseren Führungskräften? Das sind alles gestandene Manager und die sollen jetzt wie Kinder Lego spielen.«

»Ja, diese Gedanken hatte ich auch zuerst. Doch ich bin überzeugt davon, dass ein weiterer kognitiver Workshop, in dem wir alles akribisch diskutieren und danach wenig umsetzen, nichts bringt. Wir brauchen eine Methode, die die Menschen an und in ihre Emotionen führt und Kreativität freisetzt, die dann wiederum Begeisterung für die Umsetzung auslöst. LSP scheint mir genau das Richtige zu sein, ich habe mich schlaugemacht. Wir könnten mit den Führungs- und Managementkompetenzen starten und diese in einem Großgruppen-Workshop bauen. So wären schon mal 24 Bereichs- und Abteilungsleiter mit von der Partie. Was meinen Sie?«, fragte Ilona in die Runde.

»Okay, ich bin dabei. Das klingt zumindest sehr interessant«, sagte Dr. Carsten Blau.

Auch die anderen nickten und stimmten zu.

2. Let's change: Theorie, Methodik und Didaktik

In den folgenden Ausführungen erfahren Sie, wie Sie Lego® Serious Play® in einer Großgruppe mit dem Haufe Quadranten kombinieren können und vorab die Methodik des »Golden Circle« in der Auftragsklärung nutzen können.

2.1 Was ist die Methode »Golden Circle«?

Der »Golden Circle« ist eine einfache und zugleich geniale Idee von Simon Sinek. Sie ist praktisch, übersichtlich und schnell umzusetzen. Im Kern geht es um drei Fragen, die sehr schnell sehr viele Gedanken anstoßen.

Der »Golden Circle«; Quelle: Simon Sinek 2013

- Was/What: Jede Organisation auf der Erde weiß, WAS sie macht. Das sind die Produkte und Dienstleistungen, die sie anbietet oder verkauft.
- Wie/How: Einige Organisationen wissen, WIE sie es machen. Hier werden Dinge benannt, die sie von anderen unterscheiden.
- Warum/Why: Nur wenige Organisationen wissen WARUM sie das tun, was sie tun. Es geht nicht ausschließlich darum, Geld zu verdienen. Das ist natürlich das Ergebnis, doch zusätzlich geht es um den tie-

feren Sinn und Zweck. Um den eigentlichen Grund, warum eine Organisation existiert. Bezogen auf Veränderungsprozesse geht es bei dieser Frage um Motivation und emotionale Botschaften.

Um die Mitarbeiter einer Organisation bei Veränderungen mitzunehmen, ist es sinnvoll, sich ausgiebig Gedanken über ihr Warum zu machen. Herauskommen sollte eine emotional ansprechende Botschaft. Den Sinn und Zweck einer Organisation zu kommunizieren ist wesentlich.

Simon Sinek empfiehlt bei der Anwendung diese Reihenfolge: von innen nach außen durch den Golden Circle wandern, zuerst das Why, dann das How und am Ende das What. Die meisten fangen aber außen an und gehen nach innen.

2.2   Constellation mit dem Haufe Quadranten

Wie der Haufe Quadrant eingesetzt wird und funktioniert wird in Story 9 beschrieben.

2.3   Was ist Lego® Serious Play®?

Was die Methode LSP ausmacht und wie sie angewendet wird, zeigt Story 1.

2.4   Leitfaden: Workshop zu neuen Kompetenzen mit Golden Circle, Haufe Quadrant und Lego® Serious Play®

Set-up für den Workshop
Im Unterschied zur ersten Constellation-Arbeit mit dem Haufe Quadranten nahmen hier nur 24 Personen teil. Daher verzichteten wir auf Beobachter, alle Teilnehmer durften sich gleichzeitig im Quadranten aufstellen. Wir nutzten Moderationskarten in zwei Farben; die erste stand für die aktuelle, die zweite für die zukünftige Situation. Die Teilnehmer beschriften diese Karten mit ihrem Kürzel oder dem Kürzel ihres Bereichs.

Set-up für den Haufe Quadranten
Das Set-up für die Constellation im Haufe Quadranten ist in Story 9 beschrieben.

Set-up für LSP
Wir beschreiben hier das Set-up für die Arbeit in einer größeren Gruppe mit bis zu 24 Teilnehmern und zwei Facilitators. Das Set-up für Gruppen mit bis zu zwölf Teilnehmern ist in Story 1 beschrieben.

Für LSP benötigt man bei mehr als zwölf Teilnehmern eine Raumanordnung mit zwei großen Bautischen und Stühlen außen herum. Hinzu kommen zwei Präsentationstische ohne Bestuhlung, um die sich bis zu zwölf Teilnehmer gut herumstellen können. Aus unserer Erfahrung heraus raten wir dazu, den zweiten Präsentationstisch in einem anderen Gruppenraum aufzustellen. So sind die beiden Gruppen bei der Präsentation unter sich und können sich Ablenkung auf ihre Themen konzentrieren.

An den Bautischen wird gestartet. Hier sitzen die Teilnehmer und hören zunächst die Einführung in die Methodik, anschließend bauen sie ihre Modelle. Es sollten genügend Lego-Steine in der Tischmitte locker verteilt liegen, sodass sich jeder gut bedienen kann. Das Lego-Buffet wird an einer für alle Teilnehmer gut zugänglichen Seite des Raums aufgebaut. Wir achten darauf, dass die Menge an Steinen groß genug ist, damit sich alle Teilnehmer gleichzeitig bedienen können.

2.4.1 Teil 1: Konzeptions-Workshop mit der Geschäftsführung – Einstieg mit dem Golden Circle

Uns ist es wichtig, einen solchen Planungs-Workshop intensiv mit dem Auftraggeber und den relevanten Stakeholdern vorzubereiten. Es geht darum, das Why für den LSP-Workshop und den sich anschließenden Beratungsprozess zu definieren sowie die Ziele des LSP-Workshops festzulegen.

Das Why für den LSP-Workshop
Bei der Definition des Why greifen wir gerne auf das Konzept des Golden Circle von Simon Sinek zurück. Als Erstes beschäftigen wir uns mit dem Why

des Workshops, danach mit dem What und dem How. Dabei nehmen wir an, dass die Auftraggeber in der Regel eine klarere Vorstellung vom What und manchmal vom How haben.

Wir arbeiten mit den folgenden Fragen:

- Welchen Nutzen oder Zweck verspricht sich der Auftraggeber von dem Workshop?
- Welche eher emotionale Botschaft lässt sich daraus ableiten?

Das Why (also den Sinn hinter dem Ganzen) zu klären und zu kommunizieren ist wichtig, damit die Manager bereit sind mitzumachen. Ein unzureichend geklärtes oder fehlendes Why fördert den Widerstand, ein nachvollziehbares Why setzt Energien frei – ganz im Sinne des bekannten Zitats von Antoine de Saint-Exupéry: »Wenn du ein Schiff bauen willst, dann trommle nicht Männer zusammen, um Holz zu beschaffen, Aufgaben zu vergeben und die Arbeit einzuteilen, sondern lehre sie die Sehnsucht nach dem weiten, endlosen Meer.«

Das What-Ziel des LSP-Workshops
Im Anschluss geht es darum, ein über alle Hierarchieebenen gemeinsam getragenes Verständnis der aktuellen und zukünftigen Anforderungen an Funktionsinhaber zu entwickeln. Daraus wiederum werden die erforderlichen Kompetenzen für Führungskräfte abgeleitet. Hierfür eignet sich LSP hervorragend, da beim gemeinsamen Bauen der Modelle und beim Erzählen in den Köpfen der Beteiligten ein gemeinsames Bild samt Geschichten zu den Anforderungen und Kompetenzen entsteht.

Teilnehmergruppe
Gerne besprechen wir auch gleich, wer am Workshop teilnehmen wird, vor allem wenn es sich nicht um eine homogene Teilnehmergruppe handelt. Beispiel: Welche und wie viele Teilnehmer stammen aus welcher Hierarchieebene des Unternehmens? Für die Arbeit mit LSP liegt die ideale Gruppengröße bei acht bis zwölf Teilnehmern. Es ist aber auch möglich, dass zwei Facilitatoren mit bis zu 24 Teilnehmern arbeiten.

Kommunikationskonzept
Den letzten relevanten Aspekt im Planungs-Workshop stellt für uns das Kommunikationskonzept dar, das mehrere Punkte beinhaltet. Erstens geht

es darum, die inhaltlichen Aspekte der Einladung zum Workshop zu klären. Dabei ist uns insbesondere die Kommunikation des Why wichtig. Zweitens sprechen wir über den Einstieg in den Workshop. Der Auftraggeber (die Geschäftsführung) bekommt am ersten Workshop-Tag die Gelegenheit, mit den Teilnehmern direkt zu sprechen und dabei auch den Sinn hinter der Veranstaltung zu vermitteln. Das Ziel ist dabei, in Form eines Big Picture einen Rahmen zu setzen, der das Why gut umschreibt und alle Teilnehmer abholt und mitnimmt.

Information in die Organisation hinein
Der letzte Aspekt ist das Vordenken der Ergebniskommunikation, die stattfinden soll, um weitere Menschen in der Organisation abzuholen und zu informieren. Da wir um die Wirkung des Storytelling wissen, planen wir während des Workshops Zeit ein, um mit den Teilnehmern gemeinsam zu erarbeiten, welche Botschaften sie in die Organisation und ihren Verantwortungsbereich mitnehmen und wie sie sie kommunizieren.

2.4.2 Teil 2: Großgruppen-Workshop mit dem Haufe Quadranten und Lego® Serious Play®

Step 1: Constellation mit dem Haufe Quadranten
Wir starten die inhaltliche Arbeit mit der Aufstellung zum Haufe Quadranten (siehe Story 9). Unsere Annahme ist, dass Führungskräfte in den vier Quadranten Weisung & Kontrolle, agiles Netzwerken, Schattenorganisation und überlastete Organisation sehr unterschiedliche Kompetenzen benötigen. Durch das Abfragen und Darstellen der Ist-Situation und des Zielbildes bekommen die Teilnehmer nicht nur eine Übersicht über den Veränderungsbedarf, sondern werden auch für die damit verbundenen Themen sensibilisiert.

Um den Teilnehmern die Arbeit mit dem Haufe Quadranten näher zu bringen, zeigen wir einen zweiminütigen Film zu dieser Methode. Im Anschluss klären wir noch offene Fragen zum Verständnis.

Anschließend nutzen wir eine große, freie Fläche für die Aufstellung im Haufe Quadranten. Da wir im Fallbeispiel mit disziplinarischen Führungskräften arbeiten, erklären wir, dass sie sich stellvertretend für ihren Verantwortungsbereich aufstellen, also nicht für sich persönlich. Jeder Teilnehmer nimmt eine mit seinem Bereichsnamen beschriftete Moderationskarte mit. Nach der Aufstellung interviewen wir die Teilnehmer und dokumentieren gleichzeitig ihre Aussagen am Flipchart. Folgende Fragen haben sich für uns bewährt:

- Wieso stehen Sie hier?
- Was hat Sie bewogen, sich in diesem Quadranten aufzustellen?

Zudem nutzen wir Fragen, die auf Unterschiede in den vier Bereichen hinweisen:

- Wie zufrieden sind sie mit dem Ort, an dem sie stehen?
- Wie zufrieden sind Ihre Mitarbeiter?

Im Anschluss an das Interview legen die Teilnehmer ihre Moderationskarte in den zuvor von ihnen ausgewählten Quadranten. Die nächste Aufstellungsrunde wird mit folgender Frage eingeleitet: »Bitte stellen Sie sich wieder in den Quadranten, dieses Mal mit Blick in die Zukunft: Wo wird sich ihr Verantwortungsbereich in drei bis fünf Jahren befinden?« Wieder werden die Teilnehmer kurz interviewt und ihre Aussagen dokumentiert.

Step 2: Marktplatz zu Rollen und Frustrationsquellen
Um alle Anwesenden für das Thema Kompetenzen weiter zu sensibilisieren, fordern wir die Gruppe dazu auf, auf Pinnwänden ihre Ideen und Wahrnehmungen zu folgenden Fragen zu sammeln:

- Welche Rollen haben Führungskräfte der Hierarchieebene Geschäftsleitung, Bereichsleitung, Abteilungsleitung oder Gruppenleitung inne?
- Welche Frustrationsquellen müssen Führungskräfte auf ihren jeweiligen Hierarchieebenen aushalten?

Erfahrungsgemäß tun sich die Teilnehmer leichter, die Frustrationsquellen zu benennen, da hierzu schneller innere Bilder auftauchen. Damit sie auch einen guten Zugang zu den Rollen finden, regen wir sie dazu an, in Metaphern oder Bildern zu denken, zum Beispiel Zahlenakrobat, Mutter der Nation, Dompteur. Diese Rollen umfassen bestimmte Kompetenzen, die wir später herausarbeiten wollen. Dabei achten wir darauf, dass die Fragen von Teilnehmern über alle Hierarchieebenen hinweg reflektiert und beantwortet werden. Auf diese Weise sammeln wir drei Perspektiven: Selbstbild, Blick von unten: unterstellte Führungskräfte, Blick von oben: Chef-Perspektive.

Je nach Gruppengröße dauert dieser Schritt 15 Minuten. Anschließend klären wir im Plenum Verständnisfragen.

Step 3 bis 8: Let's play
Was bei diesen Steps wichtig und zu beachten ist, erfahren Sie in Story 1. Hier beziehen wir uns noch auf die Besonderheiten des Fallbeispiels.

Wenn wir Projekte mit 20 bis 24 Teilnehmern realisieren, ist ein besonders gutes Zeitmanagement erforderlich. Zudem lassen wir die Teilnehmer in Halbgruppen arbeiten, da der Austausch und das Präsentieren der Modelle in Gruppen mit mehr als zwölf Personen zu viel Zeit und Energie kostet.

Bei Step 6 lassen wir die Ergebnisse der Turmbauübung in Gruppen mit mehr als zwölf Teilnehmern entweder in Halbgruppen oder in Viergruppen vorstellen. Diese Übung soll die Teilnehmer ja vor allem mit dem Bauen und dem Arbeiten mit Metaphern vertraut machen.

Bei Step 8 geht es darum, Sicherheit mit LSP zu gewinnen und die Verbindung zum Workshop-Thema zu festigen. Hier fordern wir die Teilnehmer dazu auf, die schrägste Führungssituation, die sie entweder als Führungskraft oder als Geführter erlebt haben, als Modell zu bauen und anschließend zu erklären.

Step 9: Kompetenzen der Führungskräfte
Mit dem folgenden Auftrag starten wir den nächsten Schritt: »Bauen Sie ein Modell mit den aus Ihrer Sicht wichtigen Führungskompetenzen. Bauen Sie die Kompetenzen, die Ihnen einfallen. Wir geben Ihnen hierfür fünf bis sieben Minuten Zeit.«

Anschließend fordern wir die Teilnehmer auf, ihre Modelle zu erklären. Dieser Part findet am Präsentationstisch statt. Dabei achten wir darauf, dass sich alles, was gesagt wird, auch im jeweiligen Modell wiederfindet. Bei Großgruppen mit bis zu 24 Teilnehmern arbeiten wir in zwei Halbgruppen mit bis zu zwölf Teilnehmern, die sich jeweils mit unterschiedlichen Kompetenzen befassen. Die eine Halbgruppe baut Management-Kompetenzen, die andere Leadership-Kompetenzen.

Step 10: Das Shared-Model
Nachdem die Teilnehmer ihre individuellen Modelle erklärt haben, steht der nächste Auftrag an: Die Gruppe baut ein gemeinsames, von allen getragenes Modell. Hierfür hat sie etwa 15 bis 20 Minuten Zeit.

Wenn wir feststellen, dass die individuellen Modelle sehr viele Kompetenzen enthalten und sie sich gleichzeitig stark überschneiden, arbeiten wir vorab mit der Roter-Stein-Technik (siehe Story 1, Step 9), die dazu dient, einen wichtigen Aspekt auszuwählen.

Nach dem Bau des Shared-Models lassen wir uns von drei bis vier Teilnehmern das Gesamtmodell samt der enthaltenen Story erklären. Wir bitten alle Teilnehmer, darauf zu achten, dass ihre Kompetenzen auch richtig wiedergegeben werden. Dies ist eine sehr wichtige Phase, da in ihr ein erstes gemeinsames Bild in den Köpfen entsteht. Durch die Wiederholungen wollen wir das erarbeitete Modell und vor allem die Metaphern in den Köpfen verankern.

Wenn wir mit einer Gruppe aus 13 bis 24 Teilnehmern arbeiten und die Modelle in Halbgruppen erarbeitet werden, ist die Präsentation des Shared-Models vor der jeweils anderen Halbgruppe ein wichtiger Zwischenschritt.

Step 11: Zukünftige Herausforderungen und erfolgskritische Situationen
Unser Ziel bei diesem Schritt besteht darin, den Blick auf die Kompetenzen weiter zu schärfen und zuvor noch nicht benannte Fähigkeiten zu identifizieren. Hierfür arbeiten wir mit ein bis zwei Zwischenschritten:
1. Bau von Modellen zu zukünftigen Herausforderungen, die die Organisation und die verschiedenen Führungsebenen bewältigen oder für die sie Lösungen finden müssen.
2. Bau von Modellen zu erfolgskritischen Situationen: Die Frage nach solchen Situationen hat sich bewährt, wenn Anforderungsprofile und Kompetenzen gesucht werden.

Diese zwei Steps gehen wir bei einer Großgruppe mit bis zu 24 Teilnehmern. Hier wird in sechs Kleingruppen gebaut. Drei Kleingruppen beschäftigen sich mit den zukünftigen Herausforderungen, die anderen drei Kleingruppen mit den erfolgskritischen Situationen. Anders als sonst kann es bei diesen Themen passieren, dass sich die Teilnehmer erst einmal austauschen und nicht sofort mit dem Bauen anfangen.

Als Nächstes lernen wir die fertigen Modelle näher kennen. Wir bitten die Teilnehmer, diese als Einflussfaktoren um das Kompetenzmodell herum zu positionieren und nach und nach vorzustellen.

Step 12: Neues Rollenverständnis
Dieser Step ist uns wichtig, um erstens den Einfluss der zukünftigen Herausforderungen und erfolgskritischen Situationen auf die Rollen reflektieren zu lassen und um zweitens den Teilnehmern noch einmal die Rollen als Führungskraft ins Bewusstsein zu rufen.

Step 13: Erweiterung des Shared-Models
Als Nächstes befassen wir uns mit der Frage: Welche weiteren wichtigen Kompetenzen benötigen unsere Führungskräfte? Hier geht es darum, die Einflüsse der Rollen, der zukünftigen Herausforderungen und der erfolgskritischen Situationen auf die Führungskompetenzen in individuellen Modellen zu bauen und diese anschließend zu erklären.

Ziel ist es, weitere wichtige Fertigkeiten in das bisherige Kompetenzmodell zu integrieren und das neue Gesamtmodell wieder von drei oder vier Personen erklären zu lassen. Wenn wir in der Großgruppe arbeiten, ist der nächste Schritt die Präsentation der Shared-Models vor der jeweils anderen Halbgruppe.

Step 14: Dokumentation der Inhalte
Da mit dem Bau der Kompetenzen das Projekt noch nicht beendet ist, lassen wir alle Modelle mit Haftnotizzetteln beschriften. Dann machen wir Fotos, um den Stand der Dinge zu dokumentieren. Darüber hinaus bitten wir die Teilnehmer, auf Flipcharts die in den Modellen enthaltenen Kompetenzen zu dokumentieren. Dabei ist es sinnvoll, neben den Fähigkeiten wichtige Werte und Einstellungen gesondert als solche zu erfassen.

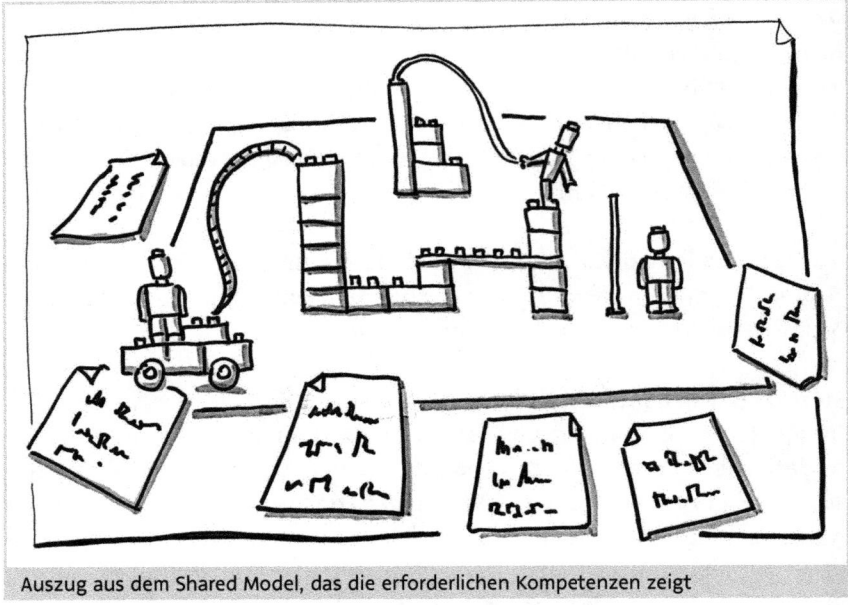

Auszug aus dem Shared Model, das die erforderlichen Kompetenzen zeigt

Step 15: Informationen zusammenführen und verdichten

Natürlich beschäftigt die Teilnehmer nun die Frage, was mit den gebauten Modellen und den erarbeiteten Inhalten geschieht. Soweit wir dies nicht schon zu Beginn erklärt haben, folgt nun eine konkrete Beschreibung des nächsten Arbeitsschritts und die Vorstellung des Folgeprozesses (siehe Kapitel 10.3). Zu diesem Zeitpunkt ist die Bereitschaft der Teilnehmer meistens sehr hoch, diesen wichtigen Schritt des Zusammenführens und Verdichtens mitzugehen.

Die Gruppe erhält als Erstes den Auftrag, alle im Modell enthaltenen Kompetenzen auf ein Flipchart zu schreiben. Hier kann es sinnvoll sein, ein weiteres Flipchart mit Werten/Einstellungen zu nutzen.

Als Nächstes beauftragen wir Zweiergruppen, dass sie sich mit einzelnen Kompetenzen näher beschäftigen und dabei die Felder einer Flipchartvorlage, wie sie die folgende Abbildung zeigt, zu befüllen.

Flipchartvorlage zu den Kompetenzen

Step 16: Qualitätssicherung und Marktplatz zum Abschluss

Diese letzte Aufgabe lassen wir gerne in Vierergruppen durchführen. Der Auftrag lautet, sich die Ergebnisse der anderen Gruppen durchzulesen, sie zu hinterfragen, zu ergänzen und gegebenenfalls mit Fragezeichen zu versehen. Abschließend gibt es einen letzten Marktplatz, die Ergebnisse können besichtigt und offene Fragen soweit wie möglich geklärt werden.

3. Unsere Erfahrungen

Aus unserer Sicht eignet sich dieses Vorgehen hervorragend, um mit einer Gruppe von Führungskräften (wir haben hier mit Gruppen bis zu 24 Teilnehmern gearbeitet) hierarchieübergreifend das Thema Kompetenzen zu beleuchten. Falls es wichtig ist, die Teilnehmer vorab wachzurütteln oder zu inspirieren, ergänzen wir gerne einen Impulsvortrag zum Thema zukünftige Arbeitswelt und digitale Transformation zu Beginn der Veranstaltung.

Die Ergebnisse eines solchen Workshops werden in Folge-Workshops weiterbearbeitet, um sie mit Verhaltensankern zu konkretisieren. Das Kompetenzmodell führt auch zur Überarbeitung der HR-Instrumente, um sie zukunftsfähig zu machen.

Gesamtprozess: Beratung zu New Leadership

4. Praxistransfer: Führungskompetenzen-Workshop bei der Progesund BKK

Der Konferenzraum Westend ist ungewöhnlich eingerichtet. Auf den zwei Tischreihen, an denen sich jeweils zwölf Führungskräfte gegenübersitzen, liegen in der Mitte Lego-Steine und strahlen die Botschaft aus: Heute wird anders zusammengearbeitet und es wird kreativ. Im Hintergrund stehen mehrere Tische voller Lego-Steine. Die nach und nach eintreffenden Führungskräfte kommen mit den beiden Beratern Paul Grün und Franzi Engel ins Gespräch, einige setzen sich und greifen gleich zu den Lego-Steinen.

»Raten Sie mal, was ich gestern mit meinen Enkeln gemacht habe. Wenn ich das gewusst hätte, dann hätte ich sie heute mitgebracht«, sagt der eine.

»Das erinnert mich an zuhause, meine Kinder haben Tonnen von Steinen, stehen aber vor allem auf die Sternenkrieger-Modelle«, meint der andere und fragt: »Und wir spielen heute auch Lego?«

Paul Grün antwortet mit einem Lächeln: »Spielen würde ich das nicht nennen, wir arbeiten mit den Steinen. Wahrscheinlich werden Sie heute Abend merken, dass dies mit viel Freude verbunden, sehr produktiv und zugleich anstrengend ist.«

Kurz und knapp eröffnet Ilona Gutgeist die Veranstaltung. Sie begrüßt alle und sagt, wie der Tag in etwa ablaufen wird, dann erklärt sie weiter: »Somit ist das Ziel unseres Vorhabens, auf ungewöhnliche Art und Weise unsere Kompetenzen zu überarbeiten und vor allem über die Hierarchieebenen hinweg einen Konsens und ein gemeinsames Verständnis zu entwickeln. Die Ergebnisse werden wir anschließend in weiteren Workshops mit Ihnen und anderen Führungskräften verdichten und weiter konkretisieren. Am Ende werden wir unser Kompetenzmodell für Führungskräfte überarbeitet haben. Das wiederum wird Auswirkungen auf unsere Stellenbesetzungsverfahren und andere Instrumente wie unser Beurteilungsverfahren und das allseits geliebte Führungskräfte-Feedback haben. Natürlich überlegt sich auch die Personalentwicklung, mit welchen Qualifizierungsmaßnahmen sie unsere Führungskräfte fördern kann.«

Nach einer kurzen Einführung von Paul Grün und Franzi Engel geht es im Nebenraum mit der Aufstellungsarbeit im Haufe Quadranten richtig los.

Step 1: Constellation mit dem Haufe Quadranten
Franzi Engel erklärt ausführlich die Felder des Quadranten und warum mit dieser Methode gearbeitet wird und schließt mit dem Satz: »Und so wollen wir Sie durch die Perspektiven des Haufe Quadranten und durch den Vergleich der heutigen und der zukünftigen Führungssituation dazu inspirieren, sich mit den in Zukunft benötigten Kompetenzen zu befassen.«

Kurze Zeit später stehen 24 Teilnehmer in »ihren« Quadranten, um die Ist-Situation abzubilden. Es ergibt sich ein spannendes Bild: 30 Prozent haben den Bereich Weisung & Kontrolle gewählt, 25 Prozent den Quadranten Schattenorganisation, 35 Prozent den Quadranten überlastete Organisation und zehn Prozent den Agiles-Netzwerk-Quadranten. Franzi Engel und Paul Grün interviewen einzelne Teilnehmer in den Haufe Quadranten und hören ganz unterschiedliche Feststellungen: »Unser Bereich funktioniert ganz klar nach Weisung und Kontrolle.« »Bei uns gibt es eine klar überlastete Organisation: Wir haben so viel Arbeit, dass wir sie zum Teil nicht in der Qualität wie gefordert liefern können; dies führt zu einer hohen Unzufriedenheit.« »Wir haben Mitarbeiter, die einfach irgendwas machen – unabhängig von den Anweisungen. Bislang hätte ich gesagt, die arbeiten chaotisch und ohne Führung, jetzt habe ich verstanden, dass hier viele pfiffige Mitarbeiter aktiv sind, die zum Teil bessere Ideen haben als ihre Führungskräfte.« »Ich denke, wir leben schon ein wenig agiles Netzwerken, wir haben mehr Freiräume, arbeiten sehr selbstorganisiert.«

Ein überraschend anderes Bild ergibt sich bei der Aufstellung zur zukünftigen Führungs- und Arbeitssituation. 40 Prozent stehen bei Weisung & Kontrolle, beim agilen Netzwerken 30 Prozent und je 15 Prozent in den beiden anderen Quadranten. Wieder werden die Meinungsäußerungen gesammelt: »Das Gesamtbild sieht jetzt wie eine Ellipse aus.« »Mich freut, dass vor allem die überlastete Organisation kleiner wird, das ist auf Dauer so anstrengend und demotivierend.« »Ich erwarte, dass wir mehr agil arbeiten werden, aber ob mein Bereich wirklich ganz in dem Feld stehen wird, da bin ich mir noch nicht so sicher. Das wird eine echte Umstellung, wenn ich es richtig verstanden habe.«»Hier im agilen haben die Mitarbeiter ja andere Ansprüche an Führung, oder?«»Da stimme ich absolut zu«, kommentiert Balduin Brummer.

Step 2: Marktplatz zu Rollen und Frustrationsquellen

Sehr konzentriert gehen die Teilnehmer die nächste Übung an. Die Frustrationsquellen und Rollen der unterschiedlichen Hierarchieebenen werden schnell und mit viel Lachen auf Pinnwände notiert: Frustableiter, Zahlenfuchs, Feuerlöscher, Entertainer, Kapitän, Macher, Jongleur, Lebensberater sind nur wenige ausgewählte Rollenbezeichnungen. In der sich anschließenden Runde werden die wenigen offenen Fragen geklärt.

Step 3 bis 10: Let's play

»Lasst die Lego-Spiele beginnen«, so kommentiert ein Bereichsleiter den Start der Arbeit mit den Lego-Steinen. Schnell werden die Türme gebaut. Die erste Übung, um das Denken in Methapern zu lernen, wird in Vierergruppen durchgeführt. Viel Lachen ist im Raum zu hören, während die Teilnehmer ihre in den Türmen enthaltenen Stärken vorstellen.

Eine Halbgruppe baut anschließend unter der Anleitung von Franzi Engel zuerst die individuellen Modelle der Leadership-Kompetenzen, anschließend das Shared-Model. Die andere Halbgruppe baut unter Anleitung von Paul Grün die Management-Kompetenzen auf gleiche Weise. Der Bau der Shared-Models ist mit regem Austausch und neuen Ideen verbunden.

»Wer will beginnen, das gemeinsame Modell, gerne auch mit Unterstützung, vorzustellen?«, fragt Paul Grün in die Runde und reicht dem ersten Freiwilligen den Zeigestab. »Alle anderen achten bitte darauf, ob die Zuschreibungen und Nennungen dem entsprechen, was sie als Erbauer damit gemeint haben.«

Nachdem sich ein Bereichsleiter an der ersten Zusammenfassung versucht hat, fragt Paul Grün nach: »Ich bin mir nicht sicher, ob dieser Part im ursprünglichen Sinne vorgestellt wurde. Wer hat ihn eingebracht?«

»Ich habe noch überlegt, aber wo sie es jetzt ansprechen«, meldet sich Irmgard Taschenbier zu Wort. »Für mich steht das Rad für das Fällen von Entscheidungen – gerne auch schnell und nicht immer abgesichert –, damit es zügig weitergeht, weniger für das Flexibel-Sein.«

»Damit Sie alle ein gemeinsames Bild und eine gemeinsame Story im Kopf haben, lassen Sie uns das Vorstellen noch ein- bis zweimal üben, bevor wir das Modell nach der Kaffeepause der anderen Gruppe präsentieren. Wer mag als Nächster?«

»Es ist wirklich unglaublich, wie schnell wir hier zu Ergebnissen kommen. Ich hätte nicht gedacht, dass das mit Lego Serious Play so möglich ist«, kommentiert Dr. Carsten Blau in der Kaffeepause am Nachmittag den bisherigen Stand. »Vor allem scheint es ja wirklich gut zu funktionieren, dass sich alle schnell einigen und ein gemeinsames Bild haben. Ist das in der Leadership-Gruppe genauso?«

»Lassen Sie sich überraschen, wenn gleich das Shared-Model vorgestellt wird«, antwortet Franzi Engel.

Nach der Kaffeepause werden die Modelle Leadership und Management-Kompetenzen jeweils der anderen Halbgruppe präsentiert, anschließend werden offene Fragen geklärt.

»So viel Neues ist da jetzt auch nicht drin«, kommentiert ein Bereichsleiter.

»Das ist richtig, unsere zukünftige Welt wird sich ja auch nicht radikal ändern. Insofern werden auch bestimmte Kompetenzen gleich bleiben«, kommentiert Ilona und zeigt auf einzelne Elemente: »Mit gefällt, dass sehr wohl einige neue Aspekte aufgetaucht sind, wie hier zum Beispiel das Loslassen-Können oder hier mehr coachen als anweisen.«

Step 11: Zukünftige Herausforderungen und erfolgskritische Situationen
»Vielleicht werden noch weitere neue Aspekte in die Modelle integriert. Als Nächstes beschäftigen wir uns mit zukünftigen Herausforderungen und erfolgskritischen Situationen, die Sie als Führungskräfte bewältigen müssen. Das hat sicherlich einen Einfluss auf Ihre zukünftigen Kompetenzen«, leitet Franzi Engel die nächste Session ein. »Arbeiten Sie jetzt in Kleingruppen à

vier Personen. Jeweils drei Kleingruppen bauen zukünftige Herausforderungen, die anderen drei erfolgskritische.«

Nach der Bauphase in den Viereregruppen werden diese Herausforderungen und erfolgskritischen Situationen nach und nach vorgestellt: »Gewinnen guter oder überhaupt von Mitarbeitern«, »Wissenstransfer von den älteren zu den jüngeren Mitarbeitern«, »Bisheriges Wissen zählt nicht mehr viel aufgrund neuer Vorgehensweisen und Digitalisierung«, »Mitarbeiter arbeiten stärker vernetzt intern und auch extern, zum Beispiel mit Wettbewerbern«. Die Modelle werden auf den Präsentationstisch um die beiden Kompetenzmodelle herum platziert.

Step 12 und 13: Neues Rollenverständnis und Erweiterung des Shared-Models

»Lassen Sie uns, bevor wir im nächsten Schritt ergänzende Kompetenzen bauen und integrieren, noch einen Blick auf Ihre Rollen werfen. Welche kommen wegen der soeben vorgestellten Herausforderungen und erfolgskritischen Situationen noch hinzu?«, fragt Paul Grün in die Runde. Coach, Moderator, Nichtwisser, das sind ein paar neue Rollen, die genannt werden.

»Welche weiteren Kompetenzen sind zukünftig wichtig? Bitte bauen Sie wieder ein Modell in den Halbgruppen Leadership und Management«, leitet Paul Grün die letzte Lego-Session des Tages an.

Nachdem auch diese Modelle gebaut und vorgestellt werden, entsteht auf dem Präsentationstisch ein fast unübersichtliches Chaos. Franzi Engel bittet abschließend zwei Teilnehmer, die gesamte Landschaft vorzustellen. Mit ein wenig Unterstützung der Kollegen schaffen sie es.

»Haben Sie alle jetzt ein gemeinsames Bild der zukünftigen Kompetenzen, Rollen, zukünftigen Herausforderungen, erfolgskritischen Situationen und Frustrationsquellen?«, fragt Franzi Engel in die Gruppe.

»Ja, jetzt und hier schon. Aber in zwei Wochen könnte ich das Modell nicht mehr so detailliert vorstellen«, so lautet eine ehrliche Antwort

»Und wie geht es jetzt weiter?«, fragt einer der Teilnehmer.

Step 14 bis 17: Dokumentation der Inhalte, Informationen zusammenführen und verdichten, Qualitätssicherung, Marktplatz
Ilona ergreift das Wort: »Es wird noch weitere Workshops mit Ihnen und anderen Führungskräften geben. Ziel ist, dass wir ein überarbeitetes zukunftsfähiges Kompetenzmodell haben, das Sie als ›betroffene‹ Führungskräfte entwickelt haben. Zudem werden in weiteren Workshops die Kompetenzen nach Hierarchieebenen differenziert.«

»Und damit dies auch gut möglich ist, haben wir noch ein paar Arbeitsschritte zur abschließenden Verdichtung vor uns. Bitte beschriften Sie gemeinsam die Modelle, damit wir in der Dokumentation alles korrekt erfassen. Übertragen Sie zudem alle Leadership- und Managementkompetenzen sowie die in den Modellen enthaltenen Werte und Einstellungen auf ein Flipchart. Die Modelle bleiben so erhalten, wir werden sie für die weitere Kommunikation nutzen«, erläutert Paul Grün den nächsten Arbeitsschritt.

Und los geht's: Die Führungskräfte übertragen in Dreiergruppen die Kompetenzen auf ein Flipchartpapier und ergänzen gleich erste Ideen zu den Fragen: Was verstehen wir darunter? Woran erkennen wir diese Kompetenz? Wie zeigt sich diese Kompetenz?

Die abschließende Qualitätssicherung und der Marktplatz, um eigene Ideen bei anderen Kompetenzen zu ergänzen, ist für viele ein letzter Kraftakt – und dann haben sie es geschafft.

Feedback
Viele Teilnehmer wollen am Ende ihr Feedback zum Lego-Workshop abgeben, die Meinungen sind vielfältig: »Mir hat das echte Miteinander in der Zusammenarbeit gut gefallen.« »Das spielerische Bauen war wirklich kurzweilig, aber jetzt bin ich müde, es war auch sehr anstrengend.« »Bin gespannt, wie sich unserer Ergebnisse noch weiterentwickeln und was dann am Ende rauskommt.« »Ein echt guter Ansatz um Bilder in den Kopf zu bekommen, wo ich mitgebaut habe, das habe ich zu 100 Prozent abgespeichert.« »Es war sehr anspruchsvoll, überraschenderweise, und es führte zu Ergebnissen, die wir so sonst nicht so schnell erarbeitet hätten.«

Franzi Engel und Paul Grün bedanken sich bei den Teilnehmern, auch ihnen hat der Tag Spaß gemacht. Am Ende ergreift nochmals Ilona das Wort: »Aus meiner Sicht hat es sich wirklich gelohnt. Vielen herzlichen Dank für Ihre Mitarbeit. Wir haben einen wunderbaren Ausgangspunkt für die vertiefende Arbeit. Die Workshops hierfür werden in circa vier Wochen starten. Mein Wunsch nach einem gemeinsamen Verständnis ist augenscheinlich erfüllt worden. Danke!«

5. Neugierig? Unsere Literaturtipps

Christian Berndt, Bernd Wierzchowski: Systematische Bewerberinterviews, 3. Auflage, Freiburg 2018

Simon Sinek: Frag immer erst: warum. Wie Top-Firmen und Führungskräfte zum Erfolg inspirieren, München 2014

YouTube-Video von Simon Sinek, www.youtube.com/watch?v=IPYeCltXpxw

YouTube-Video zum Haufe Quadrant, www.youtube.com/watch?v=Jnq_zMpHRXY

Informationen zur Zertifizierung als Lego® Serious Play® Facilitator bei Rasmussen Consulting unter www.rasmussenconsulting.dk

Stichwortverzeichnis

Die Autoren

Susanne Nickel

Susanne Nickel ist Expertin für Change-Management und innovative Leadership und als Principal bei Kienbaum im Bereich Management Development tätig. Viele Jahre war sie Head of HR bei Haufe im Consulting. Sie ist Executive Coach, Rechtsanwältin und Management-Beraterin und zählt zu den Top-100-Speakern in Deutschland. Als Pressesprecherin und Rechtsexpertin war sie lange Zeit im TV zu sehen und bekannt dafür, komplexe Sachverhalte einfach zu erklären. Sie berät Unternehmen zu Change 4.0 und New Leadership auf dem Weg zu mehr Agilität. Kontakt: Change@susannenickel.com, www.susannenickel.com

Christian Berndt

Christian Berndt ist bei der Haufe-Akademie Experte für Change-Management, HR und Co-Creation. Als Diplom-Kaufmann hat er viele Jahre in der Finanzbranche Change-Initiativen begleitet, innovative Leadership-Konzepte entwickelt und Führungskräfte qualifiziert. Er nutzt die Wirksamkeit von Gamification-Ansätzen wie Lego® Serious Play® als Beschleuniger in Strategie- und Change-Projekten und berät Unternehmen zu Fragen rund um die digitale Transformation und New Leadership auf dem Weg zu mehr Agilität. Kontakt: Christian.Berndt@Haufe-Akademie.de

HaUFE.

Ihr Feedback ist uns wichtig!
Bitte nehmen Sie sich eine Minute Zeit

www.haufe.de/feedback-buch